ROBOT

第二届中国高校智能机器人创意大赛获奖作品精选

陆国栋　顾大强　王　进　主编

ZHEJIANG UNIVERSITY PRESS
浙江大学出版社

图书在版编目（CIP）数据

第二届中国高校智能机器人创意大赛获奖作品精选 / 陆国栋，顾大强，王进主编．—杭州：浙江大学出版社，2021.1

ISBN 978-7-308-21023-2

Ⅰ．①第… Ⅱ．①陆… ②顾… ③王… Ⅲ．①智能机器人—设计 Ⅳ．①TP242.6

中国版本图书馆 CIP 数据核字（2021）第 002007 号

第二届中国高校智能机器人创意大赛获奖作品精选
陆国栋 顾大强 王 进 主编

责任编辑 王 波
责任校对 吴昌雷
封面设计 春天书装
出版发行 浙江大学出版社
（杭州市天目山路 148 号 邮政编码 310007）
（网址：http://www.zjupress.com）
排 版 杭州中大图文设计有限公司
印 刷 杭州高腾印务有限公司
开 本 710mm×1000mm 1/16
印 张 23.75
字 数 365 千
版 印 次 2021 年 1 月第 1 版 2021 年 1 月第 1 次印刷
书 号 ISBN 978-7-308-21023-2
定 价 108.00 元

前　言

中国高校智能机器人创意大赛是一项面向全国高校在校研究生、本科生、专科生的学科竞赛。举办该大赛的目的是进一步推进学生创新意识和创造能力的培养，强化学生动手能力和工程实践能力，激励广大学生踊跃参加课外科技活动，有效推动新工科建设。

首届中国高校智能机器人创意大赛决赛于2018年5月7日在浙江省余姚市成功举办，大赛获得了全国高校师生的响应和积极参与。2018年12月4日第二届中国高校智能机器人创意大赛开赛，第二届中国高校智能机器人创意大赛由中国高等教育学会、教育部高等学校工程图学课程教学指导分委员会、中国高校智能机器人创意大赛组委会共同主办，浙江大学机器人研究院、中国高等教育学会工程教育专业委员会、《机器人技术与应用》杂志社共同承办。

第二届中国高校智能机器人创意大赛设立三个主题，参赛学生可根据自己的专业特长和兴趣爱好，在以下三个主题中任选一个作为参赛主题。

主题一（创意设计）：家用智能机器人——让生活更美好

创意设计服务于未来家庭日常生活的智能机器人，该智能机器人的用途限定为以下10种中的一种：

1.家庭日常管理；

2.家务劳动；

3.居家娱乐、居家健身、居家文体活动；

4.个人卫生；

5.居家健康、保健；

6.居家情感交流、陪伴；

7.家庭安全与防护；

8.家庭用园林机器人；

9.其他与日常生活作息息息相关的家庭智能服务机器人；

10.基于ROS的家庭智能服务机器人。

主题二（创意竞技）：魔方机器人——挑战人类极限

参照人类魔方竞赛规则，设计制作魔方机器人，综合运用机械、电子、信息和自然科学知识，实现比人“计算”更快、“翻动”更加灵活迅速的目标。

主题三（创意格斗）：智能机器人格斗大赛（IRFC）

智能机器人格斗大赛（Intelligent Robot Fighting Competition，IRFC）是科技与传统武术的结合，IRFC将中国武术、竞技运动与人工智能、机器人等技术结合，融技术性、对抗性、挑战性、观赏性于一体，参赛队伍进行一对一、多对多等不同项目的角逐，大赛分统一部件组及开放部件组两大类别。

第二届中国高校智能机器人创意大赛决赛于2019年5月4日至5月6日在浙江省余姚市举行，大赛专家委员会组织专家对决赛作品进行评审，在三个主题的作品中共评出454件获奖作品。这些获奖作品立意新颖、各具特色，充分体现了当代大学生的创新意识和创造能力。受大赛专家委员会委托，编者根据各参赛队提供的作品材料（文字、图片、视频）对决赛获奖作品介绍进行了编辑，并汇编成集。限于篇幅本书仅收录了主题一和主题二的获奖作品。本书的出版是对第二届中国高校智能机器人创意大赛成果的展示，同时本书也可为作为高等学校课外实践教学活动的参考书，引导更多的师生开展多种形式的课外智能机器人创意、创新活动。

中国高等教育学会在大赛举办过程中提供了宝贵的指导意见，浙江省余姚市人民政府连续2届承办了中国高校智能机器人创意大赛决赛，浙江大学机器人研究院赵川平先生、李巧妮女士为本书的出版提供了帮助，研究生陈飘协助完成了书稿的整理，对以上单位和个人，在此一并表示由衷的感谢。

作品介绍的图文由参赛师生提供，虽然经过一定的编辑修改，但限于编者水平，书中不免仍有误漏和欠妥之处，殷切期望读者批评指正。

编者

2020年3月

目录

三等奖作品

创意作品

一等奖作品

按摩“小能手”

获奖等级：一等奖
设计者：周凯，尹建树，杜宇晖
指导老师：权双璐，金悦
西安交通大学机械工程学院，西安，710049

设计者充分调研了按摩机器人的研究现状，发现大部分按摩机器人都是采用“滚轮式”的按压方法，而忽略了“按摩”的真正含义。因此，针对现有产品按摩功能差、力度不可调节、不方便携带等缺点，设计者设计出了一款高度仿人手的欠驱动按摩机器人——按摩“小能手”（图 1）。

按摩“小能手”由手指按压模块、振动头模块、位置调节电机模块、内部电路模块和外壳模块组成。其中，手指按压模块利用拉线欠驱动的原理，由步进电机驱动拉线绳从而带动整根手指张合；振动头模块由精巧的振动头内部镶嵌振动电机组合构成，用户在肩部感受手指按摩的同时背部能同时得到振动按摩；位置调节模块利用丝杠机构使手指在按摩过程中可左右移动按摩，同时利用齿轮啮合传动的原理使手指在使用或者不使用的情况下弹出或者收回；外部结构模块由 3D 打印制作外壳封装而成；内部电路模块则包含电源开关电路、控制电路，并有足够的空间扩展后续电路。

该机器人的设计高度智能化，可通过手机 APP 与用户保持连接。使用手机 APP，在按摩开始前，用户可以根据自身体型调整合适位置；开始按摩后，用户可选择“按摩”“振动”等多个模式。此外，用户还可根据年龄、身体状况等对按摩力度进行调节，使用十分方便。

该机器人在按摩手指的末端贴附有薄膜压力传感器，当按摩力度到达一定的阈值时，会将信号返回给单片机，从而有效地实现了按摩过程中的力反馈，在充分保证人体安全的同时给了用户极佳的按摩体验。

此外，该机器人采用书包带固定的原理固定于人体，在方便携带的同时，保证了按摩的力度，不仅外观时尚新颖，而且方便实用。

经过 5 个月的设计制造，我们先后制作出了两版物理样机，并对其进行了人体试验，充分验证了按摩手指力度的安全性和可靠性，同时也验证了整套按摩动作的实用性和可行性。

（a）

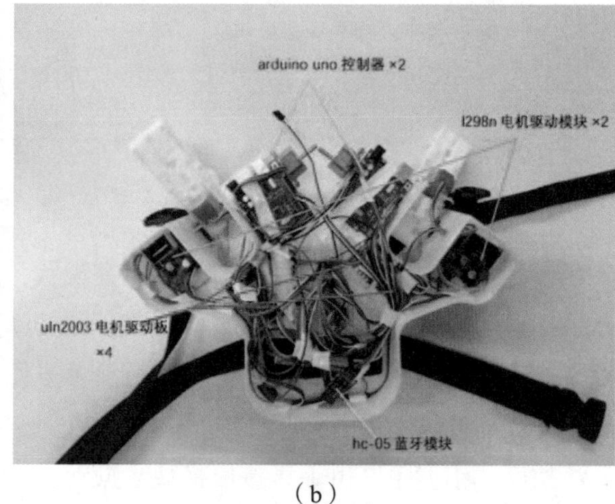

（b）

图 1　按摩“小能手”

AI 家庭服务系统

获奖等级：一等奖
设计者：肖安帅，崔泽坤，邢延金
指导教师：祁鑫，崔浩
中国石油大学胜利学院，东营，257061

1. 项目简介

针对现有家庭服务机器人服务功能单一、人机交互不流畅、用户体验差等问题，本项目以实现多功能服务、人机命令交互、家庭日常管理、居家健康等目标而开发一套家庭服务系统——AI 家庭服务系统（图 2）。

AI 家庭服务系统基于物联网，可以在生活的多个方面给人们提供帮助。该系统大体分为两个部分：智能服务机器人、手机 APP。

（1）智能服务机器人

智能服务机器人的主要材料是铝合金和普通合金。机器人设置有视觉处理、语音识别、环境监测等模块，采用了铝合金轮、两级升降系统、四自由度机械臂和激光雷达等设备，还配有气敏传感器、火焰检测传感器、温湿度传感器以及相应报警装置。用户可通过语音下达任务指令，机器人能自主地寻找、抓取物品。此外，机器人还配有室内实时监控系统，可以让用户实时掌握室内信息。

（2）手机 APP

手机 APP 是连接家具系统与服务机器人的枢纽，在控制家具和机器人的同时可获得反馈信息，并具有“用药提醒”“健康档案”“新闻资讯”“心率监测”和“运动记录”等功能模块。

2. 指令执行

（1）指令下达方式

主要通过人机语音交互或手机 APP 来实现任务指令的下达，通过语音识别模块的识别处理来判断指令任务的可完成度，从而使机器人完成指令任务。

（2）服务完成方式

智能服务机器人得到指令后自主寻找、抓取目标物品主要通过激光雷达（RPLIDAR A1）的避障导航和视觉处理模块（OpenMV）的视觉处理来寻找、扫描识别目标二维码或“AprilTag”来确定指令目标，继而通过四自由度机械臂和两级升降系统来完成相应的服务动作。

3. 功能与创新

（1）语音、手机等多种方式控制；

（2）不同位置的物品送取（0~1.3m）；

（3）室内情况实时视频监控；

（4）两级启动升降云台，能高能低；

（5）周围环境监测；

（6）关键信息时段提醒；

（7）手机 APP 的生活服务和健康管理。

4. 突出优势

（1）软硬件集成度高，多功能服务；

（2）多项关键技术：软硬件语音识别、机器视觉处理、蓝牙定位、心率监测；

（3）多种人机交互方式，性能稳定；

（4）弥补市场空缺，成本低，可批量推广。

（a）

（b）

图 2　AI 家庭服务系统

吹鞋储鞋一体机

获奖等级：一等奖

设计者：刘楠欣，宁晓，侯立成

指导教师：陶亚松，丁鼎

华中科技大学机械科学与工程学院，武汉，430074

设计者充分调研了目前烘吹鞋、储鞋设备的现状，分析了现有设备存在的问题，设计了吹鞋储鞋一体机的功能。本项目的目的是针对现有烘吹鞋和储鞋设备的不足，将机械结构与控制部分巧妙结合，设计一种可以自动完成吹鞋并摆放储存的吹鞋储鞋一体机（图 3）。

机械结构方面，该机器主要由暂存机构、对流机构、运动机构和承载机构等部分组成。其中：暂存机构整体位于两根滑轨上，通过弹簧和挡板的巧妙配合，完成伸缩动作，进而用来同时存放多双鞋等待吹干。对流机构主要由三个风扇组合而成，一个进气风扇以及两个出气风扇将气流输入输出，实现对流；同时通过不同粗细的内外管道，将气流分送入两个鞋腔，或从鞋腔中抽出。运动机构主要由升降台和上下两杆组成，分别通过上下运动和旋转运动，完成鞋子的移动。承载机构由托盘和输送板组成，托盘在鞋干后倾斜一定角度将鞋送至输送板，使鞋排列整齐，完成存储。

控制方面，主要有单片机、步进电机、舵机、行程开关、对射传感器和湿度传感器等。单片机是整个控制系统的中心，步进电机带动托盘和升降台沿丝杆上下移动，舵机与连杆组合帮助托盘实现倾斜，行程开关保证升降台移动到期望位置即停止，对射传感器则用来检测某层是否被放满，湿度传感器通过反馈决定吹风时间。除此之外，风扇的开关、PTC 陶瓷加热的开始与停止等也是控制系统中不可或缺的部分。

在制作过程中，我们主要采用了铝型材、木板材和亚克力板等，利用

3D 打印、激光雕刻等技术，制作出了一部分符合装配、力学性能和外观要求的部件。同时，结合中国风的传统镂空花纹和埃及壁画，增加了作品的美观性。

经过两个多月的修改与制作，团队制作出了物理样机。通过调试和改进，实现了预期功能，验证了系统的可靠性和实用性。

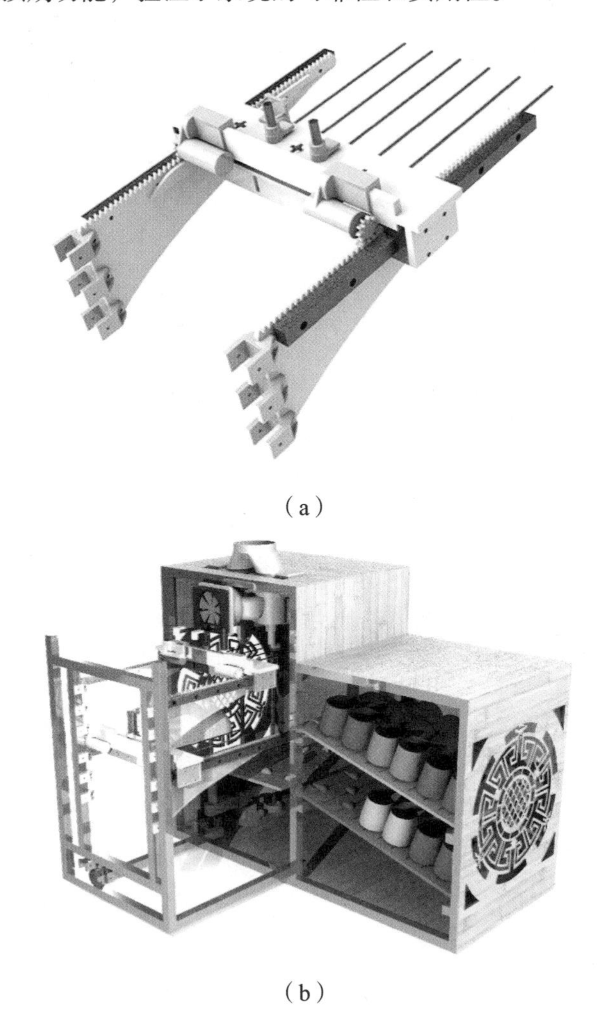

（a）

（b）

图 3　吹鞋储鞋一体机

仿生四足机器人

获奖等级：一等奖

设计者：覃贺权，卢越，柳冠华

指导教师：吴振宇，李胜铭

大连理工大学创新创业学院，大连，116024

当今社会，人们要求机器人不仅要能适应结构化的、已知的环境，更要能适应非结构化的、未知的环境。在地球陆地表面，有超过 50%以上的面积为崎岖不平的山丘或沼泽，不适合轮式或履带式机械在其上行走。足式机器人比轮式等机器人具有更强的机动性和环境适应性，该机器人旨在模仿四足动物的行走步态，将动物的运动性能加入机器人中，提高机器人的自动化程度。仿生四足机器人既能以静态步行方式在复杂地形上缓慢行走，又能以动态步行方式实现高速行走，这两种运动方式的结合可以有效扩大机器人的活动范围。

传统四足机器人为液压驱动结构，腿部设计较为复杂，制作维修成本较高，体形也较大。我们结合电机直驱特点，设计了异形结构的仿生四足机器人（图 4），其在设计上不使用减速箱，结构简单，运动惯性小，响应速度快，更加灵活；采用了平行四边形足式结构，支撑结构较多，承载重量较大，抗冲击能力强，机械强度大；并根据四足哺乳动物的运动特点设计仿生步态控制算法。

该机器人的主体长度为 400mm，站立姿态下同方向足端距离为 280mm，平整地面奔跑速度为 0.5m/s，可跳跃高度约为 200mm。整机质量为 6kg 左右，轻载荷状态下续航可以达到 20min。

该机器人可实现多种步态，越过障碍物，适应日常生活中斜坡、楼梯、台阶等非结构化环境。可编程实现多种运动状态，趣味性较强，加入人机交互系统后可作为宠物狗类型的陪伴机器人；在搭载视觉传感器、机械手后可作为家庭小助手，端茶送水，运送物品，给人们的生活带来欢乐与便捷。其搭配不同的传感器，可满足不同领域的需求，例如安全巡检、运输工作等，不仅在家庭生活方面，在抢险救灾、反恐排爆、军事运输、野外勘探、农业生产等诸多方面都有极其诱人的应用前景。

（a）

（b）

图4　仿生四足机器人

家居全能安防助手——小济同学

获奖等级：一等奖
设计者：王涵，蒲俊丞，李厦
指导教师：余有灵，周伟
同济大学，上海，200092

为了满足居家对日常安全监测、突发事件防护及处理的需求，设计者基于机器人操作系统（ROS），利用室内建图与导航算法、CNN 神经网络、物联网技术、传感器技术等，设计并制作了具有自我建图、老弱群体关怀、居家看护、智能交互等功能的智能安防助手——小济同学（图 5），突破了传统意义上的家居安防。

与传统家庭安防设备相比，小济同学具有视觉、听觉、嗅觉、触觉和智慧功能。

视觉：与传统固定式安防相比，小济同学搭载有可移动式机器人平台，完成家庭环境建图后，可随时在家庭中进行巡航，全方位监测家中异常情况；小济同学搭载有一块嵌入式深度学习主板，能够完成对电器安全、异常人员入侵、老人跌倒、贵重物品是否在原来位置的识别与检测，并可进行报警和相应动作；在发现有老人倒地时，小济同学可发送现场的图片、语音至用户手机中，同时用户可远程与老人对话，操纵机器人递送药品；小济同学安装有红外热像仪传感器，可以对屋内温度进行精确测定，及时发现屋内异常高温，并进行报警和减损动作。

听觉：小济同学基于云端深度学习，能够分辨家中的婴儿哭闹声、敲门声、滴水声等，并可自动执行预设的相应操作。当检测到敲门声时，小济同学将自动前往门口，并将门口情况录制后发送至用户手机，用户也可通过小济与来宾进行语音对话，并赋予来宾一定权限。

嗅觉：小济同学内置了包含温湿度传感器、PM2.5 传感器、甲醛传感器、红外热像仪传感器、烟雾传感器、可燃气体传感器等在内的 10 个传感器，可全面检测家庭室内环境情况。同时小济可综合分析所收集到的环境数据，生成易感系数，提示健康情况。为了使读数精确灵敏，烟雾传感器和可燃气体传感器被安置在特制的可伸缩叉架机构上，能更早发现险情，将危险扼杀在摇篮之中。

触觉：为了解决传统安防减损功能不足的痛点，小济同学使用我们独创的分布式智能同步执行机构，能够快速自动控制家中水路、电路和气路。用户也可使用微信联动操纵，远程全面减损，达到真正保障家居安全的目的。

智慧：小济同学内置有语音交互系统，可对话式地执行命令。同时用户可通过本地 Android APP 平台与远程微信交互平台查看家庭信息、远程操纵机器人等，控制方式灵活多样。

小济同学基于 ROS、云端深度学习与机器视觉、物联网技术与传感器技术，具有前所未有的视觉、听觉、嗅觉、触觉和智慧功能，真正突破了传统意义上的家居安防，不仅能全面满足居家对日常安全监测、突发事件防护及处理的需求，有效解决家居生活的难点痛点，更为智能网联家居提供了以机器人为中心、遥控与无线通信为操控方式的一站式智能解决方案。本作品如大批量生产，成本还会大大降低，具有非常广阔的市场前景与发展潜力。

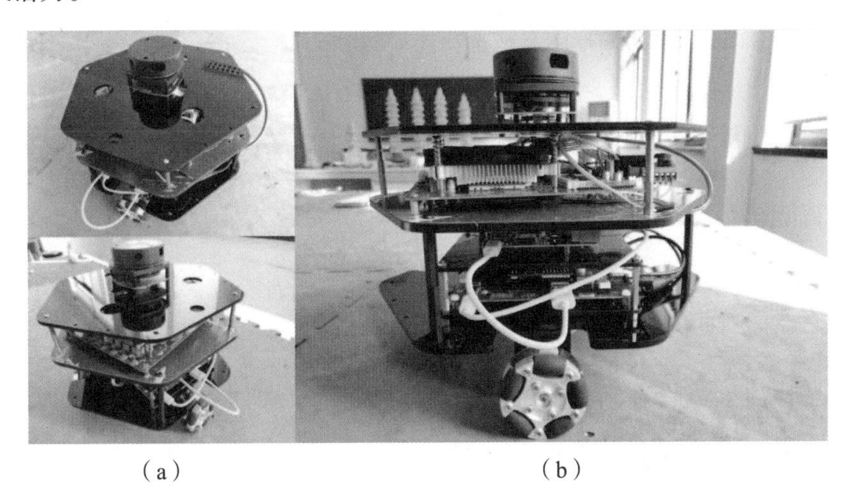

（a）　　　　（b）

图 5　小济同学

家务整理智能机器人

获奖等级：一等奖
设计者：王文博，宋琎晖，刘长涛
指导教师：蒋勇，倪文彬
南京理工大学泰州科技学院，泰州，225300

设计充分调研了目前家庭服务机器人的研究现状，在这个基础上分析了现有家庭服务机器人的功能组成。本项目的目标是解决现有家庭服务机器人功能单一、实用性较差的问题，采用新的结构设计及目前新发展的技术，设计一种能够自主定位、自动识别并分拣家居杂物的家务整理智能机器人（图6）。

该家务整理智能机器人所具有的具体功能如下。

1. 自动分拣家居杂物（主体功能）

自动分拣家居杂物是家务整理智能机器人的主要功能。机器人搭配最先进的AI图像识别系统，无论家里乱成什么样，它都可以深度学习、识别出来并记住所有物品的原来码放位置，最后将它们分门别类地收纳管理起来。

2. 智能语音交互，完成用户指令

机器人上装有音频系统，可以与用户进行语音交互。深度学习不仅能实现自动分拣，更能精确地完成用户语音任务，如：接收到“换鞋”指令后可准确地从鞋架上取下拖鞋并送给用户更换，并将换下的鞋送回鞋架。

3. 监测室内温湿度等数值

为了更好地进行家居服务，给用户提供更优质的居住环境，家务整理

智能机器人还具备监测室内温度、湿度以及甲醛等有害气体的功能。根据用户的语音指令报出实时的室内温湿度及其他的信息。

家务整理智能机器人包括机械系统和控制系统两个部分。团队成员经过通力合作，成功设计了机械系统，制造了第一台样机模型，并对其控制系统进行了调试，验证了系统的可靠性和实用性。

（a）

（b）

图 6 家务整理智能机器人

家用麻将陪伴机器人

获奖等级：一等奖

设计者：李强，胡春永，李钰尧

指导教师：高宇，王庆久

浙江大学机械工程学院，杭州，310027

设计者充分调研了目前麻将机器人的研究现状，在此基础上设计了家用麻将机器人的基本功能。本项目的目标是针对现在中老年人精神慰藉的需要以及当下相对空白的麻将机器人研究制作，采用3D打印和机械臂控制技术，设计一种基于图像识别技术的家用麻将陪伴机器人（图7）。

该家用麻将陪伴机器人的主体结构由一张“麻将桌”、机械臂和两个摄像头组成。“麻将桌”通过三个“支柱”支撑，两个摄像头一个放在桌下，向上拍摄，用来在摸牌阶段识别麻将牌；另一个利用金属支架放在桌子上方，向下拍摄，用来识别玩家打出的牌。

除了这些主体结构之外，为了保证机器人的抓取准确度，团队设计制作了放在中间的“牌堆方格”，用来存放未抓取的麻将，以及机器人面前的手牌方格，用来存放机器人的手牌，这样便于机械臂的定位与抓取。在打麻将过程中，需要将麻将进行翻面，为此设计者制作了麻将的翻转装置，通过控制一个舵机的旋转可以实现麻将的翻转。为了便于玩家整牌，还制作了一个玩家的“手牌条”。以上装置均由3D打印制作而成。

机械臂的控制器使用的是Arduino公司的Mega系列单片机，使用12V直流电源进行供电。对机械手的控制程序是在Marlin模块的基础上进行改进实现的。通过求解空间坐标方程，实现对机械臂末端位置坐标的控制。

机器人中用到了两台USB工业相机，像素为2.0Megapixels，CCD尺寸为 1/3 英寸[①]，镜头光圈直径范围在 3.5~8mm，主要用于麻将牌的识别。编写机器视觉代码所用的平台是 Visual Studio，利用的是 OpenCV 库，语言是 C++。

该家用麻将陪伴机器人包括机械系统、控制系统及图像识别系统三个部分。团队成功设计了机械、控制、图像识别三部分的基本功能，能够实现打麻将的一些基本操作。经过三个月的设计制造，生产了第一台物理样机，并对其进行了试验，验证了系统的可靠性和实用性。

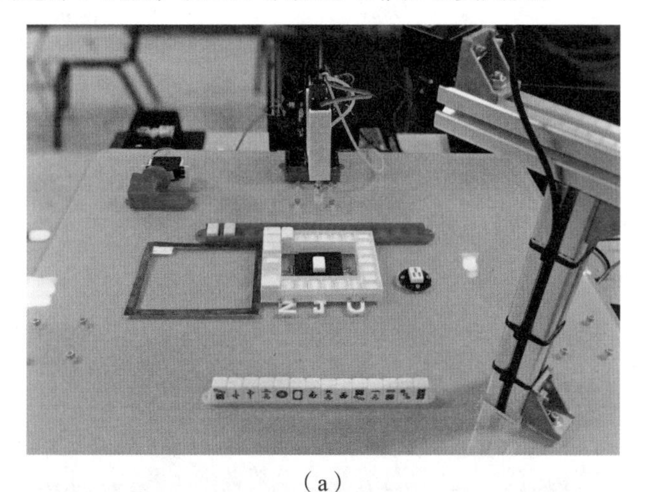

（a）

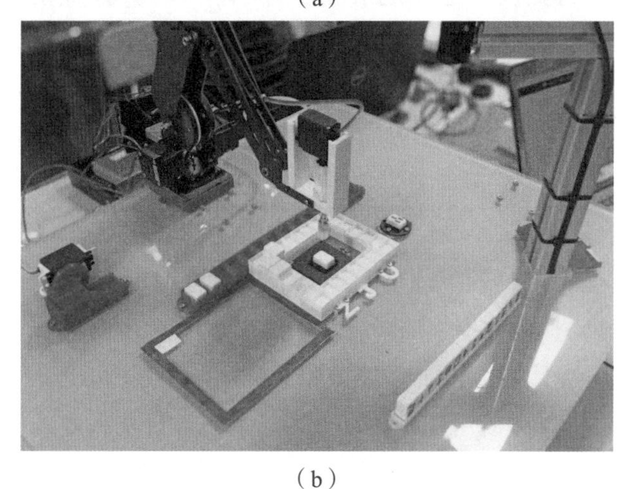

（b）

图 7　家用麻将陪伴机器人

① 注：1 英寸 =2.54cm。

家用泡茶机器人

获奖等级：一等奖

设计者：胡新政，陈子达，贺茂青

指导老师：王高升，谢骐

湖南工程学院机械工程学院，湘潭，411104

设计者充分调研了茶文化在当今社会的影响现状，并对整个泡茶过程进行了学习探讨，在这些基础上，我们分析了泡茶机器人的机构组成。本项目的目标是针对日常泡茶过程中人们容易烫伤手，以及泡茶时难以把控水温，泡茶过程烦琐、费时等问题，采用语音模块控制，设计一款全自动的家用泡茶机器人（图 8）。

这套装置结构简单，包括泡茶部分（茶杯中）和倒茶部分（茶海中），充分体现了工夫茶的韵味。泡茶机械臂采用的是平面四杆机构的原理，结构简单，能让茶壶中的水时刻保持水平。我们将现代科技与传统茶文化相结合，整个泡茶过程保留了泡茶的原汁原味。使用者不仅能体验传统茶文化，还能享受智能家居的服务。

基于语音模块控制系统，使用者可以通过语音唤醒泡茶机器人，当使用者说“请泡茶”（或者任意一句包含“茶”字的话）时，泡茶机器人会自动开始泡茶，整个过程非常智能化。如果使用者不想通过语音唤醒泡茶机器人，那么也可以使用遥控器，我们为其添加了遥控器控制模块。

这款泡茶机器人使用舵机驱动，性能稳定，价格低廉。使用 Arduino 编写程序来控制机械臂的运转，稳定可靠。整个装置体积较小，搬运方便，实用性强，总成本较低，能让广大消费者都可接受，也突出了“家用”一词。

该家用泡茶机器人包括机械系统和控制系统两个部分，我们发挥团队合作精神，分工完成了整个设计。经过三个多月的设计与制作，我们生产了第一台实物样机，并且不断地对其进行调试和改进，最终使其达到了较好的状态，验证了该泡茶机器人的可靠性和实用性。

（a）

（b）

图 8　家用泡茶机器人

家用医护健康机器人

获奖等级：一等奖

设计者：陈梓杨，李佩婷，陈志炜

指导教师：黄英亮，孙树栋

西北工业大学机电学院，西安，710027

设计者充分调研了目前中国老龄化的社会现状以及家庭服务机器人的研究现状，在此基础上分析了现有家庭服务机器人的机械结构和功能组成。本项目的目标是设计出一款搭载基于深度学习的人机交互系统，同时可自主导航移动的家用医护健康机器人（图 9）。

我们这款家用医护健康机器人由三部分组成：（1）机械结构。采用 SolidWorks 等三维建模软件进行机器人结构的设计，完成干涉分析、应力分析、运动分析以及工作空间的仿真模拟工作，在一些受力较小的位置和机器人外面的封装上使用了由 3D 打印机打印成型的打印件，提高了机器人的美观程度。（2）电控硬件。采用 ARM 芯片进行硬件控制和传感器的信息采集、DSP 芯片进行数据滤波，使用树莓派作为智能识别系统和自主导航系统的运行终端，自主设计电路板结构以及下位机与上位机的通信软件。（3）软件算法。基于人工智能的人机交互系统，通过搭载的摄像头、麦克风和扬声器进行数据采集和信息反馈，同时采用卡尔曼滤波算法用作数据滤波，SLAM+D* 算法用于自主导航移动。

功能说明：

家庭娱乐——会进行唱歌跳舞等文娱表演，可以降低老人孤独感，提高幸福指数。

情感陪伴——兼备语音识别、手势识别等人机交互功能；通过简单的认知训练来降低罹患痴呆的风险等。

实时监控——提醒使用者遵循医嘱、按时服药；监测家中一氧化碳含量；如遇突发情况还可以发送邮件，呼叫帮助。

该家用医护健康机器人包括机械结构、电控硬件、软件算法三部分。团队通过分工合作，成功设计了机械结构，对内部控制电路模块进行了主要功能实现，并初步尝试了人机交互。经过几个月的努力，我们生产出了第一台样机，并对其进行了多方面的测试，验证了我们方案的可靠性、实用性以及可行性。

（a）

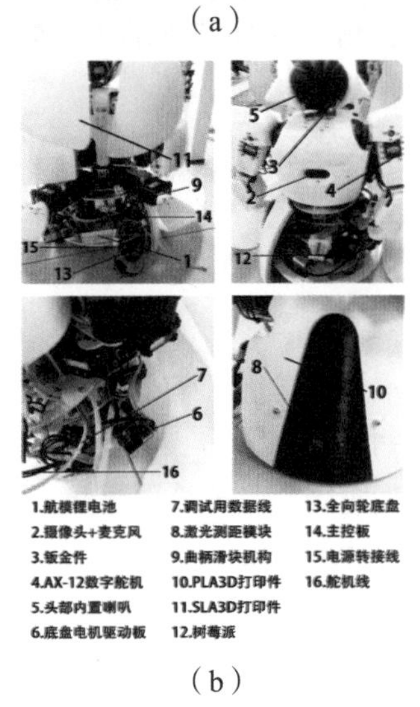

（b）

图9 家用医护健康机器人

POSELAMP

获奖等级：一等奖

设计者：胡亮，李沛之，刘品逸

指导教师：肖人彬，沈安文

华中科技大学人工智能与自动化学院，武汉，430074

台灯作为一种日常生活和学习中必不可少的照明工具，在很大程度上影响了人们的坐姿习惯和用眼习惯。

本作品（图 10）具有以下功能：

（1）OPENPOSE 算法坐姿识别

台灯内嵌经过华科同济医学院专家鉴定及大数据分析拟合后的人体标准坐姿，用 OPENPOSE 算法综合识别使用者的坐姿，可使检测结果更加精确。当孩子在台灯下学习时，可实时判别孩子的弯腰驼背、趴着等不正确坐姿，并及时语音智能提醒，督促孩子端正坐姿。

（2）学习监督及规划功能

摄像头可以拍摄孩子的学习状态，例如是否在转笔、是否在打瞌睡，通过 OPENPOSE 算法判断孩子是否在专心学习，如果没有专心学习，通过内置扬声器和灯光变化提醒孩子专心学习。并且，基于之前所做的学习规划，结合孩子实际的学习情况对下一步的学习做进一步的规划。

（3）情绪识别

用面部表情的识别、行为等变量作为输入，基于 OPENPOSE 算法来判断孩子的心情，从而通过改变光照或者给予语音提示来改善其情绪状态，并且将孩子的情绪状态通过 APP 反馈给家长，家长能通过手机 APP 安抚孩子。

（4）家庭摄像监控

在家中无人时，台灯可以成为隐蔽的监控摄像头，保障家庭安全。

（5）远程医疗

台灯通过 Wi-Fi 将使用者的日常坐姿数据上传至云主机，一方面，服务器可以对这些数据进行统计分析；另一方面，专业医师也会对使用者的日常数据进行评估，两者结合，给出使用者的坐姿改善和矫正意见。

（6）好光源

台灯经过多级减蓝光处理，有效过滤台灯中的有害蓝光。台灯的电路设计，电流输出恒定，无闪烁。台灯的智能光源能自动适配最佳亮度。智能光感传感器，结合智能感光技术，根据环境光的不同，其能够为我们智能地调整至最适合该环境下使用的亮度和色温。

（7）语音交互

当孩子晚上睡觉时，可直接用语音控制台灯开关——“台灯关”。一“音”找妈妈。当妈妈把孩子一人放在家里学习时，若妈妈迟迟未归，孩子可对台灯呼叫“找妈妈”，台灯识别语音，可直接发送信息至妈妈手机 (APP), 妈妈也可发回语音或文字或视频至台灯，与孩子交互。台灯充当了手机的交互功能。当家长不在家而孩子又需要学习上的帮助和监督时，家长可以随时随地通过手机 APP 远程喊话提醒孩子专心学习、帮助孩子完成学习任务。

（8) 视力检测功能

家长可通过手机 APP 配合台灯上的 LCD 屏幕来实现对孩子视力的检测，从而可以随时了解孩子的视力水平。

本作品以 OPENPOSE 算法为核心，分别集成了坐姿识别功能和学习监督功能，并融入一系列人性化功能，旨在为孩子的学习和成长提供全方位智慧 + 保护。以这个作品为纽带，结合智能穿戴、智慧家庭技术，可形成多方位、更立体的智能体系，让保护无处不在。

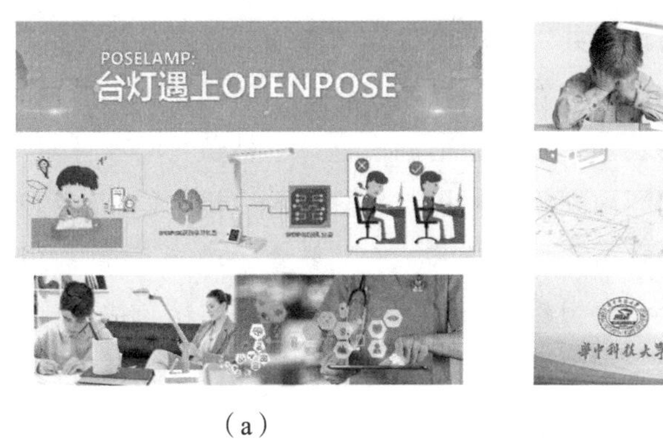

（a）

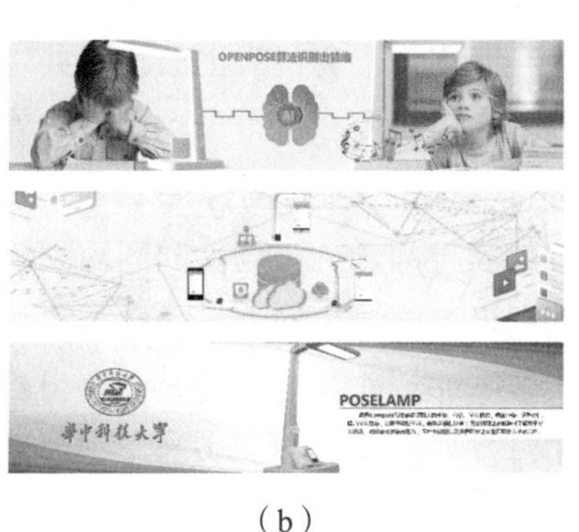

（b）

图 10　POSELAMP

鱼花共生系统

获奖等级：一等奖
设计者：陶淳，晋文威，李向旭
指导教师：王晔
许昌学院电气机电工程学院，许昌，461000

设计者对水族箱控制设备的应用现状进行了分析和研究，设计出了一种多功能的鱼和花草共生的智能控制系统——鱼花共生系统（图 11）。该控制系统以单片机为控制核心，结合传感器技术，集多种控制功能于一体，包括自动换水、自动喂食、自动水循环等，同时在系统中设计一个通信模块，可实现对鱼缸的远程控制和管理。整个系统分为三个部分：第一部分是以 Arduino 为核心的控制部分，实现对传感器信号的提取；第二部分是以 ESP8266 为核心的无线透传数据部分，用于将 Arduino 处理传感数据和模块状态数据实时上传机智云平台，两部分之间以串口进行通信，实现对鱼花共生系统的智能管理；第三部分使用语音识别模块与 Arduino 串口通信实现对鱼花共生系统的实时语音智能管理。

以花草、金鱼为主的鱼花共生系统可称作“微缩的生态系统”，受到人们的喜爱。但由于人们缺乏养护的技艺或者由于时间原因不能及时进行养护，往往“好景不长”，最后的结局多是“草枯鱼亡”。针对鱼缸的养护问题，市场上陆续出现了各种控制鱼缸水温、排水、充氧和照明的设备，如过滤器、加热器、加氧泵等。产品繁多，功能不统一，且大多是非智能化的系统。而要组建一套完整的智能控制系统，往往比较困难，一般还需要人为的手工控制，使用不灵活、不方便，整体性能也无法得到提升。

随着经济水平的突飞猛进，人们对家居产品的要求日益提高。我们设计的鱼花共生系统是新概念的高档智能家居产品，有效地解决了传统鱼缸饲养以及植物种植照料存在的问题和困难。

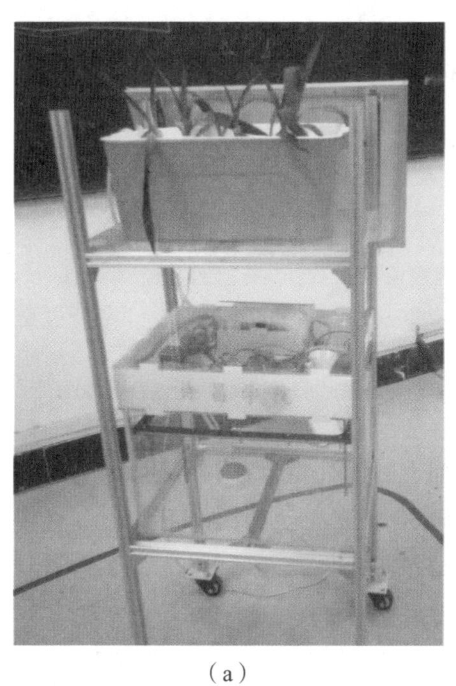

（a）

（b）

图 11　鱼花共生系统

智能阅读服务机器人

获奖等级：一等奖

设计者：余家军，钟宏江，李治明

指导教师：刘建生，仝迪

西南石油大学，成都，610500

设计者充分调研并分析了目前市面上阅读机器人的研究现状，发现现有的相关阅读机器人只能阅读已有的电子文档，不能识别纸质书刊，存在功能单一、实用性差、应用范围小等缺点。针对现有阅读机器人的缺点与不足，本参赛队伍设计了一款智能阅读服务机器人（图 12）。

该机器人主要由机械结构设计、文本图像处理及识别、运动控制系统、智能阅读系统和智能语音系统五大板块组成。可实现文本自动扫描及翻页、文本图像处理及识别、拟人声阅读、文本电子化存储、智能语音控制和网络资源获取等功能。能够有效解决老人、盲人或残疾人士在阅读过程中，由于肢体或视力等问题所造成的阅读障碍，也可用于家庭子女教育，同时适用于图书馆图书电子化储存及需要大量文本扫描的办公场所。

机械结构设计主要由支撑骨架、书本固定结构、文本扫描及翻页结构和辅助翻页云台等组成，可实现文本精确扫描及自动翻页、书本自动固定等功能。

文本图像处理针对文字有效区域进行相关图像处理，文字识别采用 OCR 光学文字识别，识别精度高。

运动控制系统使用 32 位 ARM 内核控制器控制机械结构的运动过程，实现文本图像的实时采集，并与智能阅读系统进行实时的数据传输。

智能阅读系统可对运动控制系统进行实时控制。其 UI 界面可显示识别后的电子文本，实现文字大小调整、拟人声阅读等功能。

智能语音控制使用百度语音识别库，用户可通过语音实现对阅读系统UI界面的控制。

本作品创新点及优点：

（1）三维空间运动结构，实现文本精确扫描及自动翻页；

（2）真空吸盘与摄像头一体化，实现文本扫描及翻页同步进行；

（3）真空吸盘与旋转翻页杆的配合运动，实现搓书、擀书、压书；

（4）双曲柄推杆结构，实现不同大小书本的固定；

（5）双控制系统，实现智能阅读系统与运动控制系统并行运行；

（6）网络资源获取与智能阅读服务结合，将阅读范围从纸质书刊拓展到互联网；

（7）语音控制方便用户操作，文本文字放大、拟人声阅读可有效保护用户视力。

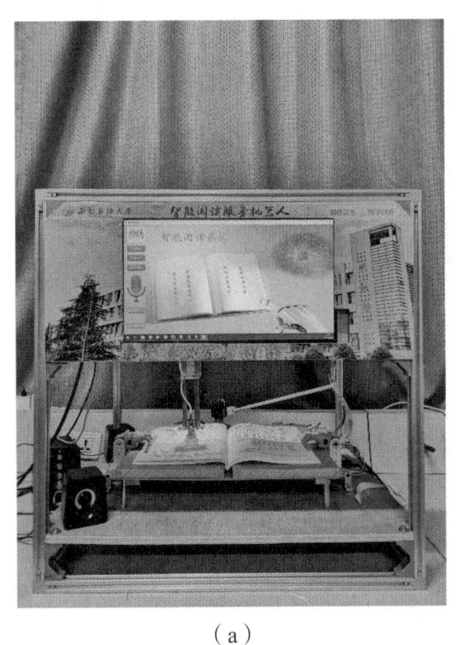

（a）

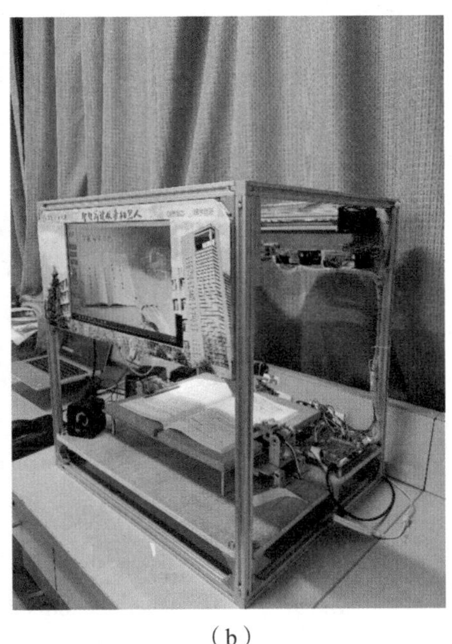

（b）

图12　智能阅读服务机器人

ROS 智能抓取机械臂

获奖等级：一等奖
设计者：白强，吕明镜，吴二军
指导教师：李少波，周鹏
贵州大学机械工程学院，贵阳，550025

1. 参赛机器人简介

参赛队采用的机械臂（图 13）为 6 个自由度的 xArm, 该机械臂是一款轻量型可编程机器人，有效工作半径为 700mm、重复定位精度为 0.1mm（xArm 使用高性能谐波减速器，配合定制无刷电机和 17 位多圈编码器，使得 xArm 具备极高的重复定位精度）。xArm 具备通用工具接口，可以根据需求安装不同的末端执行器，这大大方便了我们根据比赛内容安装合适的末端执行器。该机械臂结构稳定，硬件强大，可编程，高效部署，简单易用，能帮助我们提高效率。xArm SDK 是专为 xArm 定制的快速平台软件开发套件，通过 xArm SDK，可以为 xArm 量身定制 APP，发挥出 xArm 的最大潜力。 xArm SDK 包含 Python/ROS/C++ SDK, 支持 Windows、Mac、Linux。多语言和多平台的支持，大大方便了我们的二次开发。

比赛内容为基于视觉的抓取，而此机械臂的底层算法是基于 ROS 的，因此算法的实现主要是通过 Python 语言进行功能包的编程，通过反复调试功能包，达到速度快、精度高的效果。

2. 算法实现

算法的实现主要由五个功能包组成。gzu_release.py 和 gzu_suck.py 文件控制夹爪吸盘吸、放的功能，通过吸盘的吸、放实现木块的抓取和释放。

gzu_save_model.py 文件用来识别木块上字母的特征，将收集的特征以图片的形式保存下来，放在 models 文件夹下。gzu_test_matching.py 文件实现的是匹配测试功能，通过该文件的运行，系统会自动计算保存的特征图片和摄像头实时采集的字母特征的匹配度，如果匹配度过低，需要通过调整外部光照条件或者距离等参数来提高匹配度。gzu_xarm_picking.py 文件实现最后的抓取功能，通过该文件的运行，摄像头会自动识别到对应的字母，将其准确定位抓取然后放置到指定位置。

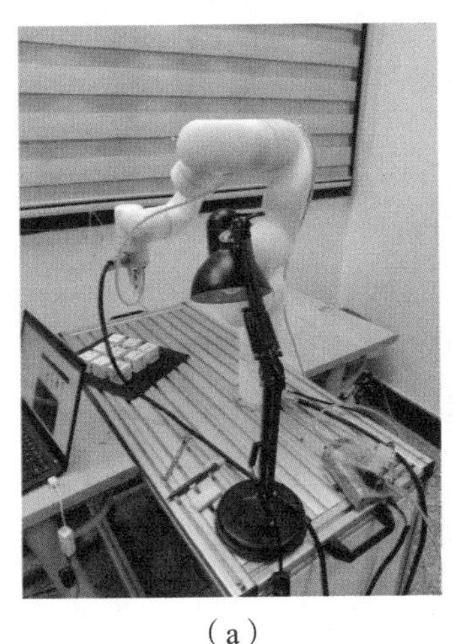

（a）

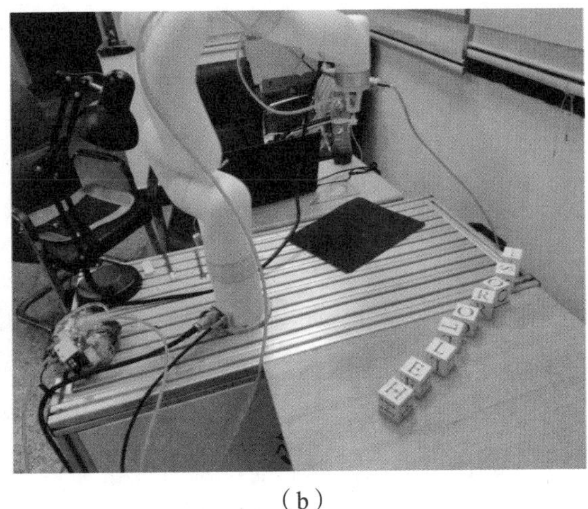

（b）

图 13　ROS 智能抓取机械臂

二等奖作品

“FREEDOM”多功能洗晾智能机器人

获奖等级：二等奖

设计者：刘国镏，高铖，彭玉春

指导教师：张祥雷，綦法群

温州大学机电工程学院，温州，325035

洗衣服是日常家务活动中较为重要的一环，会消耗较多的时间。上班一族大多只能在下班后的时间进行洗衣晾晒，这种家务带来的疲劳感会影响人们的生活质量。而室外晾晒环境、洗衣模式、洗衣液添加量和室内晾晒没有足够阳光等因素，都会影响衣服的质量。因此，本设计团队根据家庭生活的实际需求，设计了一款一键式多功能洗晾智能机器人（图 14）。

“FREEDOM”多功能洗晾智能机器人包括智能洗衣系统、智能运输系统、智能环境监测系统和烘干晾晒系统，可通过手机 APP 对其进行操作。

智能洗衣系统：通过内置的压力传感装置以及自动功能，感应每次放入洗衣机的衣物重量，根据感应到的数据自动判断洗衣用的水量，结合洗涤程序智能添加相应剂量的洗涤剂和柔顺剂。且有消毒功能，使用高温蒸气来除去衣物上的细菌，实现消毒除菌。

智能运输系统：内置链条轨道，由齿轮与旋转电机组合，用机械爪夹持洗晒架进行移动，且置有限位开关进行限位检测，判断是否需要洗衣。

智能环境监测系统：通过外部导轨上的风速传感器、光线检测传感器、温湿度传感器和雨滴传感器判断外部环境是否适合晾晒，如果检测到下雨、光线昏暗等状况，将会驱动智能运输系统将洗晒架运回室内，以保证衣物的晾晒质量。

烘干晾晒系统：采用语音声控智能升降。在需要晾晒衣物的时候，通过语音即可对晾衣架升降。紫外线无残留杀菌、风干系统与智能发热控制技术，能够让晾晒的衣物在短短的三个小时内快速干燥，不必担心天气的影响。

该多功能洗晾智能机器人包括机械系统和控制系统两个部分。团队经过三个月的设计制造，生产了第一台模型样机，并对其进行了试验，验证了系统的可靠性和实用性。

（a）

（b）

图 14 “FREEDOM”多功能洗晾智能机器人

“我家的门会呼吸”——门挂式新风空调

获奖等级：二等奖

设计者：齐金龙，李梓坤，韩博

指导教师：王滨生，刘佳男

哈尔滨工业大学机电工程学院，哈尔滨，150001

目前人们普遍存在这样的误解：有了空调、空气净化器就不用开窗通风了。其实，它们都只是在循环室内原有空气，并不能使室内空气更新，不能保证我们在家中能呼吸到新鲜的空气。

我们设计的这款门挂式新风空调（图 15）采用了最新的新风系统，可实现室内外空气交互，使纯净新鲜的空气进入室内，提高室内氧气含量，降低二氧化碳浓度。其拥有空气净化器的净化功能，可杜绝 PM2.5 等有害颗粒进入室内，从源头上根除有害气体。同时也具有温度调节与干燥除湿的功能。

同时该门挂式新风空调还具有室内空气检测的功能，可以实时检测室内的温度湿度变化，将其调整到适宜的范围。也能监测室内有害气体的含量，在发生 CO 等有毒气体泄漏时，该新风系统将会自动以最大功率运行排除有毒气体，同时发送有毒气体泄漏警报。

该门挂式新风空调整体结构紧凑，独立安装在门框上就可以工作，相对于一般空调或其他排气机构，安装方便，结构紧凑，可减少对房屋或室内的改造工程。

(a)

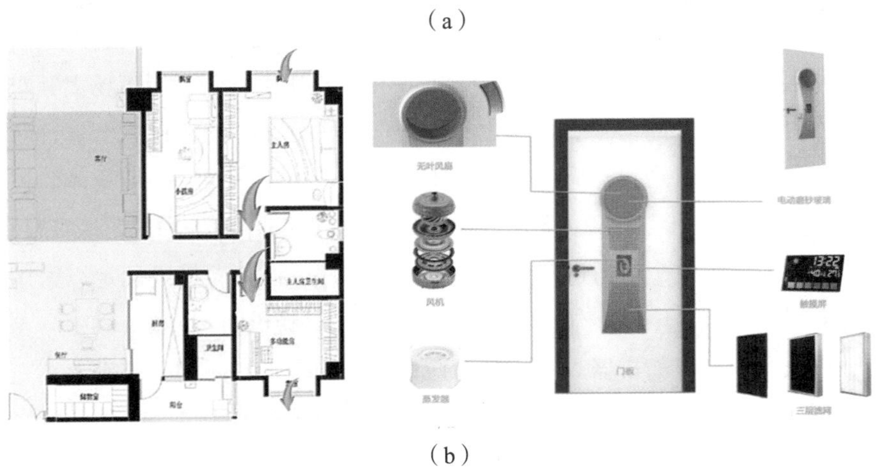

(b)

图 15 门挂式新风空调

EASY FOUND 家用助盲寻物机器人

获奖等级：二等奖
设计者：朱悦，曹晨晨，王相军
指导教师：黄珊，张昱
浙江师范大学工学院，金华，321004

设计者充分调研了现有助盲产品的市场状况，通过调研发现我国目前视力残疾人较多，相当于每 80 人中就有一位黑暗中的行者，但市场上针对视障人群的专属产品却很少，家用类助盲产品仍处于市场空白状态。针对目标用户，设计者通过加入视障人群 QQ 群、走访视障人群、亲身体验视障人群生活等方法，与视障人群产生共情，共获得近 45 小时的用户访谈资料，从中提取痛点 127 个。通过对痛点的优先级排序，设计者最终确定以家用助盲寻物为目标展开设计构想，设计了家用助盲寻物机器人（图 16）。

该家用助盲寻物机器人在充分考虑用户体验和市场需求的基础上，充分贯彻通用设计原则及信息有效性原则，旨在帮助视障用户融入正常家庭生活，成为视障用户与家人沟通的桥梁。该家用助盲寻物机器人分为主机、分机、托盘三个部分。分机设有四个，分机不用时被放于托盘内，家人可从托盘内任意取用一个分机，按下托盘中心的按键对该分机进行定义，定义完成后家人可将该分机放于所设定的物品旁或环境中。当视障用户需要时可取用主机，按下主机上的按键就可以聆听家人所设定的内容，视障用户可选择自己所需要的分机进行唤醒，分机被唤醒后持续响铃，视障用户此时就可以根据声音确定所需物品的位置。

该家用助盲寻物机器人主机与分机之间采用 NRF2.4G 无线技术进行连接，主、分机系统含有语音输入模块、主控单元、供电模块、发声模块。在设计过程中，设计者充分考虑视障人群的日常操作习惯，将按钮设置在易于找到的位置。设计方案充分考虑视障人群居家安全，造型上不存在有锐角，并将机体设计成不倒翁形式，在帮助视障人群寻找物品的同时，不给视障人群添加任何潜在危险。总之，设计方案充分考虑了视障人群居家功能需求和独立自主的心理需求。

（a）

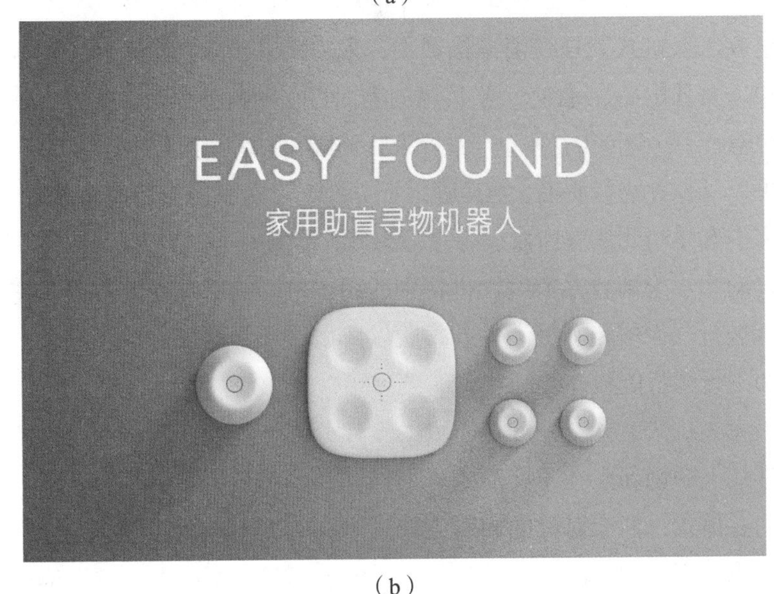

（b）

图 16　EASY FOUND 家用助盲寻物机器人

LIGHT

获奖等级：二等奖
设计者：秦妍，戴怡，虞涛菘
指导教师：王德光，庞灿楠
华中科技大学机械科学与工程学院，武汉，430074

设计者调研了目前紫外线的杀毒效果以及无人机室内飞行的研究现状。在此基础上，分析目前紫外线消毒机器人的外形特征，着重对外观进行再设计。本项目的目标是针对现有的紫外线消毒机器人在自身原理设计和外观设计上的不足，采用新型的外观和技术设计，设计一种完全创新、实用又美观的无人机式紫外线消毒机器人（图 17）。

这款无人机式紫外线消毒机器人，采用紫外线灯消毒杀菌，消灭家中空气中以及日用品、食物、家具等的表面存在的各种细菌、病毒、螨虫、寄生虫等。可防御传染性疾病，保护家庭健康，营造一个相对干净无菌环境，甚至可以延长食物保质期。尤其适用于“非典”、流感等流行病毒暴发时期。对于家中有婴幼儿或有白血病等重症患者，需要一个相对无菌的环境人群，或饲养动物、病菌较多家庭，也特别适用。单一的紫外线灯不能对家庭各个角落进行全面覆盖，灵活性差，所以我们设计了这款可以在家庭中自由移动和飞行的智能紫外线灯。

该无人机式紫外线消毒机器人的设计分为外观设计和技术设计两个方面。其最大的创新点在于产品的外形设计：大胆采用分体式的外形而不是传统的一体式；两个对称的翅膀，通过中心的把手进行连接。这样既可以将无人机对折存放，减少空间占用，需要出门时又可以提着把手部位，解决了携带的问题。小组成员反复修改模型，最后以 3D 打印的方式制造并装配了外观模型。

技术设计部分，小组成员以无人机指定轨迹飞行、定点悬停为目标，进行了长时间的可行性论证、样品机制造与效果测试。首先经过三个月的设计制造，采用 Pixhawk 开源飞控制造了第一台物理样机，并对其进行了稳定性和载重试验。之后又先后讨论了 GPS 定位、UWB 定位与视觉定位系统，结合使用环境，最后决定采用视觉定位。经过不断的改进与调试，样机实现了指定轨迹飞行与定点悬停的目标。另外，在多方面调查与搜集资料后，确定了紫外线照射的有效强度，合理选择光源与照射方式，确保了消毒的有效性。

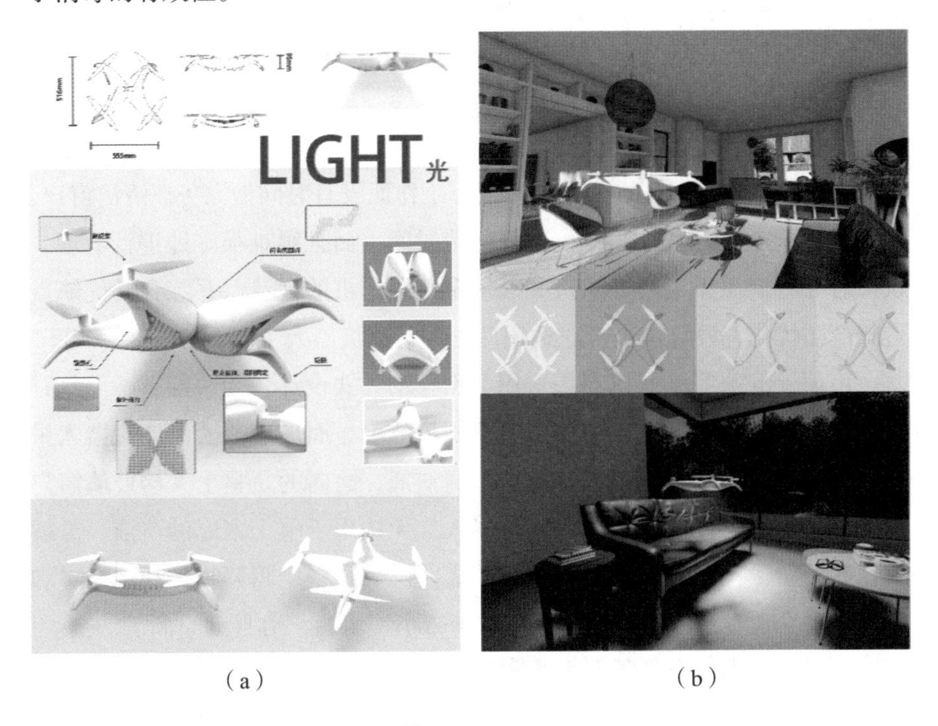

（a）　　（b）

图 17　LIGHT

Spider 清洁机器人

获奖等级：二等奖
设计者：何伟，熊艺凯，吴加隽
指导教师：尹泉，彭刚
华中科技大学，武汉，430074

生活在快节奏时代，人们经常忙于工作而没有时间做家务。清洁窗户，特别是玻璃外窗的清洁工作，不仅耗费时间，而且很难很好地进行清理。设计者充分调研了家用擦窗机和高楼幕墙清洁机的现状，并综合其优缺点进行产品优化，设计出了一款适用广泛的清洁机器人（图 18）。

市面上的家庭平面机器人采用平面移动方式设计，无法翻越障碍物；不携带水箱，工作前人工在抹布上喷洒清洁剂。而玻璃幕墙清洁机器人采用移动方式，无法翻越障碍物；携带清洁剂；面向的是整个大楼玻璃窗户的清洁，需要根据建筑风格定制机器人，无法用于单个家庭的清洁。为解决这些问题，我们的 Spider 清洁机器人能够翻越一定障碍物，利用循迹和定位算法实现多扇窗户的清洁工作；携带小型水箱，可自动喷洒清洁剂。

Spider 机器人由机器人主体和用户客户端两个部分组成。其中机器人主体包括下列系统：

（1）机器人控制系统

这是机器人运动的核心，其将各种步态动作封装后由主控调用。采用六足前进的方式，确保机器人既能灵活移动，又能很好地吸附在玻璃上。

（2）清洁系统

机器人携带了一个小型的喷雾器，由主控进行控制，配合机器人的步调进行喷雾清洗。

（3）测距系统

位于机器人脚上的测距系统，在机器人运动的时候进行实时监测，进而调整机器人的步调以及判断是否完成一整面窗的清洁。

（4）视觉系统

位于机器人头部的摄像头传回实时的图像，利用视觉算法判断窗户的洁净程度以及配合测距系统进行越过障碍的动作。

（5）通信系统

机器人搭载 ESP8266 通信模块与用户客户端进行通信，将机器人的实时状态、清洁状态传回给客户端，用户也可以通过给机器人发送指令来改变机器人的路径算法、擦窗范围以及改为手动控制等。

经过两个月的开发，我们完成了 Spider 清洁机器人的设计，克服了吸盘式爬行结构在垂直面上攀爬的难题，验证了机器人系统的可靠性和实用性。

（a）

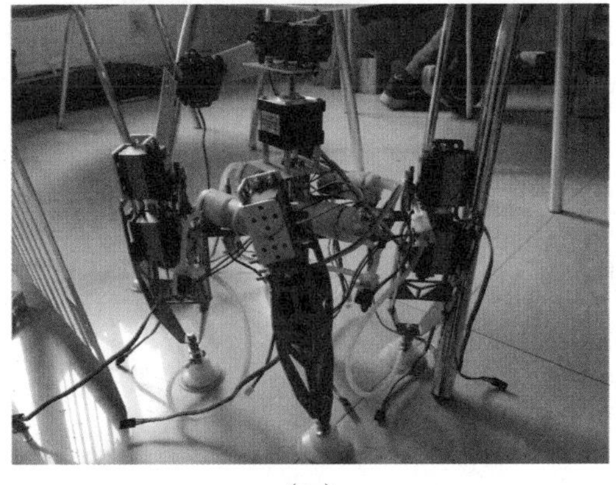

（b）

图 18　Spider 清洁机器人

捕蟑螂机器人

获奖等级：二等奖

设计者：彭宇，付佳兴，刘泓祯

指导教师：袁浩，孙建荣

江苏大学机械工程学院，镇江，212013

捕蟑螂机器人是用机器人实现抓蟑螂的智能化。本作品（图 19）综合了传统方法，并对诱捕法进行了改良：用诱蟑盒或用瓶口涂驱避剂的罐头瓶内放诱饵，诱捕蟑螂。我们对智能机器人的感知和行为方式进行创新设计，利用蟑螂习性，有效地诱捕、灭杀蟑螂。传统药物法不仅对蟑螂有杀伤力，对人也有危害。而捕蟑螂机器人有利于保护人体健康，极大地方便了人们的生活。

该捕蟑螂机器人主要包括五个机构，分别是：行走机构、引导机构、诱杀机构、收集机构和自动化机构。在各个机构我们都使用了传感器。引导机构中采用红外线传感器感知蟑螂进入，信号处理后，电网通电。电网处采用了电压传感器，在感知到高压信号持续 3s 后，电网断电，舵机带动齿轮齿条，实现推程和回程，将击毙的蟑螂推入收纳盒。

技术路线分析：

（1）风扇常开，将气味吹出机体，蟑螂通过触角识别气味而进入引导管。

（2）红外线传感器感知到有蟑螂经过，将信号传输给电流传感器。

（3）蟑螂推动塑料片进入电网区域，蟑螂在接触到电网时电网产生瞬时高压电流（2000V），持续电击，将蟑螂击穿从而击毙。

（4）电压传感器检查到持续的高压信号，将信号传输给舵机，舵机启动，带动齿轮齿条将蟑螂尸体推入收纳盒。

我们经过团队合作，对各个零件和机构进行了设计。调试时各个机构都能够正常运行，能够实现基本的诱捕功能。当然，我们还可以对产品进行延伸，不仅仅是诱捕蟑螂，也可以诱捕其他动物（比如老鼠等有害生物）。

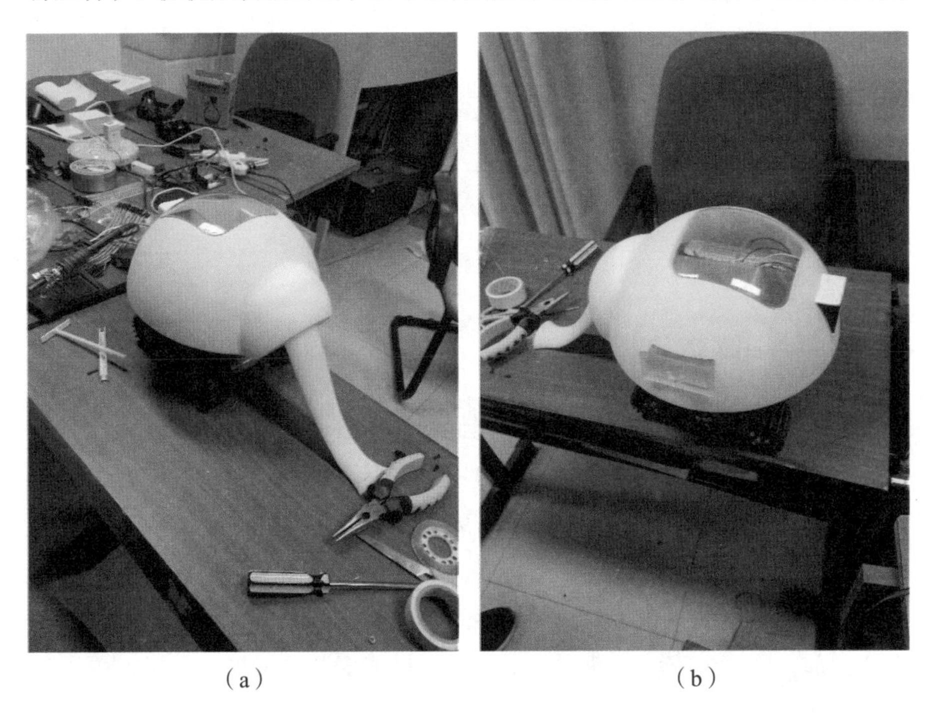

（a） （b）

图 19 捕蟑螂机器人

茶道机器人

获奖等级：二等奖

设计者：陈雨，刘岩，张建成

指导教师：胡韶奕，王传璐

华北理工大学轻工学院工程学院，唐山，064000

饮茶具有提神清心、清热解暑、消食化痰等药理作用。在快节奏的生活中，机器人自动泡好一杯热茶，人们的心情会变得十分愉悦。因此，本团队设计了一种以“艺术＋服务”为目标的茶道机器人（图 20），在完成泡茶的基础上加入语音系统实现人机交互，并留下后续功能扩展的空间。

茶道机器人由机械结构与控制系统两部分组成。

机械结构包括注水装置、加热装置、机械臂和底座。加热装置安装在底座内部，底座上安装双燕尾轨滑道，机械臂安装在滑块上。机械臂通过同步带在滑轨上横向移动。注水装置的出水管安装在底盘左侧向茶壶注水。

控制系统以 STC89C52 为核心处理器，安装语音传感器、温度传感器与触碰传感器。整个控制系统可以概述为：核心处理器解算当前加热装置中水的温度，通过温度控制算法控制加热棒输出值，使水温维持在95~98℃；通过串口控制机械臂的舵机执行指定角度，使机械臂完成动作；通过分析语音传感器反馈的信号，使语音播报器进行播报，实现语音对话与播放音乐、相声。

相比于其他茶道机器人，该茶道机器人不仅实现了传统的洗茶、泡茶与续杯，而且拥有智能温控与语音交互功能，在茶的冲泡上更加规范，同时对于使用者来说也更加自然、亲切。经过四个月的设计制造，我们生产了第一台物理样机，并对其进行了试验，验证了系统的可靠性与实用性。

（a）

（b）

图 20　茶道机器人

多功能家用自主园林机器人

获奖等级：二等奖

设计者：叶才华，廖竟吕，王程瑞
指导教师：黄英亮，孙树栋
西北工业大学，西安，710129

随着人们生活水平的提高、环保绿化意识的增强，绿化园林越来越多地出现在家庭、办公室等小型场所，受到人们的青睐。然而，家庭园林往往因为维护者的经验不足、疏于管理等各方面的原因造成园林的维护不当。目前，园林机器人已在国内外广泛使用，但其应用场景都偏向于公园、学校和绿化带等大型场所，且只能用于景观植物的修剪，功能单一，很难满足浇灌、清扫等家庭盆栽型园林的需求，而目前的自动化浇灌系统往往工作在浇灌位置固定的温室、大棚等作业环境，也很难应用于空间较小、盆栽位置不确定的家用园林中。

本项目针对目前家庭园林空间狭小封闭、盆栽位置不确定、植株种类多样的特点，设计出一款自动化、智能化和人性化的多功能家用自主园林机器人（图 21）：底盘采用了搭载减震结构的四轮驱动底盘设计，能够在泥地碎石等不平路面平稳地运行；六自由度的机械臂设计能够到达一定距离内空间中的任意一点，完成盆栽喷洒浇灌和废弃物捡拾指令；使用多传感器融合技术动态监测园林温度、光照和湿度等环境指标，并通过客户端实时反馈给使用者；采用基于深度学习的图像识别和车身搭载的摄像头对植株进行分类处理，并结合 RRT 算法规划机械臂的运动、完成对植株的个性化浇灌，解决了植物浇水不足和浇水过多的问题；除此之外，机器人所搭载的激光雷达通过 SLAM 建图、路径规划可以实现对园林的自主巡航与废弃物清扫，大大降低了人力成本，实现了家用园林的智能化管理和维护。

本多功能家用自主园林机器人包括机械系统、电控系统和软件系统三个部分。团队经过五个月的研发制造，完成了机器人的机械设计与电控开发，并生产出第一台实物原型样机。之后团队成员对原型样机进行了结构检测与性能测试，确保了作品的可行性与鲁棒性。

（a）

（b）

图 21 多功能家用自主园林机器人

基于 AI 开放平台的自走型花卉管理机器人

获奖等级：二等奖
设计者：刘济华，商鹏飞，张宏宇
指导教师：李海军，刘宇
内蒙古农业大学机电工程学院，呼和浩特，010018

当前家居生活中对绿植、花卉种植越来越重视，但由于人们绿植种植经验不足和精力有限，“养不活，养不好”成为困扰人们的难题。基于此，我们团队设计研发了此款自走型花卉管理机器人（图 22）。下面为此款产品的主要技术、功能介绍。

（1）自动检测四周阴影区域并自行移出

通过 BH-1750 数字光强模块获取勒克斯值，排序比较算法处理，实现多传感器获取周围光照强度并感知阴影面积，小车识别到阴影面积后自动走到光照较强的位置。

（2）检测花卉生长数据并无线传输至用户平台

利用多传感器和物联网模块相配合，将测得的土壤湿度、光照强度、CO_2 浓度、pH 值等相关数据无线传输至服务器平台，用户登录个人账号即可查询指定数据，实现任何时间、任何地点可视化读取花卉状态信息。

（3）网页端无限远遥控

通过无线摄像头上传视频信息到云端，通过 ESP-8266 模块配置到 STA+AP 模式，分别实现手机直接连接单片机控制其运行和自制电脑网页端访问服务器控制其运行。

（4）APP、语音助手多重控制

通过配置控制权限，将外设端口信息录入米家实验室服务器，实现“小爱同学”远程控制机器外设工作。

（5）AI 识别花卉、显示屏汉化显示

本产品利用由机器人搭载的 OPENMV4 模块拍照并将图片以 BASE64 编码通过 Wi-Fi 扩展板发送至服务器，服务器收到后，请求百度 AI 开放平台的植物识别功能，识别成功后读取接口数据获取识别结果，并回传至 OPENMV4，由 OPENMV4 将植物信息通过串口发送至显示模块显示在屏幕上。

（6）自主设计机械结构

本产品整体全为自主设计制造，整体采用亚克力板和 3D 打印机件拼装构成，外面采用绿色亚光纸包装，亲和力强，适合家居使用。主体采用分层设计，外部功能区和内部处理区分开，使机器更安全可靠。四周安有 12 个自制机械防撞装置，360° 保护机器和其他家居设施安全。移动采用麦克纳姆轮，可原地旋转，适于阳台等狭小地区作业。

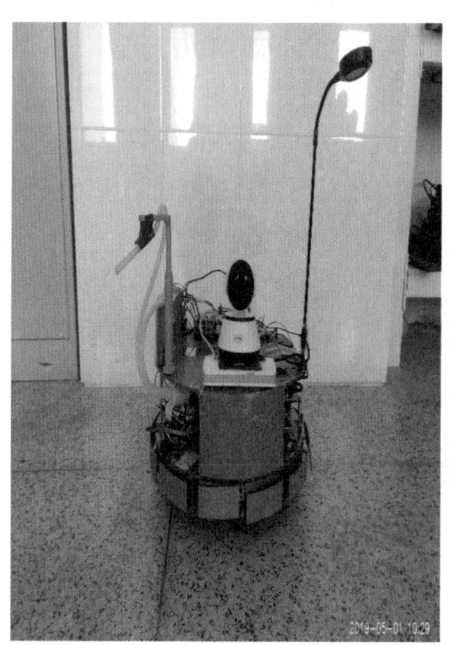

（a）

（b）

图 22　基于 AI 开放平台的自走型花卉管理机器人

基于大数据传感网络的智能家庭安防空中机器人

获奖等级：二等奖
设计者：殳韬，郭文超，尹朦
指导教师：郭慧，吴清
华东理工大学机动学院，上海，200237

随着生活水平提高，小区安防及居家安全越来越受到社会和家庭重视。目前小区普遍采用配置固定摄像头加保安轮流巡逻来实现安全巡查，但存在摄像头可视范围小、突发状况事态发展难以控制等漏洞。对此，本项目提出一种优化的基于大数据传感网络的无人机安防系统——智能家庭安防空中机器人（图 23），大大提高日常安保作业的可靠性，并且极大降低了成本和所需劳动力资源。

智能无人机安防系统包括无人机、多传感器网络、移动终端。无人机是动态数据采集器，实现整个系统的信息交互，其上搭载的可旋转摄像头，实现了目标追踪功能；多传感器网络则利用语音传感器、红外传感器、空气质量传感器，采集危险信号并及时反馈；具有图像处理功能的移动终端则可以自主识别人群异常状况并提醒保安危险情况的发生。

本作品主要创新点有：

（1）通过无人机自主路径规划，研制避障飞行、手机 APP 互联等技术，实现整套全自动的安保系统。从而，解放了传统安防中大量的人工劳动力，实现了智能化安防的效果。

（2）针对抢劫等的可疑行为，研制基于颜色的无人机视觉识别技术，实现多角度旋转摄像头，对可疑人群进行实时追踪拍摄。传统的固定安置摄像头安保方案，拍摄视觉受限，常常在重要案件中丢失记录，无法为后期排查备案提供证据。而本项目提出的方案中，在无人机本身可视范围广、盲区小的基础上，又加上可旋转的摄像头，进行视觉识别实现目标定位追踪拍摄，实现了突发情况下及时监控取证的功能。

（3）设计红外热释电运动、语音监控、烟雾传感器等多传感器网络技术，并与无人机进行信息交互，共同组建出更全面的安保系统。夜间可视范围小，突发危险情况时，红外热释电运动传感器的组合可以识别夜间可疑人员经过，语音监控传感器则可以识别非特定人声（比如“救命”），从而反馈给无人机和安保人员，实现双重安保。

（4）针对人群拥挤、奔跑、火灾等异常行为，研制基于卷积神经网络的图像处理技术，可实现控制终端自主识别异况并排查问题，并通知安保人员进行处理。而在传统安防系统中，依靠轮班制的安保人员全天候盯着监控显示屏的人工识别方法，很容易造成危险情况的误判或遗漏。

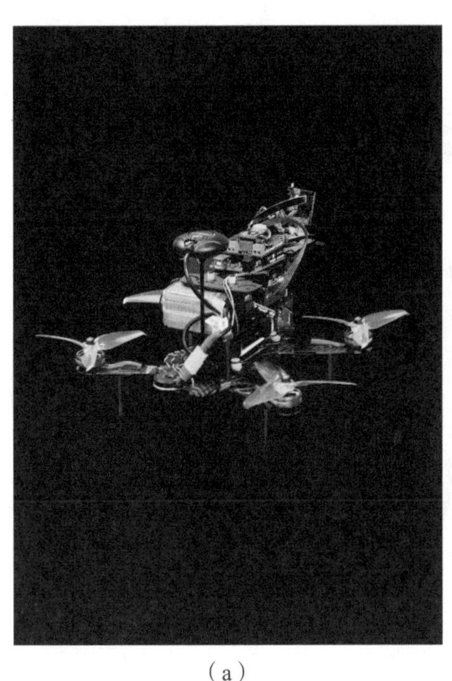

（a）

（b）

图 23　基于大数据传感网络的智能家庭安防空中机器人

基于情绪分析的语音陪伴机器人

获奖等级：二等奖
设计者：张伟，姜洁舲，于红霞
指导教师：邓小颖，陈磊
扬州大学物理科学与技术学院，扬州，225009

设计者充分调研了目前家居机器人的研究现状，发现大部分都是以释放人类体力与脑力为目标，而忽视了“家”的真正含义；在这个基础上设计者提出了智能家居的新方向——情感交互。本项目的目标是营造一个真正的智能“家”居，让科技与人类情感产生共鸣，缓解人们的生活压力，打造一个温馨舒适的情感家居环境。采用全彩 12 阶光立方作为三维动态显示器，基于表情识别和智能语音制作一种智能陪伴机器人（图 24）。

该机器人系统主要由三部分组成：表情识别摄像头——树莓派 + 摄像头搭建完成；智能音箱——LDV5 语音识别模块和麦克风播报；三维动态显示系统——包括电源开关电路、控制电路和级联驱动电路，并留下足够空间扩展后续电路。全彩的 3D 显示效果增加了使用者的视觉体验，表情识别和智能语音促进了人机交互，真正实现了人机语音交互，更加智能化、人性化。

1. 实际应用

陪伴机器人功能定位：

家庭娱乐——配合搭载语音识别、麦克风等技术终端的智能音箱让陪伴机器人更加人性化，提高生活的幸福度；

科普教育——全彩光立方动画激发孩子对三维空间的想象力、对智能科技的兴趣，传播三维建模知识；

情感补足——根据情绪分析结果，光立方利用不同旋律的音乐和动画表达自己的感情，让交互更加生动有趣，治愈情感。

2. 创意之处

能与人产生情感交互的人机交互才是智能“家”居的真正含义。本作品采用全彩光立方三维动画、表情识别、语音识别等综合设计，让科技与人类情感产生共鸣，缓解人们的生活压力、情绪治愈，打造一个温馨舒适的情感家居环境。具体表现在：

（1）改善传统陪伴机器人功能单一、缺乏情感交流的问题，多种情感综合评价能最大可能地获取人的真实情绪状态，更有益于调节情绪、舒缓压力。

（2）动态表情识别和裸眼 3D 显示技术的融合，给智能家居领域情感交流带来了新的契机，同时也提出了智能家居的新方向——情感交互。

（3）三维动画的显示效果更能给人带来真实的视觉享受，裸眼 3D 的感观体验更能满足人们对画面的丰富性要求。

（4）高阶全彩光立方的级联驱动电路设计，解决了电流难以满足万级数量的 LED 驱动问题，可以用此设计方案满足更大数量的三维点阵显示器的要求。

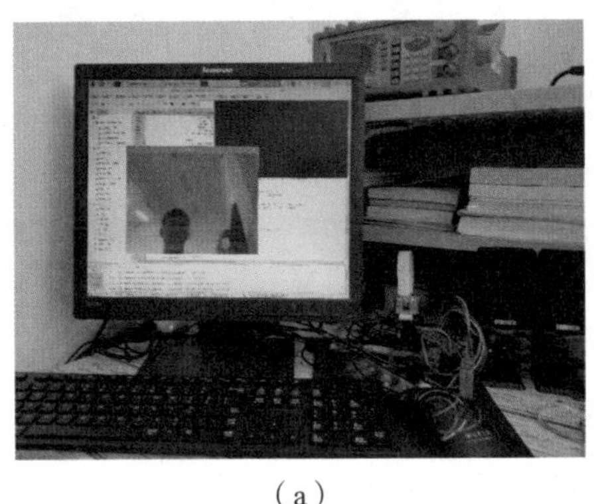

（a）

（b）

图 24　基于情绪分析的语音陪伴机器人

家里院外多角色人形机器人

获奖等级：二等奖

设计者：万昊，尹子康，吴冲

指导教师：樊泽明，余孝军

西北工业大学，西安，710129

本项目针对目前智能机器人功能单一、工作环境苛刻、缺乏外形亲和力、忽略人类情感生活等问题，提出了一种多功能、多环境、仿人型智能机器人设计方案——家里院外多角色人形机器人（图 25）。

该机器人以人形机器人为基础造型，加入大量功能模块，较好地实现了预期目标。我们前期工作侧重机器人日常生活功能的研发，通过对各功能模块及系统的使用，让机器人扮演好“佣人”角色；而中期目标则要完成各功能的协作，在提高“佣人业务水平”的同时，开发机器人情感陪护功能，为其完成“佣人”到“家人”的角色转变打基础；远期目标则进一步以情感陪护功能开发为主，提高机器人自主规划及执行功能，使其成为部分人群，尤其是工作忙碌的白领人群、留守儿童及空巢老人等真正的“家人”。

该机器人机械结构主要由主躯干、两个机械臂、头部、腿部及支撑车组成。主躯干具有一个自由度，可以实现弯腰动作；每个机械臂具有六个自由度，可以完成人类手臂可以完成的所有动作；右臂末端可实现柔性手爪与仿生手掌的切换，其中柔性手抓特用于物品的夹持；机器人头部具有两个自由度，可以实现摇头、点头动作，内部安装有一个双目摄像头，可对物体进行定位以及特征匹配，同时还安装有一个语音模块，可通过语音实现对机器人的控制；腿部与支撑车相连，支撑车具有四个麦克朗姆轮，分别由专门的舵机控制，可以实现横纵向行走以及斜向如左前、右前向行进；小车除能用上位机控制外，也可用外连的操作手柄进行控制。

机器人的控制方法有语音控制、上位机软件控制与远程网络控制三种，其中远程网络控制可连入多个用户，排队对机器人进行控制。

通过几个月的设计调试，我们成功制作出一台实物样机。三种控制方式均已得到实现，也实现了挥手、握手、拥抱、抓苹果等功能，验证了系统的可靠性。

（a）

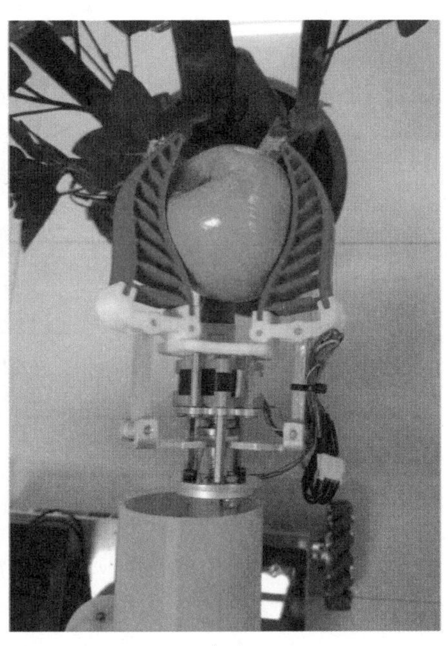

（b）

图 25 家里院外多角色人形机器人

菁扬象棋机器人

获奖等级：二等奖
设计者：钱少伟，孙册，王志远
指导教师：陈磊，邓小颖
扬州大学物理科学与技术学院，扬州，225009

中国象棋源远流长，是大众喜爱的一种娱乐方式。目前流行的博弈软件并不具备真正的对弈环境，用户长时间对着计算机屏幕容易产生枯燥乏味的感觉。另外，博弈软件对于老年博弈爱好者来说难以适应，一是因为老年人普遍不具备计算机操作基础，二是因为长期坐在计算机前对老年人的身体健康很不利。

设计者充分调研了目前机器博弈的研究现状，在此基础上分析了现有象棋机器人的功能组成。本项目的目标是针对现有博弈机器人体成本过高、用户体验不佳等问题，利用象棋引擎和 OpenCV 库，设计出一款基于树莓派的家庭陪护式象棋机器人——菁扬象棋机器人（图 26）。

该象棋机器人由三维运动控制系统、图像识别、人机博弈算法等主要模块组成。下棋者在棋盘上落子后，象棋机器人通过摄像头采集图像，将图像信息传送至上位机，由上位机进行图像识别处理，通过人机博弈算法计算出下一步的走法，并由三维运动控制系统完成走棋动作，从而实现对弈的全过程。

其中，上位机使用了树莓派，负责象棋引擎和图像识别的算法实现以及其与下位机的通信。象棋引擎主要由局面表示、走法表示及生成、局面评估和搜索算法四大部分组成。图像识别使用 OpenCV 的库函数来实现圆心检测及 HSV 颜色特征提取等功能。下位机使用 STM32 作为控制核心，利用驱动模块驱动两路步进电机和一路推杆电机。

该作品有以下创新点和优势：

（1）无须使用电脑，操作简单，只需要按下开关，即可使用。

（2）添加了语音提示功能，如纠错提醒、超时提醒等，增强了作品的互动性。

（3）有难度选择功能，可以满足不同群体的需求，提升了用户体验。

（4）主要面向家庭使用，对于广大老年群体，可以丰富他们的生活，降低他们的孤独感；对于青少年儿童，可以休闲益智，避免他们沉迷网络或手机，减少电子屏幕给视力造成的伤害。

（5）成本低廉、市场广阔。

经测试，该作品能够完成既定的功能设计，实现机器与人的象棋博弈。

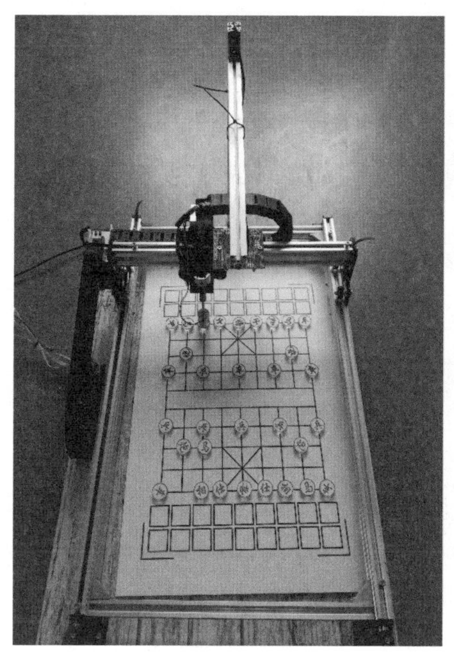

（a）

（b）

图 26　菁扬象棋机器人

陪你走遍全世界——儿童陪伴旅行箱

获奖等级：二等奖
设计者：李鑫，马欣怡，姜丰
指导教师：桂亮，郭婷
西安交通大学，西安，710049

对于有年龄较小孩子的家庭来说，出门远行通常很不方便，家长既要考虑孩子的安全，又要在旅途中照顾孩子，孩子在旅途中的哭闹也会使家长更加劳心费神。为解决父母外出带孩子负担重这一问题，我们设计了这款儿童陪伴旅行箱（图 27）。

儿童陪伴旅行箱以解决带孩子出行不便为设计宗旨，致力于减轻家庭出行的负担，提高旅游过程中的乐趣。儿童陪伴旅行箱以较低成本实现智能跟随，并在智能跟随的基础上，针对儿童人群，添加语音对话功能，可陪伴家庭度过一个愉快的浪漫之旅。

儿童陪伴施行箱功能简介如下。

（1）方便骑行：外形为马鞍形，方便儿童骑行，且内部存储空间较大。

（2）自主跟随：运用超声波测距及无线传输原理，对超声波发射源实现智能跟随。旅行箱可自主跟随儿童，省去提拉负担，儿童还可骑在旅行箱上，紧跟家长。

（3）GPS 定位：箱体内置 GPS 定位模块，可通过手机掌握箱子实时位置以及孩子的踪迹。即使旅行箱在旅途中走失，也能实时追踪其位置。同时，旅行箱在走失时会自动报警并向手机反馈信息。

（4）召回功能：在手机 APP 中按下召回键，旅行箱会向孩子传递返回信息，并带领孩子返回。

（5）互动娱乐：小朋友可通过语音指令，使旅行箱播放音乐、古诗、国学经典等，以减轻候机、候车过程的枯燥。

儿童陪伴旅行箱从现代科技的视角出发，结合人、产品、时间及空间的关系，让产品的功能设计符合人们的需求，为生活提供便捷。该作品外部结构使用材料价格便宜，内部控制系统采用超声波测距、无线传输与语音对话系统，同时可以通过手机 APP 控制，整体成本较低，并且操作简单，具有广阔的推广前景。

（a）

（b）

图 27　儿童陪伴旅行箱

盆栽护理机器人

获奖等级：二等奖

设计者：周涛，晋宇，孙耀威

指导教师：胡韶奕，王传璐

华北理工大学轻工学院工程学院，唐山，064000

盆栽可以美化室内环境，还可以净化空气，更可以给忙碌的现代人一种回归自然的舒适感。但是，人们由于工作或其他原因往往不能使盆栽得到很好的护理。因此，本团队设计了一款盆栽护理机器人（图 28），实现了寻找盆栽与盆栽护理功能，最终应用在室内盆栽护理上。

针对现有的盆栽护理系统的不足，我们设计了全新的盆栽护理解决方案，即设计智能底盘车并以它载体，实现机器人自主寻找盆栽。该机器人包括机械结构与控制系统两个部分。

机械结构包括注水装置、升降装置、底盘车与水箱。升降装置安装在底盘车上，其中升降装置是一个二级升降装置，使用 12V 直流减速电机驱动，利用链传动机构使注水装置可以二级升降。注水装置安装在升降装置顶端，通过软管与位于车体后部的水箱连接。

控制系统可以概括为：陀螺仪、加速度计与超声波传感器做反馈，核心处理器解算与“未知物体”的距离值以及机器人当前的相对位置坐标与姿态角，使机器人移动到“未知物体”旁。光电、颜色传感器做反馈，核心处理器判断物体是否为盆栽。土壤湿度传感器做反馈，核心处理器解算当前土壤湿度，并通过控制水泵通电时间来控制浇水量。

相比于其他家用园林机器人，盆栽护理机器人运用了机械技术、传感技术与软件编程技术，可以自主寻找并识别盆栽，并通过土壤湿度解算出浇水量，让使用者不用为照顾不好盆栽而烦恼。经过四个月的设计制造，我们生产了第一台物理样机，并对其进行了试验，验证了系统的可靠性与实用性。

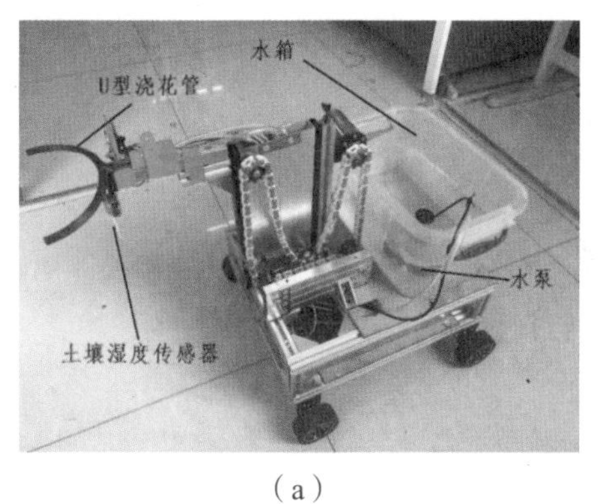

（a）

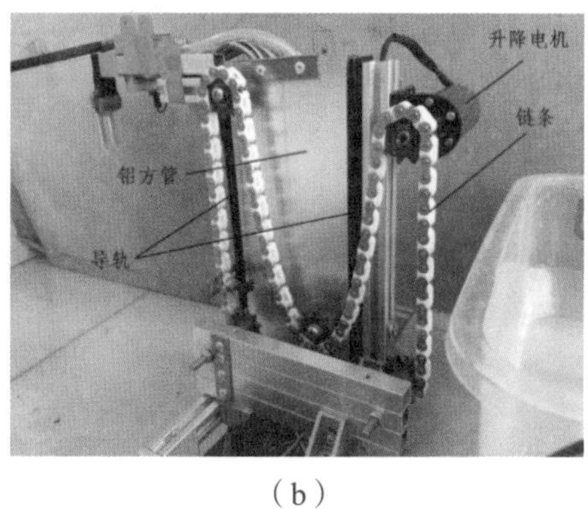

（b）

图 28　盆栽护理机器人

全能保姆式泡奶机器人

获奖等级：二等奖
设计者：郭凯强，方钱升，赵应杰
指导教师：陈华，黄鲁
安徽工业大学工商学院，马鞍山，243100

夜晚是人休息的时间，但婴儿的哺乳时间一般间隔为 2~3 个小时，一晚上约需起床泡奶三次，这个过程涉及等待水温合适、量取奶粉、消毒奶瓶，等等，让人身心疲惫。在此背景下，设计者充分调研了目前泡奶机器人的市场现状。针对现有泡奶机器人功能单一、拿取造成二次污染等缺点，大胆创新，设计了一款全能型、人性化的保姆式泡奶机器人（图 29）。

本机器人包括四个主要部分：奶瓶及其所在的旋转平台、紫外线消毒灯、恒温热水壶和便携式奶粉盒旋转部分。其有以下创意特点：

（1）可再利用：市面上的泡奶机功能单一，只能泡奶，在婴儿的哺乳期结束之后便失去用途，无法再用于其他方面，造成了资源浪费。而本机器人内部的多个部分都是可以自由拆卸的，在婴儿的哺乳期结束之后，将奶瓶部分和奶粉盒部分拆卸下来便可以留出空间给碗筷进行消毒，其中的可拆卸热水壶也可以取出作为家庭日常使用，体现了产品的可再利用性。

（2）隔离污染：市面上的泡奶机从冲泡奶粉到盖上奶嘴，所有环节都是暴露在外界环境中的，容易使泡奶的过程受到污染，对宝宝的健康成长造成影响。本机器人从启动到取出奶瓶，所有的环节都是在密封的内部环境中进行的，内部有专门用于放置奶嘴的金属支架，这将大大提升泡奶的安全品质。

（3）安全消毒：市面上的泡奶机都不具备消毒功能，需要从额外的消毒装置里取出奶瓶和奶嘴，再放入泡奶机中，这个过程不可避免地让奶瓶和奶嘴遭受到了二次污染，所以效果并不理想。本机器人采用了紫外线消毒方式，能够在整个泡奶过程中对奶瓶和奶嘴进行全方位的消毒杀菌，此外整个泡奶过程都是在机器人内部的密闭环境中进行的，这使得消毒的效果达到最大。

全能保姆式泡奶机器人符合现今家庭智能服务机器人的发展方向，关注父母在喂养宝宝的过程中所面临的实际问题，体现了对用户体验与情感诉求的满足，让新手父母也能轻松泡好一瓶婴儿奶粉。

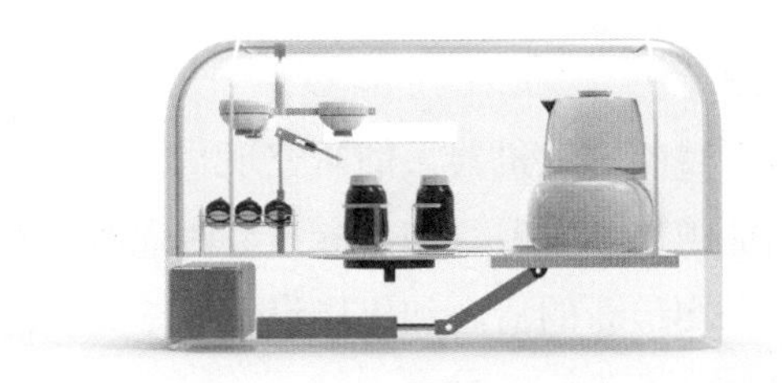

（a）

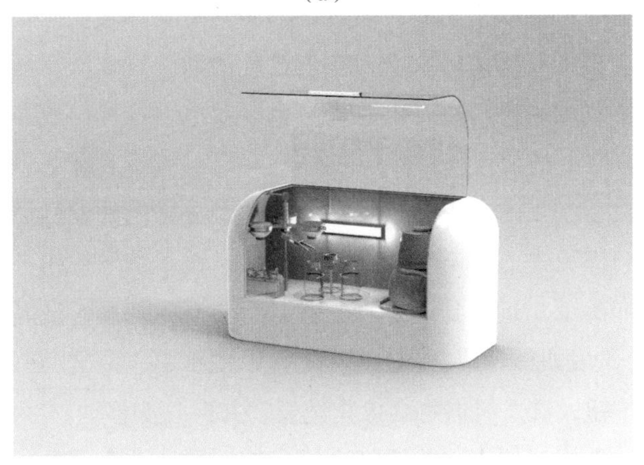

（b）

图 29　全能保姆式泡奶机器人

全自动洗发机器人

获奖等级：二等奖

设计者：吕剑文，金亦康，杨金科

指导教师：杨金林，高兴文

浙江理工大学机械与自动控制学院，杭州，310018

设计者充分调研了目前洗发机器人的研究现状，在此基础上分析现有洗发机器人系统的功能组成。本项目的目标是针对现有洗发机器人在自身原理设计上的不足，采用最新的清洗和机构设计技术，设计一种基于槽轮回转机构的全自动洗发机器人（图 30）。

全自动洗发机器人由两个分立的洗发机械臂、位置调动机构、用于支撑和导向的机架、硬件控制系统以及安全制动系统等组成。洗发机械臂内部由一个减速电机驱动槽轮回转装置，同时其带动导轨在滑块上滑动，滑块又带动主动推杆在滑槽中滑动，实现往复滑动洗发。洗发压力由内置的弹簧提供。位置调动机构主要由丝杠滑台以及电动推杆构成，用于调整水平以及垂直方向上的位置。

使用该设备洗发时，先需按下启动按钮，分立的洗发机械臂将会向外侧移动，用户即可进入坐下，调整好坐姿后，按下洗发按钮，分立的洗发机械臂将会向头部靠近，到达适当位置后将会开始洗发，洗发结束后，按下结束按钮，洗发机械臂将会向外侧移动，以便于用户走出。在发生意外时，可按下急停按钮，洗发机器将会停止洗发，并向外侧移动。

该全自动洗发机器人包括机械系统和控制系统两个部分。团队经合作成功设计了机械系统，并重点展开了对控制系统的研究。经过两个月的设计制造，我们生产了第一台物理样机，并对其进行了试验，验证了系统的可靠性和实用性。

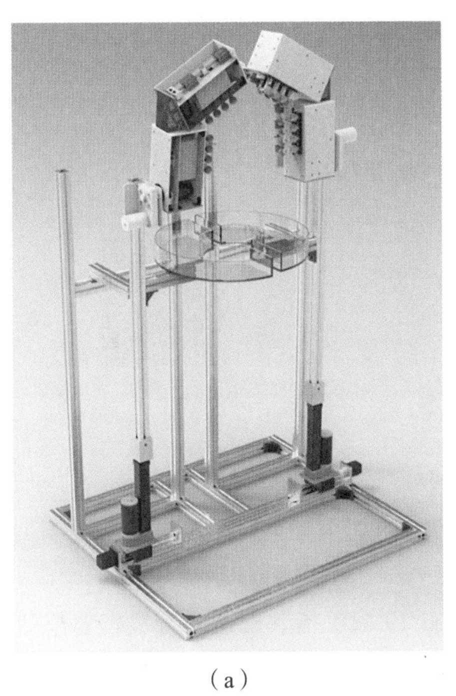

（a）

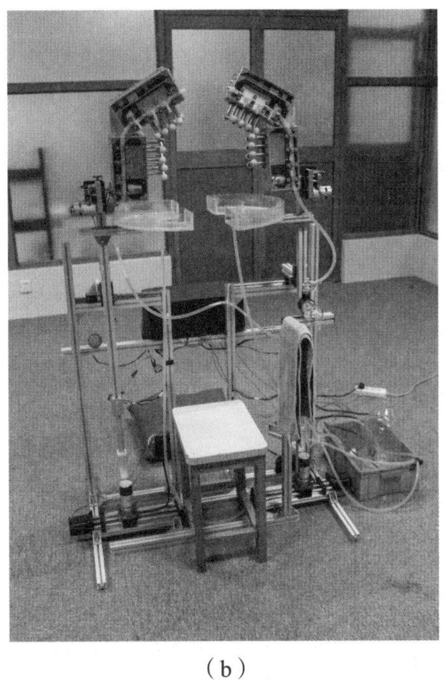

（b）

图 30　全自动洗发机器人

音乐演奏机器人

获奖等级：二等奖

设计者：王健，付强，张程鹏

指导教师：徐大伟，姜利

长春大学，长春，130022

意大利发明家最新研制一款机器人——“特奥特罗尼科(Teotronico)”，它能够弹奏钢琴，与众不同的是它拥有19根手指。机器人特奥特罗尼科的额外手指使其能够弹奏比人类更快的钢琴乐曲。而我们研发的音乐演奏机器人（图31）与其相比更加类人化，通过10个手指的运动，将乐谱中的音乐完全呈现出来。该作品可以实现对孩子的陪伴，或者电子琴的教学，极大地减少了人工教学的负担。另外，它还可以让音乐走入普通家庭，通过改变不同的延时效果，可增加该机器人对音乐的掌握性能，让人足不出户就可观赏到顶级音乐家的指法。

音乐演奏机器人的结构由42式步进电机、语音识别模块、Nmos管、电磁阀、电压调节模块、气缸等气动模块组成，实现了语音识别、手掌路径优化等多个功能，通过最短路径的寻找找到合适的手指弹电子琴；通过给Nmos管上升沿和下降沿的指令来给电磁阀开闭的指令。主控芯片我们采用了Arduino Mega2560这款芯片，多个I/O引脚更加方便调用。另外，我们也克服了步进电机丢步以及单个单片机同时控制多个步进电机的难题。

音乐演奏机器人的设计原理：通过Arduino控制Nmos管输出高低电平，控制电磁阀的进气和排气，电磁阀的输入输出控制手指气缸中的气体进出；手指我们采用PLA 3D打印材料，利用10mm手指气缸的拉伸运动和双摇杆结构实现手指的敲击功能。语音模块利用上位机实现了指令控制，更加方便了人们的使用。我们也建立了一个数据库用于存储不同音乐的程序代码，让使用更加方便快捷。步进电机的控制依靠尼龙齿条和齿轮实现转动变直动的功能，让手掌可以更加灵活地运动。对于气动的噪声，我们用消音棉以及消音器做了较好的处理，减少了部分噪声。未来，我们将建立一个 MySQL 数据库用于存放每首音乐的算法，通过 ESP8266WiFi 模块进行调用，更加方便使用。内置的数据库将为与网络相连、与其他模块相连起到更加方便的作用。

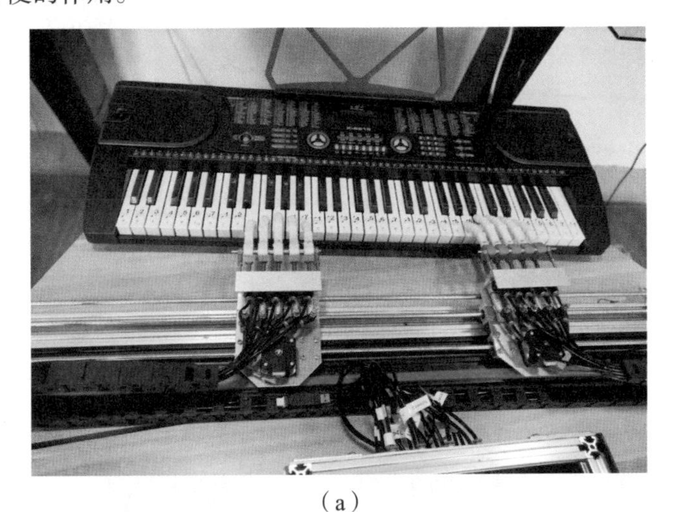

（a）

（b）

图 31　音乐演奏机器人

智 “卉”管家

获奖等级：二等奖
设计者：焦帅峰，周洋，李志林
指导教师：刘建生，仝迪
西南石油大学电气信息学院，成都，610500

设计者充分调研了目前智能花卉管理机器人的研究现状，在此基础上分析了现有智能花卉管理系统的功能组成。本项目以智能家居服务为目的，以方便人们日常生活、陶冶情操为宗旨，设计了一款可自主导航定位并向目标花卉补充营养物质及浇水的智能浇花移动机器人——智“卉”管家（图32）。该机器人集机械控制、语音交互、图像采集、多种传感器技术等功能于一体，即使在无人看管的条件下，也可自主管理花卉。

在机械系统上，采用搭载激光雷达的两轮差速底盘，通过机器人操作系统（ROS）实现室内自主导航、避障、规划路径，弥补了市场上现有的固定式浇花的不足。底盘上层搭载升降杆，能满足不同高度的花卉管理要求。升降杆上安装有搭载摄像头的喷头和修剪装置，能够对花卉进行精确定位，以实现浇水、营养液喷洒和枝叶修剪。同时，能够实现自动充电和蓄水。

在控制系统上，设计了自主、遥控和半自主三种工作模式。自主模式下，机器人会根据各种传感器检测的数据对花卉进行自主智能管理。遥控模式下，用户可人为控制机器人管理花卉。半自主模式下，用户可选择一键浇水、修剪、施肥等功能。另外，机器人还具有语音人机交互控制功能。同时，机器人系统具有智能数据分析能力，可记录花卉生长情况并生成花卉成长情况报表和管理方案。

该智能花卉管理机器人具有以下创新点与优点：

（1）室内自主导航、避障、规划路径；

（2）根据土壤及花卉生长情况实现智能花卉管理；

（3）同时具有浇水、施肥、修剪等多种功能；

（4）搭载摄像头的升降装置，可实现不同高度、多角度精确喷洒及修剪；

（5）具有三种工作模式；

（6）具有自动充电蓄水功能；

（7）具有智能数据分析能力，并可提供花卉管理方案，使种植花卉变得轻松有趣；

（8）智能语音交互可提升产品的娱乐性；

（9）具有多客户端远程控制功能，可轻松管理花卉。

（a）

（b）

图 32　智“卉”管家

智能叠衣机器人

获奖等级：二等奖

设计者：陈峰豪，吴迪
指导教师：周琪超，孟兆刚
中国石油大学（华东），青岛，266580

设计者充分调研了目前叠衣服机器人的研究现状，在此基础上分析了现有叠衣服机器人系统的功能组成。本项目的目标是针对现有叠衣服机器人在原理设计上的不足，采用最新的结构与机构设计技术，设计一种基于人工智能技术的智能叠衣服机器人（图 33）。

研究发现，目前部分叠衣服机器人采用板式折叠的方法，在折叠的过程中，对衣服的伤害很大，而且还会产生许多褶皱。因此，我们设计的叠衣机器人摆脱板式折叠，采用全新的杆式折叠方法。该方法仿照人们手工叠衣时的折叠过程进行动作分解，通过多个工作平面、多个伸缩尺以及多个折叠杆之间的相互配合，完成折叠过程。

该作品整体分为三部分：折叠平台、折叠线伸缩盒（伸缩尺）、移动的折叠杆。利用折叠杆充当人的手来对衣物进行翻转、折叠，同时折叠杆自身是旋转的，可减少折叠时的褶皱。伸缩尺则是衣物折叠过程中的折叠线，可使折叠更加工整。

由于时间问题，该机器人的进衣系统、图像处理系统以及熨烫系统还未实现。进衣系统主要通过机械手对衣物指定位置进行抓取，拖入至工作平台。图像处理系统则通过对拖入的衣物进行图像识别、处理，判断衣物的形状和大小，借助神经网络及算法，将伸缩尺和折叠杆移动到适当位置，这样不仅可以叠各种类型的衣物，而且还能叠各种大小的衣物。熨烫系统用来对折叠前的衣物进行熨烫、除褶。

团队经过合作成功设计出了第一台物理样机。对于伸缩尺我们尝试了多种结构和材料，最终定为现有类型。我们对该物理样机进行了试验，验证了系统以及结构的可靠性。

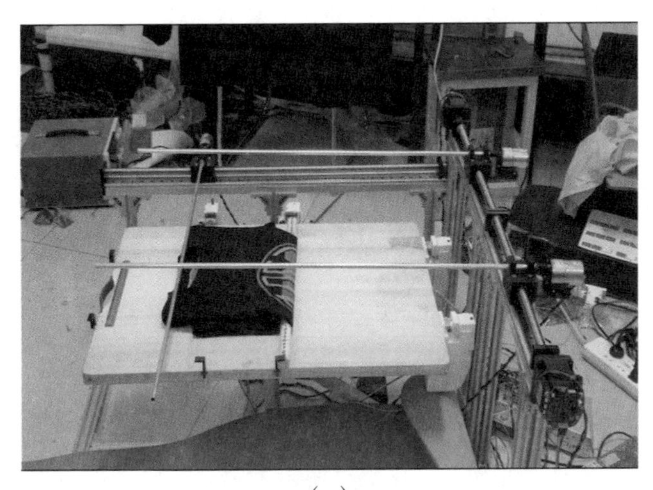

（a）

（b）

图 33　智能叠衣机器人

智能交互拍照机器人系统

获奖等级：二等奖
设计者：李安迪，钱宇辰，张玉亭
指导教师：任桐炜
南京大学软件学院，南京，210000

随着摄影设备的普及，尤其是智能手机拍照功能的不断提升，拍照记录和分享生活成为一种潮流。以家庭聚会为例，全家人的合影和聚会中的精彩抓拍是聚会拍照的重点，但“由谁来拍，怎么拍好”却是常常面临的两大难题。如果由某个家庭成员亲自拍照，则拍摄者无法进入合影画面，也会为了抓拍而无法尽情享受聚会时光；如果请专业摄影师拍照，则会有较高的劳务费开销，也会因为有外人在场而聚会气氛无法完全轻松随意。

针对上述问题，本团队构建了一个以智能手机为中心的拍照机器人系统——“小拍”（图 34），以期在家庭聚会及日常生活中提供便捷、高质量的拍照服务。与微软公司的 Roborazzi 等拍照机器人相比，“小拍”充分利用了智能手机强大的拍照能力和计算性能，而无须单独配置相机、计算机等部件，大大减轻了机器人的体积和重量；与谷歌公司的 Clips 相机和 Photobooth 手机应用相比，“小拍”无须用户操作，并且能自主移动来取景和抓拍。根据我们的调研，尚未发现有同类产品，“小拍”是首个以智能手机为中心的拍照机器人。

“小拍”的硬件构成主要包括智能手机和自主运动设备。其中，智能手机是整个机器人的中枢，负责实现采集图像信息、调用云端服务、指导自主运动设备、利用语音进行人机交互和拍照等功能；自主运动设备采用了 Turtlebot3 机器人，负责实现在智能手机的指导下自主移动、避障等功能。“小拍”中的智能手机和自主运动设备并非紧密捆绑，只要安装了团队所开发 APP 的任意款式智能手机和任意运行 ROS 的设备均可以用于“小拍”，这样大大提升了机器人系统构成的灵活性和个性化水平。

“小拍”的软件架构主要由移动端 APP 和云服务构成。其中，移动端 APP 拥有良好的用户界面，交互逻辑简单清晰，提供了画面预览、视频流上传、语音交互等功能；云服务则提供了机器人拍照所需的人脸识别、人体骨骼检测的接口，计算分析手机的实时画面，给出运动建议以及拍照指令。“云 + 端”的软件架构缩减了移动端 APP 的体积，降低了对智能手机性能的要求，提升了“小拍”的普适性，也便于在无须用户操作的情况下及时更新“小拍”的功能。

经过五个月的努力，我们已经完成了样机的设计和制造，实现了主动选择拍摄对象、准确识别拍照请求、智能选择最佳构图、及时捕获欢乐瞬间、积极开展友好互动等功能，并在模拟聚会的场景下验证了“小拍”的实用性和可靠性。

（a）

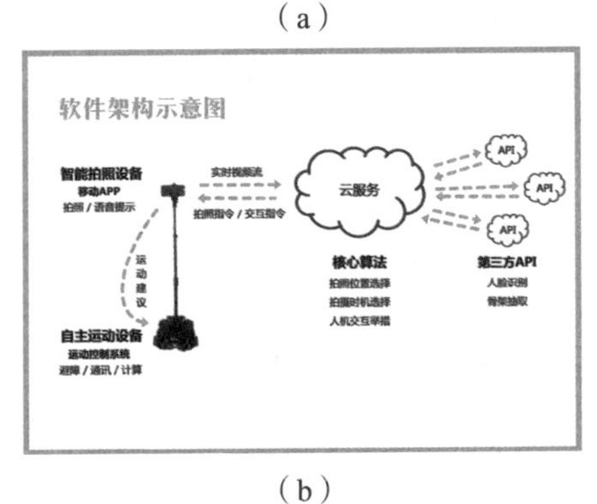

（b）

图 34　智能交互拍照机器人系统——“小拍”

智能墙面修复机器人

获奖等级：二等奖
设计者：厚俊臣，王天奥，李光杨
指导教师：林森，王滨生
哈尔滨工业大学机电工程学院，哈尔滨，150001

设计者充分调研了目前墙面修补机器人的研究现状。本项目的目标是针对当前墙面修补机器人的空缺，设计一款便携、家用的拾色调色修补一体化的智能墙面修复机器人（图 35）。

1. 整体结构

整体由两部分组成，分别为智能拾色配料机器人和智能墙面粉刷机器人。用户可先使用配色机对所需修补墙面进行拾色，得到与之匹配的修补材料。然后将物料袋放入粉刷机器人中，即可开始自动粉刷墙面，达到修补的目的。

2. 创新点

（1）色彩识别

个性化的色彩配比对于家庭化小型化使用是很有必要的。由于市场上的配色机过于笨重，我们采用 RGB 颜色采集模块并使用 STM32 进行空间线性化颜色修正，由于 RGB 颜色模式为 [0，0，0] 到 [255,255,255] 的线性空间，我们对该空间进行分割，并对逐一域内进行数据采集，校准后使用 MATLAB 进行线性拟合，达到对机器加入专家数据库的效果，实现精准识色。同时还利用相同方法对所用颜料进行参数修正，使得系统给出的 CMDK 参数与所用颜料参数适配。

（2）自动监控运行

采用 UCOS Ⅲ底层控制系统进行各程序间运行时间的调控，保证机器运转的稳定性。

（3）混色管

设计了一种廉价的、可一次性使用的混色管，每次使用时安装新的混色管以消除之前余料的影响。该装置为双螺旋结构，且交叉组合，可非常完美地将不同物料混合均匀。

3. 其他装置

（1）配色装置

配色部分由四个改装注射器和丝杆结构组成，由 PWM 波控制电机运行，精准控制颜色配比。

（2）粉刷机器人

粉刷机器人由两个螺旋桨提供负压。

经过三个月的时间，我们基本克服了机械和控制方面存在的困难，制作出了第一代样机，并进行了一些实验，验证了设计原理和控制逻辑的可行性。

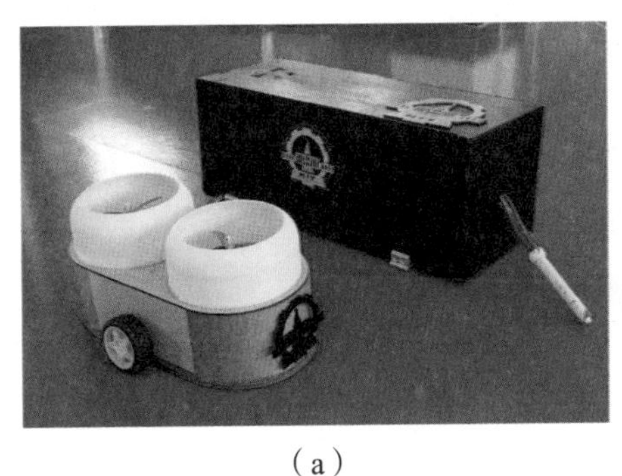

（a）

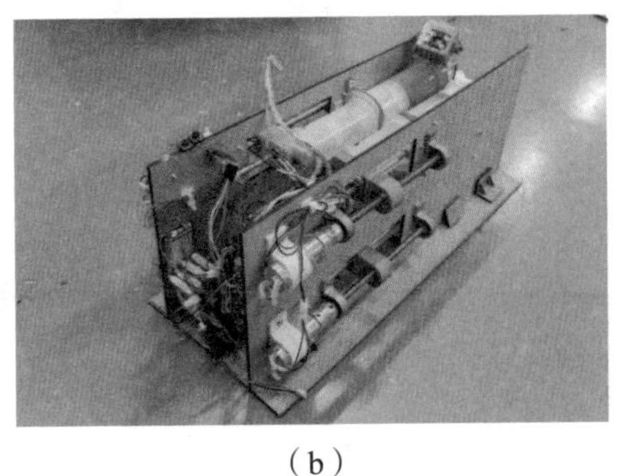

（b）

图 35　智能墙面修复机器人

智能浴足机器人

获奖等级：二等奖
设计者：何俊杰，张畅，刘充
指导教师：靳涛，杨超
西南石油大学，成都，610500

本作品是一个智能浴足机器人（图36），实现了家用浴足桶的自动接水、搬运、清洁、排水等功能，使家庭浴足更加智能化、人性化。系统配置轮式运动底盘，采用霍尔传感器进行磁导航行进方式，工作可靠稳定。机器人安装了红外测距传感器检测周围障碍物，能够自动避撞。采用 Wi-Fi 模块实现智慧物联，通过手机即可控制浴足机器人。采用语音控制，可以直接与机器人交流实现功能和控制移动。机器人自动接水、加热、自动搬运浴足桶到用户所在地点；在结束浴足后，机器人自动到达至排水点，实现自动排水。

作品创新点：

（1）实现了浴足桶的自动化接水、搬运、排水；

（2）可任意规划行走线路，设置浴足位置；

（3）自动预约浴足时间，养成浴足习惯；

（4）自动避撞，安全可靠；

（5）手机控制；

（6）语音控制。

主要功能：

（1）按摩冲浪：冲浪按摩，休闲养生波浪式按摩；

（2）足浴功能：满足人们日常的洗脚；

（3）采用 Wi-Fi 模块实现智慧物联，通过手机即可控制浴足机器人；

（4）采用语音控制，可以直接与机器人交流实现功能和控制移动；

（5）自动接水倒水：自动移动接水，自动放水，自动倒水；

（6）自动运送功能：自动运水和运送废水；

（7）自动加热：智能控温，保持人体舒适的水温；

（8）自动避撞：防止出现撞人。自动停止。

此次设计的智能浴足机器人，主要是为了更好地服务人们，提高生活的质量，让人们在紧张繁忙的生活中放松。当然本产品尤其适合老年人使用，可以让老年人不用自己去倒水接水就可以享受泡脚的愉悦。

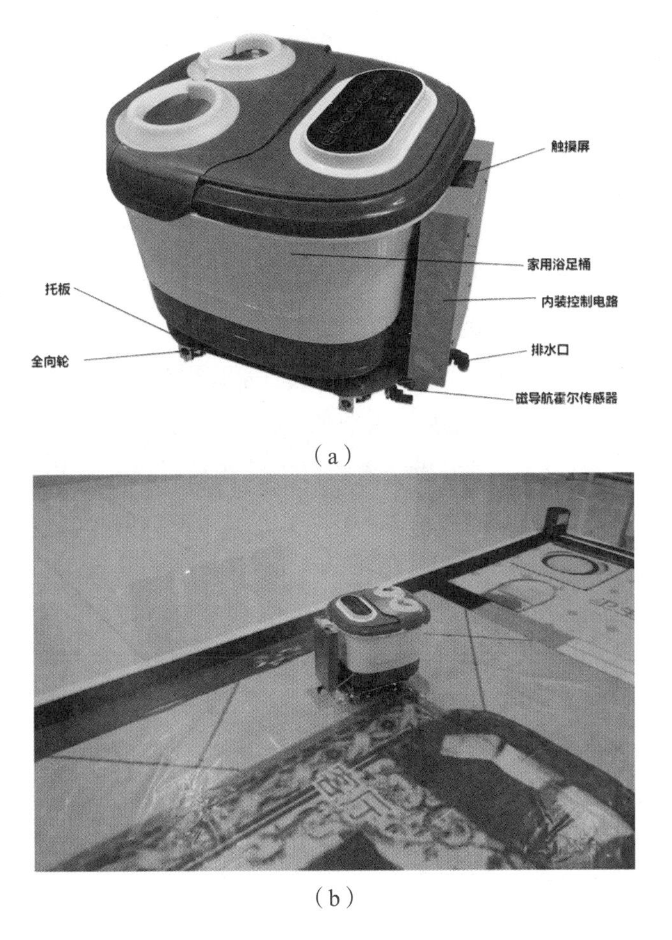

（a）

（b）

图 36　智能浴足机器人

AI智能钟表——楚门的世界

获奖等级：二等奖
设计者：许添翼，班世清
指导教师：王晓慧
北京科技大学机械工程学院，北京，100088

合理安排家庭成员的时间及活动是家居智能化的重要体现，而科学艺术地掌握时间是家庭幸福生活的重要保障。我们设计的AI智能钟表（图37）用不同层的转盘形象来映射不同的家庭成员，通过TUI（文本用户界面）实体交互及家居核心联网的机制，将每位家庭成员的时间安排可视化、共享化。同时，该装置能用游戏化的方式对家庭所有成员的整体行程时间、类别和完成情况进行信息收集，并将收集的数据反馈至服务器，进行家庭成员人类行为建模，进而分析每人的行为模式和习惯，并基于AI推荐算法给出智慧生活的建议，最终使得用户能够形象直观地应用智能钟表安排智慧生活。

该装置用乐高进行多层环形转台的设计及建造，每层代表不同的家庭成员。用户通过将特定种类的事件积木卡片安放至自己转盘对应时间的卡槽内，从而安排自己的活动，科学规划时间。不同类的事件任务对应不同颜色的卡片，未插入卡片的时间为该家庭成员的空闲时间。

（1）起始设定时，智能钟表自动旋转以识别日程安排的信息。

（2）每到设定好的事件起始时间点，转盘旋转以表示该层的家庭成员正在忙碌。

（3）当相应家庭成员完成该事件时，相应家庭成员需按压按钮以表示任务完成，按压后转盘停转，该层指示灯常亮，表示该成员现在处于空闲状态。通过比较家庭成员完成事件的时间和预设的时间，获取他们完成事件的状态（提前完成、按时完成和任务超时）和精确的时间差。这些数据用于后续行为建模。

通过 TUI 实体交互方式，家庭成员能高效、有趣地规划时间，用户的活动安排信息和完成情况也会形象直观地被共享出来，从而有利于个人时间的高效分配。该装置通过游戏化的方式精确收集家庭成员每日活动安排的时长、时段、实际完成时间等信息，并用AI进行家庭成员的人类行为建模，分析其行为模式，进而在特定的空闲时间为家庭成员推荐适合的活动，并给出优化个人时间规划的建议。该装置基于 LSTM（长短期记忆）模型的 AI 时间设置，通过多层叠加的手法，收集并规划不同层级、不同人物的个人日程安排和整体行程设置，为优化时间安排和家庭情感建设创造更多的时间与机会。

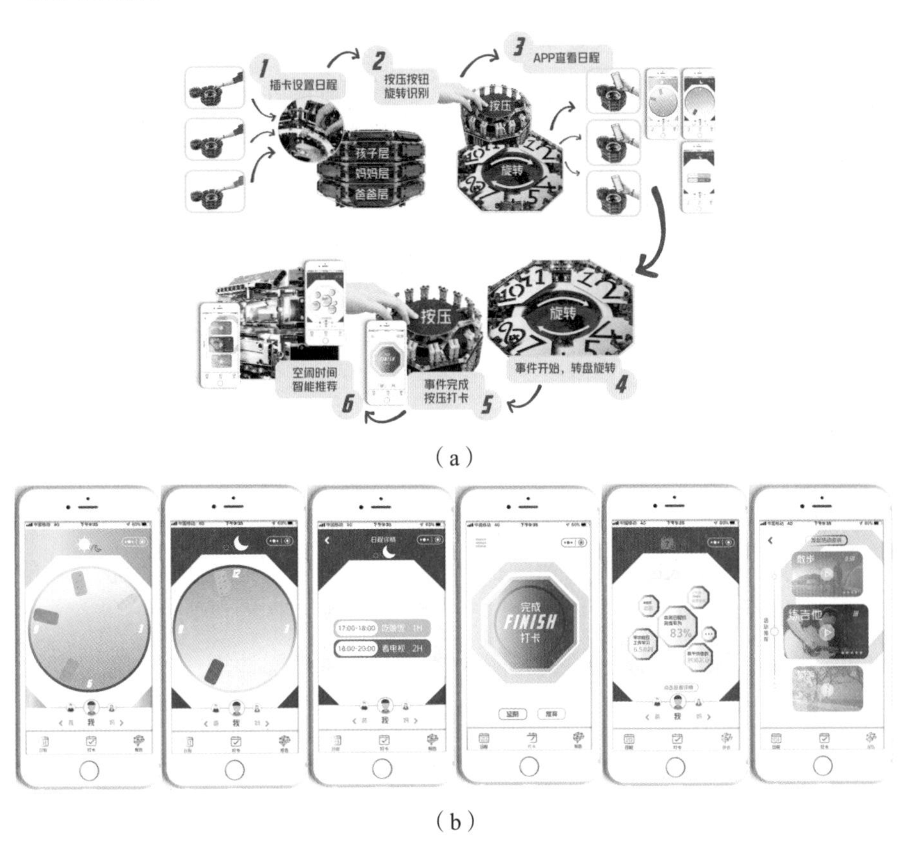

（a）

（b）

图 37　AI 智能钟表

儿童成长进化型机器人

获奖等级：二等奖
设计者：方滢洁
指导教师：易军，欧静
湖南大学设计艺术学院，长沙，410006

设计者调研了目前儿童早教机器人的现状与幼儿对于机器人形象的情感喜好，在此基础上进行概念的创新。市场现有的儿童机器人买来就是固定的单一形态，但小朋友都希望童年有一个可以陪自己成长的伙伴，随着幼儿年龄的增长，其喜爱的卡通形象也逐渐拟人化。因此，我们针对这一问题，提出儿童成长进化型机器人的概念，重点设计外观形态、交互方式与机械结构，通过结构上的创新，让机器人实现自我进化，为孩子们的成长增加一个伙伴，更好地鼓励儿童的学习。

我们设计的儿童成长进化型机器人——“OWL GUARD”（图 38）是仿生猫头鹰设计，蕴含了猫头鹰“监测、守护”的含义，赋予其“监督学习，守护成长”的产品语义。另外，产品可爱的动物形象，更能让儿童产生亲近感。

“OWL GUARD”有四个成长周期：第一阶段为一颗蛋的形状，功能方面只能进行简单的语音打招呼；第二阶段出现表情回应，可以进行简单的词汇教学；第三阶段开始进行图片教学，同时手部伸出；第四阶段进化为成熟的机器人形态，可进行低年级的教材教学。随着形态的渐趋成熟，学习功能也逐步解锁，学习难度逐渐加大，可适应儿童的成长进度。

“OWL GUARD”的养成机制为儿童的学习时间饲养，采用积分机制，参照儿童的学习注意力集中时间设定；儿童的学习时间每累积到额定的时长，机器人就可以开启新一个阶段的成长。 通过这样的正向反馈，让儿童的进步可视化，不仅能更好地激励儿童学习，而且能满足儿童的情感需求，让儿童感到机器人同自己一同进步，一起变得更加强大。

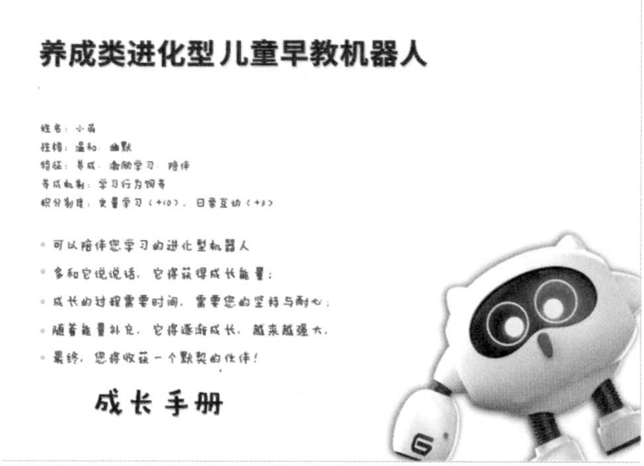

养成类进化型儿童早教机器人
姓名：小萌
性格：温和、幽默
特征：养成、激励学习、陪伴
养成机制：学习行为饲养
积分制度：定量学习（+10）、日常互动（+3）
可以陪伴您学习的进化型机器人
多和它说说话，它将获得成长能量；
成长的过程需要时间，需要您的坚持与耐心；
随着能量补充，它将逐渐成长，越来越强大，
最终，您将收获一个默契的伙伴！
成长手册

（a）

OWLGUARD
YEAR-07
第四阶段
YEAR-06
第三阶段
YEAR-04
第一阶段
YEAR-05
第二阶段

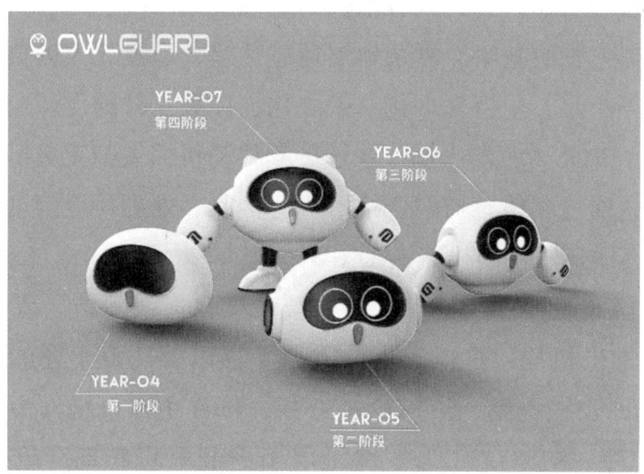

（b）

图 38　儿童成长进化型机器人

基于ROS的无人机跟随巡线避障移动机器人

获奖等级：二等奖

设计者：窦公智，王威豪，胥玥

指导教师：陈晓红

重庆大学机械工程学院，重庆，400044

设计者充分调研了目前移动机器人和无人机的研究现状，在此基础上分析了现有移动机器人和无人机系统的运动模式与功能构成。本项目针对现有移动机器人视野狭窄、复杂地形通过性差，以及无人机负载能力差、续航时间短等不足，坚持标准化、模块化、优势互补的设计原则，目标是设计一种基于ROS（机器人操作系统）的移动机器人与无人机相结合的空地协同系统，通过多传感器融合技术实时接收、处理环境信息，实现无人机实时跟随巡线避障移动机器人（图39）。

移动机器人主要由底盘、控制系统、感受系统组成。底盘采用麦格纳姆轮作为推进机构，可以实现全方向平移以及任意半径的旋转。控制系统包含Intel主控电脑、STM32核心板，Intel主控电脑作为上位机用于运行ROS程序，STM32作为下位机用于控制电机转动。感受系统采用Realsense双目摄像头，用于障碍物检测、寻迹。

无人机主要由供电系统、驱动系统、控制系统、传感器组成。供电系统包含航模电池、降压模块。驱动系统包含电子调速器、无刷电机，通过电子调速器控制无刷电机转速。控制系统包含Odroid主控电脑、Pixhawk、遥控器，Odroid主控电脑作为上位机用于运行ROS程序，给飞行控制器发送相应的控制指令。传感器包含视觉模块、光流传感器、超声波传感器，视觉模块用于检测二维码，实现无人机跟随移动机器人运动；光流传感器用于定点；超声波传感器用于定高。

该空地协同系统分为移动机器人和无人机两个部分。团队经过合作奋斗，成功完成移动机器人、无人机的单独调试，以及移动机器人和无人机的联合调试，实现了移动机器人的巡线避障、无人机的实时跟随。经过三个月的努力，团队对 ROS 的分布式通信机制以及机器人的控制有了全新的理解。

（a）

（b）

图 39　基于 ROS 的无人机跟随巡线避障移动机器人

基于ROS的智能抓取机械臂

获奖等级：二等奖
设计者：湛京洋，张秉宸，李昀琪
指导教师：陈晓红
重庆大学机械工程学院，重庆，400044

设计者充分调研了目前已有的机械臂产品，分析其运动机构与功能构成。针对现有机械臂抓取目标困难、控制难度较高、精确度低等不足，采用ROS视觉识别与运动规划控制技术，坚持标准化、人性化、稳准快的设计原则，克服多轴机器人的运动涉及的数学建模、运动学和控制原理难题，设计一种基于六轴机械臂实现目标精确抓取的控制算法。

智能抓取机械臂（图40）分机械系统和控制系统两个部分。组装好的智能抓取机械臂机械系统由六自由度机械臂、末端执行装置、摄像头、控制台组成。在操作过程中，摄像头对待抓取目标进行识别定位，并将位置信息传回控制台，再由控制台发出信号控制六自由度机械臂运动至正确位置，吸盘抓手工作，完成对目标的抓取操作。采用ROS通信框架和工具，使用Python语言编写控制算法，具体控制算法为：调用Python程序中各种库函数，用角度换算函数控制机械臂关节电机转动，通过摄像头检测目标，采用迭代方法及OpenCV中的画面处理函数，在摄像头画面下寻找与特征模板匹配的物块，并返回目标物块的位置等信息，将其作为返回值传递给机械臂运动控制函数，最后调用机械臂抓取放置函数完成目标抓取任务。

该机械臂以抓取目标稳、准、快为目标，我们对目标识别及运动路径规划算法不断进行优化，并对机械臂进行抓取调试，验证了控制系统的可靠性和实用性。

（a）

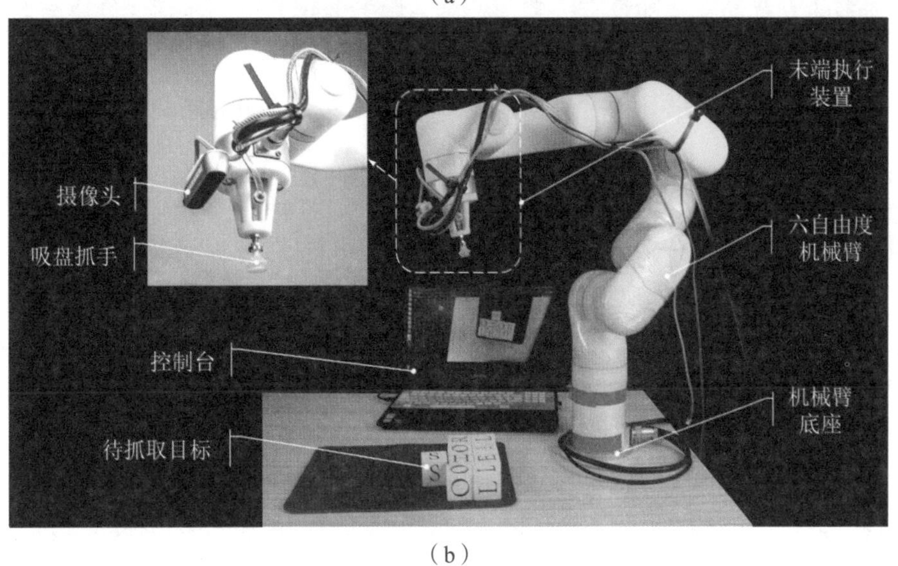

（b）

图 40　基于 ROS 的智能抓取机械臂

三等奖作品

“椿萱康”智能伴侣杯

获奖等级：三等奖
设计者：朱孝磊，彭京徽，徐幸炜
指导教师：张志强，朱拥勇
海军工程大学兵器工程学院，武汉，430033

水杯是人们生活的必需品，目前市场上的智能水杯多集中于加热和温度感知等功能，大多面向青年消费人群。在科技进步和老年人群日益增多的大背景下，却没有一款水杯具备服务老年人群的生活、健康与监护的功能。为此，我们分析了老年人的生活习惯和喜好以及子女对老年人监护的需要，设计出了一款以老年人群为主要适用对象的多功能智能伴侣水杯——“椿萱康”智能伴侣杯（图 41）。

本产品取名 “椿萱康”，意在祝福父母身体健康，表达了儿女对父母的美好祝愿。因古人把“椿”和“庭”合起来称“椿庭”，称父亲为“椿庭”；母亲的居处称为“萱堂”，将“椿” “萱”合称“椿萱”即代指父母。“康”为身体健康。

本作品主要由杯体、智能控制设备和客户端三部分组成。

（1）智能控制设备。本作品以 STM32 为主控，采用通信模块、语音合成和识别模块、GPS 模块、温湿度传感器、加热模块、收音机模块、MP3 模块、计步模块等，针对老年人的实际情况，着重开发智能语音功能，如语音加热、语音问答、语音点歌、智能闹钟等，使用方便，让老年人更易上手；摆脱以往枯燥的按键操作，专门设计 UI 界面，增强老年人对设备的体验感；配合语音的网络通信和电话通信的结合，让子女和父母沟通零距离；收音机和 MP3 的加入，满足老年人日常娱乐需要。

（2）量身定制的客户端。为方便子女照顾父母，专门制作手机客户端，设有“水杯”“健康”“我”三个界面。既可以实时观察水温情况并结合智能闹钟提醒父母饮水，又可以利用4G网络实时向父母发送网络消息，还可以在地图上查看父母实时位置信息和当时当地天气，并智能做出预警；同时，可以设定智能闹钟，自动提醒父母“吃药”“喝水”等，让自己安心工作时不忘关爱父母。

本产品目前已实现了基本功能，利用水杯打造的智能平台初具效果，后期我们将在此基础上，融合大数据和医疗监测等功能，真正让“椿萱康”智能伴侣杯这一智能平台焕发活力！

（a）

（b）

图41 “椿萱康”智能伴侣杯

“园宝”智能机器人

获奖等级：三等奖
设计者：项末初，陈湘媚，晏子翔
指导教师：黄英亮，孙树栋
西北工业大学机电学院，西安，710027

为陶冶情操，越来越多的家庭种养盆栽花草。但是，由于人们工作繁忙等原因常常无法照顾好这些盆栽植物，时常造成植物枯萎受损的情况。为解决这一问题，我们设计出一款家用智能园林机器人——“园宝”（图42）。

该家用智能园林机器人搭载土壤检测装置，拥有计算机视觉、自主导航等系统，集智能灌溉、植物养护于一体。它能够进行自主导航、自主资源管理、通过植物识别确定灌溉用水、对植物的病虫害进行诊断及汇报。搭配“园宝”管理终端 APP，能够实现足不出户进行植物养护控制、病虫害防治的功能。

在我们的方案中，机器人进入工作状态后，会自主前往需要浇灌的地点，并在移动过程中利用激光雷达实现动态的避障功能。到达目标地点后，机器人将通过计算机视觉判断需要浇灌的目标，确定浇灌位置，并针对不同的目标控制不同的水量，实现节约型灌溉功能。利用水箱内的压力传感器判断出水量低于限定的阈值后，会返回到指定地点补充水量，再接着继续浇灌。同时，机器人的视觉系统可以识别植物的病虫害并制定相关的养护方案。

园林机器人的构造由底盘与上部灌溉装置组成，控制模块集成在底盘中，且用防水材料严密保护以防电路遇水短路。上部的灌溉装置由水箱、喷水装置以及深度视觉摄像头组成，水箱可以根据具体的场景装载不同的液体（比如一般的水或者对花草使用的药剂），以适应不同的场景需要。在到达植物花卉所在区域后，摄像头模组将开始工作，识别要灌溉的植物；喷水装置启动后喷出特定量的水分，达到灌溉目的。底盘采用麦轮底盘，通过精密算法，可以实现全方位移动以及定点转向，使得机器人在狭小的空间内既不破坏植物花卉也能灵活转向。底盘内部拥有足够的空间，可以搭载激光雷达、超声波传感器、电源、小型电脑等设备。

我们的园林机器人将配合远程控制APP，辅以人工智能技术，更好地进行家庭园林的养护工作。

（a）

（b）

图42 “园宝”智能机器人

智能家居衣物护理机器人

获奖等级：三等奖
设计者：徐丙州，陈桂宏，江可玥
指导教师：彭兆
武汉理工大学机电工程学院，武汉，430070

设计者充分调研了目前智能家居衣物护理机器人的研究现状，发现大部分是固定式、功能单一的家居机器人；在此基础上分析了现有机器人的功能组成。本项目的目标是针对现有机器人功能设计上的不足，采用创新的折叠机构与集成技术设计出智能型家居衣物护理机器人。

本智能家居衣物护理机器人（图 43）分机械系统和控制系统两个部分。主要功能定位是识别、抓取、装载、整理、自动避障和搬运。机械系统采用模块化思想设计，分为主体连接的框架以及以下三个模块。

（1）驱动模块：分离式平衡双轮行驶，双腿弯曲、倾斜实现灵活运动，保持重心稳定。

（2）机械臂模块：电机等构件采用公版电路驱动，机械臂进行夹取、放置工作。系统采用 ARM 核心处理芯片等构建核心控制卡，以适应机器人图像识别、通信等功能。

（3）叠衣、熨烫模块：根据衣物材质分类，进行相应的衣物护理。

① T 恤类衣物，由推杆展开叠衣板 V 形板成一字形，隐藏工作面伸展合并，叠衣板展开成工作状态、衣物铺平到叠衣板进行折叠，再将衣物放入储衣框。

②衬衫等需蒸汽熨烫和晾挂的类型，用伸缩衣架撑挂上晾衣杆；机械臂夹持熨烫板进行熨烫；运送衣物和挂放至衣柜。

控制系统通过 Thinger.io 开源物联网平台构建设备的物联网功能，使机器人可实现传感信息、实时查看工作状态、远程调控工作模式等功能；预留 Home Assistant 平台 API，可轻松接入家庭物联网集群。

本机器人的主要特点有：

（1）用简洁机构实现完整的衣物护理功能；

（2）使用关节驱动减少传动，收合结构简单，质量轻且节约成本；

（3）叠衣板可伸展变形，折叠结构紧凑，节省空间；

（4）采用模块化设计的功能机构能伸展收和，构建功能一体化机器人；

（5）智能控制，富有智慧家居前景。

团队设计了机械系统，并初步构建了控制系统框架，对其进行了三维仿真试验，验证了智能家居衣物护理机器人的实用性和可靠性。

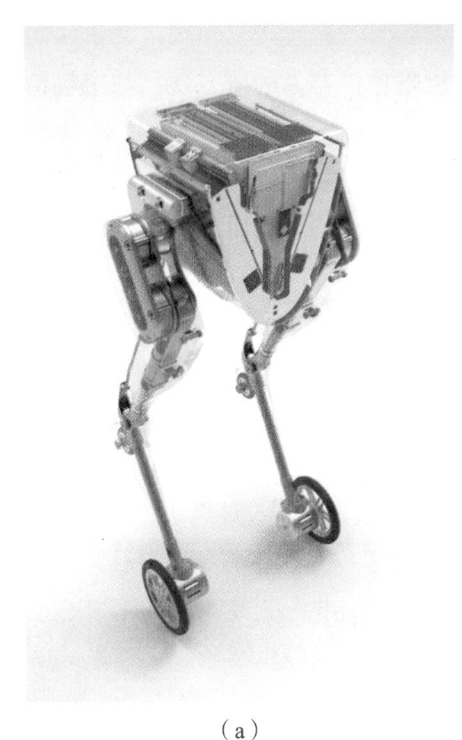

（a）

（b）

图 43 智能家居衣物护理机器人

iFamily

获奖等级：三等奖
设计者：陈凯乐，胡芷仪，张鑫
指导教师：赵俊，孙建奇
上海交通大学，上海，200240

设计者充分调研了目前老年人智能陪伴机器人的研究现状与市场情况，在此基础上分析了现有老年人智能陪伴机器人系统的功能组成。本项目的目标是针对现有陪伴型机器人人性化的不足，采用个性化与定制化的方案，设计出一款针对老年人特殊情感需求的新型陪伴型机器人——iFamily（图 44）。

根据老年人家庭晚辈亲属构成，每个家庭可以定制相应数量并且包含晚辈亲属个性特征的 iFamily 机器人。由于每台 iFamily 对应一位晚辈，并包含其独有的特征，所以每台 iFamily 拥有独特的“性格”及表达方式，通过模拟晚辈们的言行实现人性化的陪伴。

iFamily 打破了传统“一家一台”陪伴型机器人的设计想法，根据每位老年人的家庭情况，让每一台 iFamily 都有了一个独特的身份符号。设计者希望 iFamily 能够从外貌、行为等方面，尽可能地贴近晚辈的特征。因此，在硬件设计部分我们采用 3D 打印技术、树莓派与舵机结合，塑造 iFamily 的形象和功能。

老年人因缺少亲属的陪伴，日常生活中表达和倾诉的需求很难得到满足，长期积累容易产生抑郁情绪。针对这个问题，iFamily 提供了聊天功能，能够实现与老年人的日常交谈，以缓解老年人的孤独感，激励他们思考与表达。

老年人在回忆往事之时，每台 iFamily 能够根据自身所代表的亲属成员，再现亲属之间的互动，和老年人一起回忆当初美好温馨的一点一滴。

每一台 iFamily 均搭载了高清网络摄像头以及 3.5 英寸显示屏，在日常的居家陪伴之余，还可以满足老年人与晚辈视频通话的需求。晚辈可以通过相对应的机器人与老年人进行即时视频聊天。

iFamily 包括硬件与软件两个部分，在完成了硬件的设计方案后，我们重点展开了软件即语音交互、情景再现与视频通话的方案设计。经过一个月的努力，我们建立了 iFamily 的模型并使用 3D 打印技术生产出外壳。之后经过两个月的代码编写，实现了预期功能。最终成功进行装机调试，完成 iFamily 的制作。

（a）

（b）

图 44　iFamily

RO Clean-Up 家庭整理机器人

获奖等级：三等奖
设计者：曾鹏宇，吴思宇，朱文婷
指导教师：胡剑
武汉理工大学机电工程学院，武汉，430070

设计者充分调研分析了目前家庭整理机器人的现状，发现大部分都是以单一的机器和结构完成单一的家庭服务，其占家庭空间大，且局限特定功能。本项目的目标是实现“一机多用”的家庭服务，让科技促使生活更美好。结合大众用户不同的使用需求，采用多种新式组合机构与模块，设计这款新式组合型家庭整理机器人（图 45）。

该家庭整理机器人由行走模块、清扫模块、衣物整理模块、整理模块以及交互模块五个部分组成。行走模块由蜗轮蜗杆组合式机构为核心组成驱动部分、转向部分；清扫模块由丝杠组合行星轮以及滚筒等部件完成桌面清扫和地面清扫；衣物整理模块由间歇式组合机构以及剪叉机构组成完整的部件；整理模块采用气囊式柔性机械臂以及仿人形机械臂；交互模块包含图像识别模块、声音识别模块以及运动检测模块。

家庭整理机器人可应用的技术：采用成熟的集成电路以及各个模块所对应的开源代码、系统和扩展板对相应的功能元件进行驱动，机电一体化；在识别方面通过图像处理模块和声音识别模块，分别进行图像和声音的数模转换，实现交互控制，更人性化；在运动监测方面，陀螺仪技术的应用，使其可进行位置、速度以及加速度的监测，成为闭环系统，使机器人运行更加平稳且其适应性更强。

家庭整理机器人的具体功能：

（1）家庭整理。机械臂和折叠机构配合，让家庭的衣物以及物品更为整齐。

（2）家庭清扫。及时清扫和处理脏乱的家庭环境，保持家庭整洁。

（3）家庭辅助。人机交互的同时，可与人协作完成任务，减轻家庭的负担。

团队经合作成功设计了机器人的整理模型，控制方面主要对图像识别模块以及运动检测模块进行了尝试。通过应力分析进行了试验，验证了系统结构的可行性。

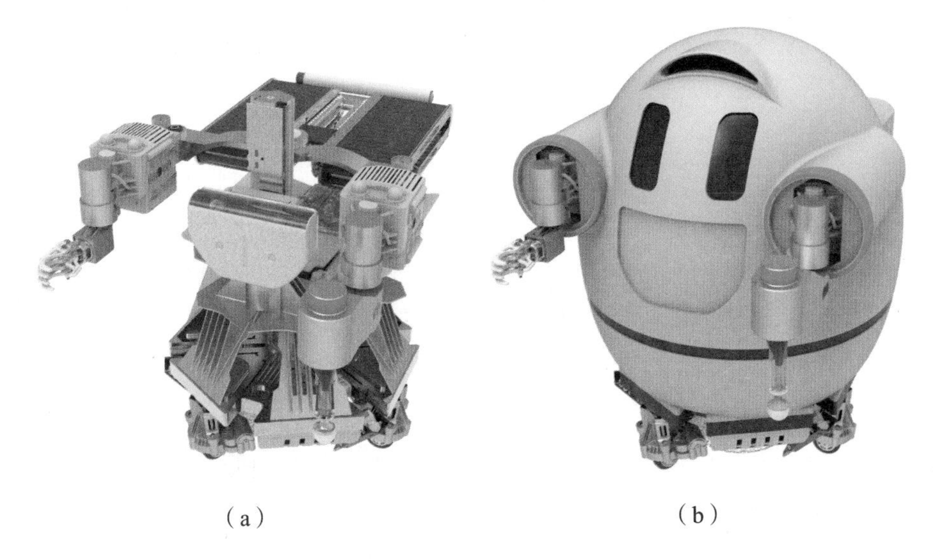

（a）　　（b）

图 45　RO Clean-Up 家庭整理机器人

便携式模块化智能家居机器人

获奖等级：三等奖

设计者：肖方杰，张铠源，胥玥

指导教师：柏龙，陈晓红

重庆大学机械工程学院，重庆，400044

设计者充分调研了目前智能家居机器人的研究现状，发现现有智能家居机器人存在使用寿命短、性价比低、行进机构单一、拆卸安装困难，且体积较大，无法适应台阶、楼梯等不同家庭环境，以致许多扩展性功能受限等问题。本项目的目标是针对现有智能家居机器人自身原理设计上的不足，开发一种具备家庭安防、事务提醒、信息查询等功能，而且兼具趣味性和教育意义，具备与家庭成员和谐共处、共同成长的能力的便携式模块化智能家居机器人（图 46）。

该机器人以自主设计的快换式模块化移动机器人为本体，采用满足功能需求的低成本树莓派和 STM32F407 作为上位机和底层控制器，其中树莓派搭载 ROS（机器人操作系统），可快速高效地利用开源源码进行机器人功能开发。同时机器人采用皮卡汀尼导轨和 RJ45 接口以便搭载各类功能模块，可实时接收、处理环境信息，实现机器人实时运动控制和自主任务决策。

本作品特性：

（1）二次开发——机器人在主体结构与主控制器处预留了足够的扩展接口，机器人可以拆分、搭配多种不同功能模块，适合机器人爱好者的二次开发，实现智能家居机器人的功能扩展和升级，体现“一机多能、二次开发”的理念。

（2）家庭安防——搭载深度相机及人体热释传感器，实现机器人自动巡航时 360° 无死角实时监控。基于深度学习框架可实现特定目标跟踪、人脸识别及动作识别，实时监测独居老人与儿童的活动情况，并在发生突发事件时报警。

（3）家庭管家——语音互动模块内置语音芯片，可利用语音实现人机交互，提醒用户各类备注信息，充当生活小秘书。

该模块化智能家居机器人包括机械结构和控制系统两个部分。团队经合作成功设计了机械结构，并重点展开了对控制系统的研究。经过三个月的设计制造，我们生产了第一台物理样机，并对其进行了试验，验证了系统的可靠性和实用性。

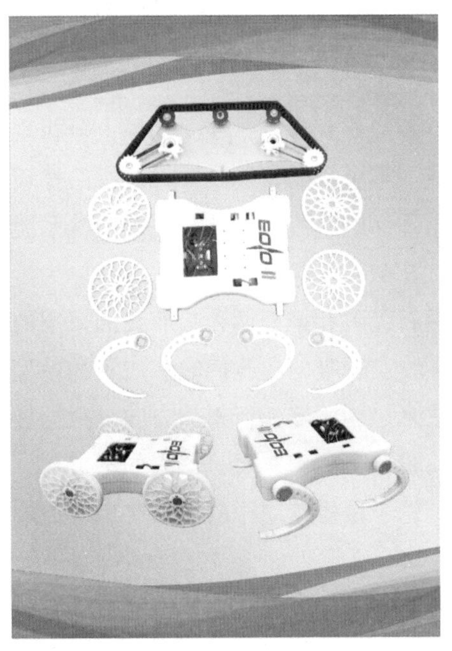

（a）

（b）

图 46　便携式模块化智能家居机器人

擦玻璃机器人

获奖等级：三等奖
设计者：仇仁杰，李栋辉，贾京港
指导教师：孙春志，马艳彬
商丘师范学院，商丘，476000

设计者充分调研了目前擦玻璃机器人的研究现状，在此基础上分析现有的擦玻璃机器人清洗系统的功能组成。本项目的目标是针对现有的擦玻璃机器人自身原理设计上的不足，采用环保的、可以循环利用的清洗系统设计一种灵巧、简单的擦玻璃机器人（图 47）。

一般来说，机器人吸附的方式有磁石吸附和推杆两种，而我们采用的是电机高速旋转形成真空负压的模拟环境实现吸附。我们的一代实物模型擦玻璃机器人需要通过红外遥控的方式来控制机器人行走的方向，根据玻璃环境的不同主动调整方向以避免损伤机器人。为实现机器人的擦玻璃、爬玻璃能力，我们使用了二轮机器人，轮子是橡胶制作的，可避免与玻璃形成表面性的接触。

我们设计的擦玻璃机器人之所以能够完美地工作，主要原因有五个方面。一是它的清洁系统，设计者采用可循环利用的玻璃布清洁底盘，它的循环利用功能不仅简单，而且能大大节约成本。二是它的续航系统，其电能来源不仅仅是电源的输出，还有节能的太阳能电池通过稳压可控电路稳压之后向芯片和电机供电，是一种比较经济节能的措施。三是它的驱动主控，通过红外线遥控实现控制小车，这种方式能让做家务的人感受到极大的方便，他们不需要考虑高处玻璃无法清洁的问题。四是探边感应系统，在遥控阶段，小车对玻璃窗边的检测使数字信号的碰撞开关起到缓冲作用，从而能够很好地工作。五是低音降噪，设计者从声源发生处解决噪声问题，从而提高使用者的家居生活舒适度。设计者经过一段时间的试验，验证了整体系统的可靠性和实用性。

（a）

（b）

图 47 擦玻璃机器人

擦窗扫地一体化机器人

获奖等级：三等奖
设计者：王文奇，王楠，王新昊
指导教师：王新庆，刘峰
中国石油大学（华东）机电工程学院，青岛，266580

设计者对家居清洁机器人的市场和研究现状进行了充分调研，针对调研结果，我们设计了一种应用于室内的擦窗扫地一体化机器人（图 48）。本作品打破传统，将时下两款热门智能清洁机器人——扫地机器人、擦窗机器人一体化，使消费者得到性价比最高的产品，大大提高人们的生活满意度。

擦窗扫地一体化机器人有两大工作模式，分别为地面清洁模式和爬壁擦窗模式：（1）在地面清洁模式下，机器人依靠辅助轮、主动轮和转向轮在地面运动。两侧旋转清洁刷互相配合将杂物扫入机器人底部，依靠旋转清洁刷、滚刷和吸尘器在运动过程中完成地面清洁工作，将杂物吸入储物盒。（2）在爬壁擦窗模式下，机器人依靠反向安装扇叶的风机提供压力，将机器人压在玻璃墙壁窗上，同样依靠辅助轮、主动轮和转向轮，同时在运动过程中依靠清洁抹布和滚筒毛刷完成玻璃清洁工作。

1. 爬墙装置：在机器顶部装有扇叶反向安装的风机，通过调整合适的角度，对机器人产生斜对墙面向上的适当大小的力，使得机器人可以附着在墙壁上。通过驱动轮和转向轮完成预定轨迹的运动。

2. 机身包括电机、控制系统、电池组、红外传感器等。控制机器人在两种工作模式下完成运动、避障、附着墙壁、清洁等功能。

3. 清洁装置部分使用两种可拆卸结构。可使用旋转清洁刷和吸尘器装置进行地面清洁；使用机器人底部的清洁抹布和滚筒毛刷进行玻璃清洁。

4. 安全装置。设置低电量报警装置，并选择合适的吸盘和套绳作为保护装置，保证机器人在擦窗工作过程中的安全性，避免意外事故的发生。

经过两个月的方案讨论、设计实施，团队生产出了第一台物理样机，并对其进行了实验分析，验证了擦窗扫地一体化机器人的实用性和可靠性。

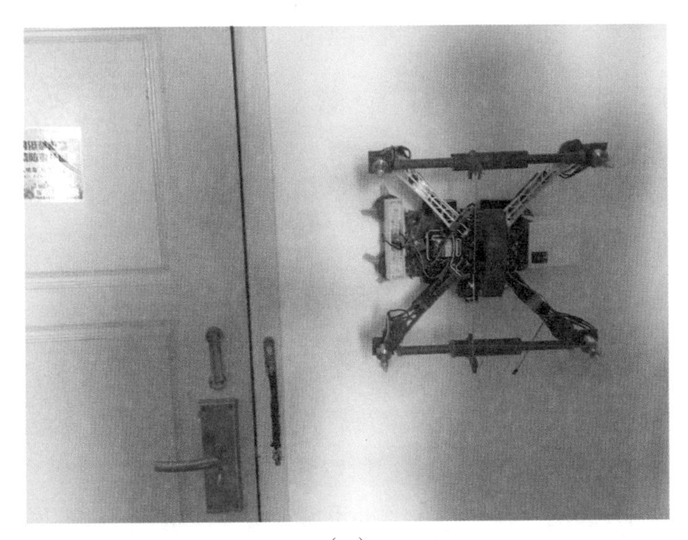

（a）

（b）

图 48　擦窗扫地一体化机器人

餐桌清理机器人

获奖等级：三等奖

设计者：董运豪，吕国瑞，李泽泽

指导教师：杨志良，李文强

中北大学信息与通信工程学院，太原，030051

我们设计的餐桌清理机器人（图 49）取名为餐桌助手，该产品适用于大型餐桌，具备在餐桌上传送饭菜及运送餐巾纸、茶水、餐饮垃圾的功能。

大型餐桌由于就餐人员较多，所以在传递饭菜以及取拿餐巾纸、接水以及饮料的时候多有不便。将餐桌助手搬上餐桌，用户通过专属 APP 或者语音模块与餐桌助手建立联系，实现餐巾纸随用随取，饮料随时喝、随时倒，餐饮垃圾随时取走，以及自由传送菜品的功能，这样既为餐厅节省了饮用水和饮料时的茶具，同时又为就餐者打造一个舒适、便捷的就餐环境。

产品通过红外的方式检测桌子的边缘，通过避障的方式可以检测障碍物，提醒客人拿开障碍物，或者其自行绕开。在接水和饮料功能方面，餐桌助手自带水位检测器，在饮料和水饮用到一定程度后，可自行回归原位置，进行加水和加饮料。

我们采用小车型的构造，而不采用仿人型的构造，提高了该机器人的稳定性。采用履带式的车轮，使小车有更高的抓地力，同时履带使用橡胶制作，在有油滴存在的桌面上，更加防滑。

该餐桌清理机器人使用了功能强大的 Arduino Uno R3 单片机，该单片机是基于 ATMega328 单片机，拥有 14 个数字 I/O 口引脚等，我们基于该单片机实现了识别障碍物（要处理的垃圾）和躲避障碍物（墙壁等）的功能。我们将超声波避障和小型舵机结合，使得超声波避障能发挥更大功效，可以 180° 扫描周围的各种障碍物，可以说该模块就是机器人的眼睛。

如何使机器人为顾客及时服务，这是需要解决的一个重要问题。针对这个难题，我们采用了无线模块、蓝牙模块来实现人与机器间的联系，通过红外模块与超声波测距实现对就餐者的定位。用户可以下载专用 APP，对餐桌助手发送指令，实现人与机器的交流。后期，我们也预想采用语音识别模块，使餐桌助手根据人的语言指令完成相应动作，更加方便人机交流。

在 APP 中我们设置标号 1（送饮料）、2（投递纸巾）、3（结账）等功能按钮，当用户按下相应的按钮时，就会通过蓝牙模块的通信指令使对应的小车按照设计的路线来到用户身旁。

餐桌机器人的上部采用的是 3D 打印材质，可以实现不同状态物品的存放，包括三种不同的饮料和三种不同的其他物品（例如：牙签、纸巾和筷子等）。

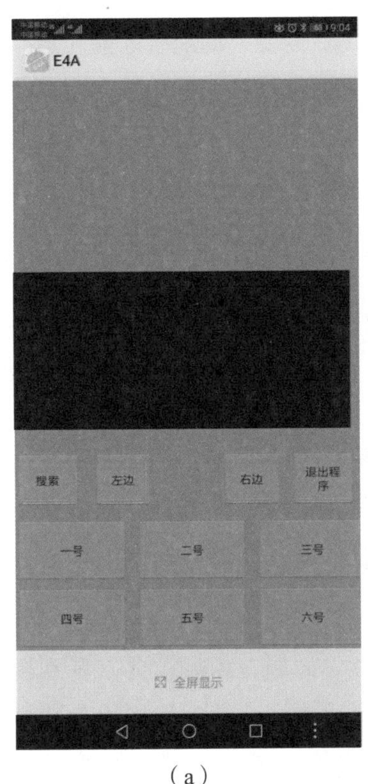

（a）

（b）

图 49　餐桌清理机器人

东大天宝仿人服务机器人

获奖等级：三等奖

设计者：王世雄，刘涛，刘昊汧
指导教师：陆志国
东北大学机械工程与自动化学院，沈阳，110819

设计者充分调研了目前仿人服务机器人的研究现状，发现目前机器人的全自主能力并未完全成熟，在很多情况下仍然需要人的配合才能完成某些动作。在此基础上分析了现有的仿人机器人的结构和功能组成。本项目的目标是针对现有仿人机器人结构设计和系统功能上的不足，采用独特的腰部关节设计和网络传输技术，秉持着实现跨空间处理家庭事务的理念，设计了一款基于"VR沉浸"和远程"体感操控"的仿人家庭服务机器人——东大天宝仿人服务机器人（图50）。

在机械结构方面，机器人采用麦克纳姆轮的轮式结构，从而实现家庭环境地面上的全方位移动。最大的亮点是机器人腰部关节的设计，为了在保证重心稳定的前提下，实现大角度俯身动作，设计采用连杆滑块机构，简化膝关节、髋关节的独立旋转自由度。

在功能方面，用户通过穿戴轻巧的运动捕捉模块，将运动数据传送至机器人从而控制机器人运动。该机器人所实现的功能主要适用于一些家庭服务项目，比如照顾老人。当人们出门在外工作时，可以通过VR眼镜和运动捕捉模块实现对家中老人的照顾。佩戴VR眼镜可以看到机器人视角，利用运动捕捉模块可以将人体运动数据传回到机器人，让机器人跟随人的动作而运动，从而完成端茶递水等动作。VR眼镜的佩戴可以让用户获得很好的临场感，就像置身于老人所在空间，具有比较真实的体验感。另外，对于老人来说，虽然子女工作在外，但通过机器人也能得到很好的情感满足。

对于该仿人家庭服务机器人，我们主要从机械结构和系统功能两个方面着手设计。经过不断改进，我们生产出了机器人实物，并对其运动和功能进行了测试，验证了系统的可靠性和实用性。

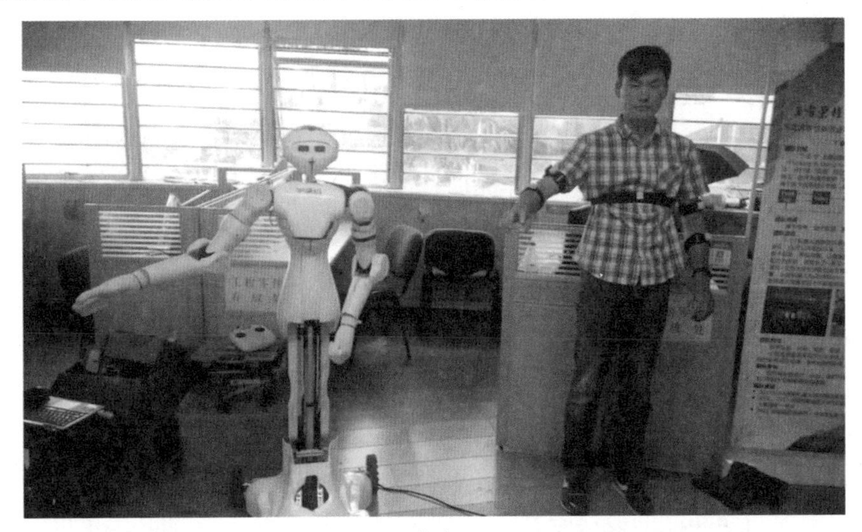

（a）

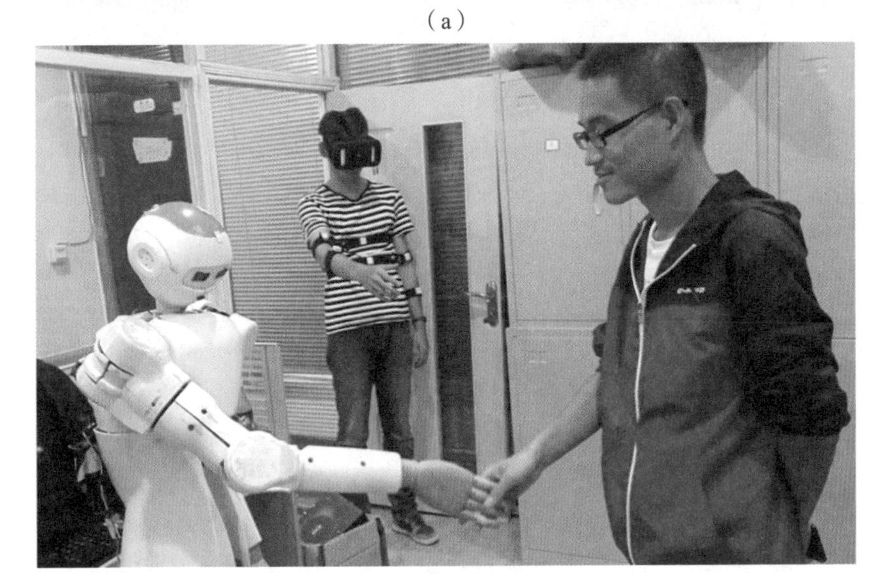

（b）

图 50　东大天宝仿人服务机器人

多功能家庭服务机器人

获奖等级：三等奖
设计者：张毅新，刘涛，徐虎
指导教师：姚振静，李亚南
防灾科技学院，三河，065201

设计者充分调研了市面上家庭服务机器人的现状，包括家庭服务机器人的服务种类、服务效率、是否有必要等。在此基础上，对家庭服务机器人进行设计与改进，设计了一款可远程操控移动、取物并兼具家庭夜间防盗与日常置物功能的多功能家庭服务机器人（图 51），闲暇之余也可作为遥控车丰富家庭娱乐项目。

该机器人由动力系统、传感系统、执行系统组成，并搭载无线操控机械手、防盗警报装置、图像采集传输装置等。动力系统由 8 通遥控器控制，电机带动麦克纳姆轮转动可实现前进、后退、左右平移；传感系统由障碍物检测系统、光线与人体感应系统以及手势检测系统组成，以分别实现避免撞到家具、在夜间进行防盗监测和机械手臂的无线远程控制；执行系统无线体感手套远程控制舵机，以实现机械手的取物功能，并通过摄像头将机械手抓取画面实时传输至控制者，以实现准确的操作；机器人上装有物理隔层，便于生活中日用品的放置。

该机器人采用 STM32 控制器，通过 CAN 总线控制动力系统的正常工作；采用光敏传感器检测光线的同时，利用人体红外热释电传感器进行夜间外来人员的监测；体感手套通过采集滑动变阻器的电阻值并利用 633M 无线传输模块远程控制舵机的转动，实现机械手的取物功能。

该多功能家庭服务机器人包括机械系统和控制系统两部分。历时两个多月的时间，经过团队成员的分工合作，我们完成了机械结构的设计与搭建、3D 打印零件、电路系统的搭建、软件系统的搭建等，最终完成实物的制作。通过实验验证，该多功能家庭服务机器人可实现基本功能，达到预期目标，具有一定的实用性，拥有较好的市场价值与应用前景。

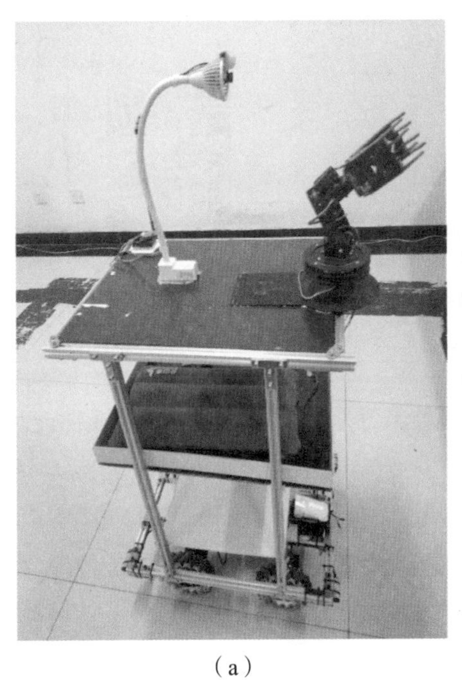

（a）

（b）

图 51　多功能家庭服务机器人

多功能老年陪护机器人

获奖等级：三等奖
设计者：龚程，余佳霖，叶至斌
指导教师：柏龙，陈晓红
重庆大学机械工程学院，重庆，400044

设计者充分调研目前已有的服务机器人，分析其运动结构与组成功能。针对现有服务机器人结构简单、动作僵硬、功能不齐全等问题，坚持仿生设计、全方面陪护、模块化的设计原则，最终设计一种基于 STM32 中央处理器的多传感器融合的多功能老年陪护机器人（图 52），其通过传感器获取外部信息，经过中央处理器处理后，可实现较高自由度的自主移动能力以及一定的人机交互性。

目前已有的服务机器人头颈部运动单一，不能较好地模拟人的正常头颈部运动。此外，服务机器人功能单一，多以语音等软硬件进行陪护，不能较好地进行健康监测。本机器人创新性地采用锥齿啮合机构 + 两自由度云台，设计具有四自由度的头颈部运动机构，通过控制运动机构驱动舵机的不同位姿，能模拟人头颈部的各种动作（点头、摇头、探头以及转头），保证机器人有着较好的拟人形态，结合呆萌可爱的显示屏表情，提高机器人的人机交互性。为实时监测老年人身体健康状况，该机器人设置健康监测模块，将采集的老年人健康数据反馈给家人，结合互联网技术，将健康数据上传医院，对于老年人疾病治疗有着积极的参考意义。

为了保证具有一定的自主移动能力和环境信息决策能力，该机器人采用多传感器融合技术，将多种外部信息融合，控制模块化处理，实现不同区域单独作用，级联协调，综合应对外部环境信息的改变。其本体预留足够空间作为进一步的扩展功能接口，依据用户的特定需求进行定制化服务，实现了功能模块化、技术的可移植性。具体体现在：图传技术应对环境识别，语音识别辅助帮扶，等等。

经过两个多月的努力，我们搭建制备实验样机，进行功能验证与原理可靠性分析，基本能够完成各个子功能，部分功能实现了组合协调，能较好地完成各种指令，验证了机器人设计的可靠性。

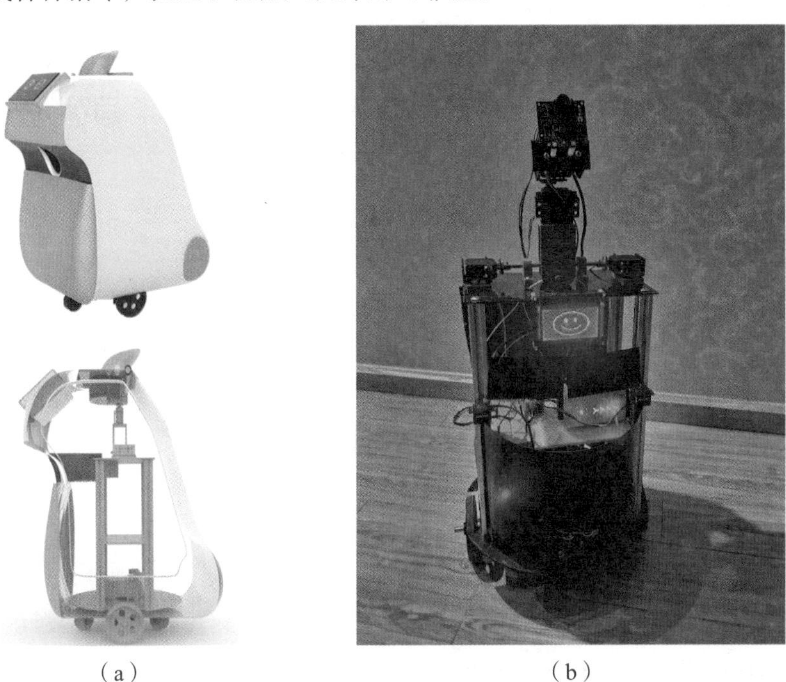

（a）　　（b）

图 52　多功能老年陪护机器人

基于AI的天文知识启蒙儿童伴侣

获奖等级：三等奖
设计者：张文科，刘晓夕，胡素奎
指导教师：尹晓丽，孙凤
中国石油大学胜利学院，东营，257100

针对市场上天文教育教具多媒体化不足的问题，本团队设计开发了一款基于AI的天文知识启蒙儿童伴侣——“小天”（图53）。“小天”是一款集语音交互、机械拆装、多功能演示为一体的天文知识家庭教育演示机器人。

“小天”由以下系统组成：

（1）机械传动系统：包含轮系、四杆机构、凸轮、同步带等机械机构，组成了地球公转模块、地球自转模块、月球公转模块，通过设计合理的传动比与运行轨迹，可以精准模拟太阳 - 地球 - 月亮间的运动关系，实现近远日点、近远月点、日食月食、二十四节气、四季变化等天文现象的演示。所有机械零件均采用快拆结构设计，且材料环保无毒，适合儿童动手拼装。考虑到装拆安全问题，该套装置不使用黏连结构和尖锐螺钉连接，以防止儿童在无成人监护情况下吞咽组件。

（2）APP操作系统：无线Wi-Fi模块作为传输桥梁，通过无线数据与天文教育APP连接。用户通过操作APP发出指令，Wi-Fi模块将信号传输给STM32主控，STM32主控对电机驱动模块进行控制，进而控制电机转动。此时，电磁开关实时反馈装置运转状态，待装置运转到指定位置，电机停止转动，语音播报模块启动，播报相应信息。

（3）语音交互系统：装置转换为语音交互模式时，麦克风将声信号转化为电信号，识别模块解码、编码信号，然后寻找指令传输给STM32

主控，控制装置运转。

该套装置应用了语音交互技术、光电耦合 I/O 口技术、周转轮系传动技术。

该套装置以科普天文知识对话和讲解天文知识动画为主，以动画的形式学习，能够提高孩子的学习兴趣；以聊天的形式学习，可使孩子更容易掌握天文知识。孩子在足不出户学习天文知识的同时，也能动手实际操作，还能了解机械原理的知识。

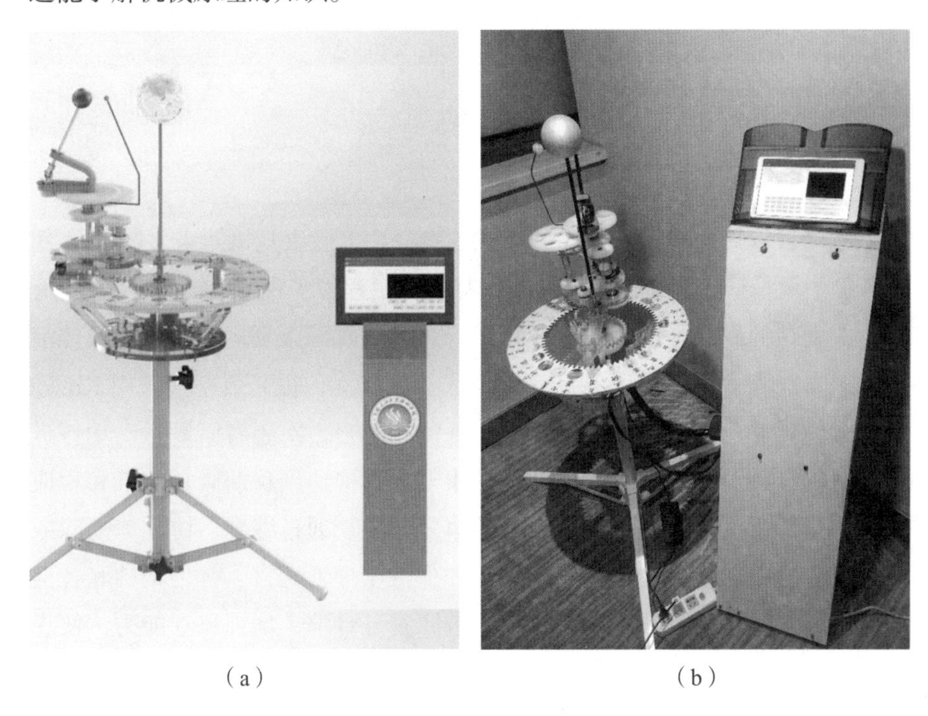

（a）　　（b）

图 53　基于 AI 的天文知识启蒙儿童伴侣

基于影子控制模式的穿戴式上肢康复机器人

获奖等级：三等奖
设计者：姚祖余，岳磊，左晓宁
指导教师：李一浩，李宏伟
郑州轻工业大学机电工程学院，郑州，450002

本项目设计的基于影子控制模式的穿戴式上肢康复机器人（图 54）用于帮助中风偏瘫患者康复。患者在康复训练过程中实现了由被动转为主动，自适应反馈控制与临床康复治疗相结合，达到改善康复运动训练的最佳治疗效果，能缩短患者的康复治疗周期，节省成本，提高效率。采用 Kinect 提取人体骨骼信息，视觉检测和自身检测相结合，对患者康复运动动作进行实时的检测与分析，有效保证了在康复过程中达到预期康复效果和相应的技术指标要求，大大提高了患者的康复效率。通过综合、协调地消除或减轻患者身心、社会功能障碍，达到和保持生理、感官、智力精神和社会功能上的最佳水平，从而使其借助上肢康复外骨骼，增强自立能力，使患者能重返社会，提高生存质量。

本项目基于影子控制模式，在循环往复中，实现互动性比较强的康复方式。采用自主设计的仿生气动人工肌肉进行驱动，兼顾康复可调负载与关节柔性；外骨骼采用气压传动，相较于传统的电机驱动有较强的缓冲效果；电路控制系统采用开源硬件 Arduino 进行控制，团队自主开发控制程序；整体结构采用刚性结构和柔性结构相结合，兼具刚性结构的稳定性和柔性结构的适应性和柔顺性，实现了机、电、液于一体的外骨骼康复设备；手部采用经过 107 次试验自主研发的仿生气动人工肌肉进行驱动，手臂采用气缸驱动，具有传动柔和、不易对患者造成二次损伤等特点。以气缸作为手臂驱动，相较于传统的电机驱动康复机构具有操作简便、便于穿戴、施力柔和等特点。

传统的康复训练需要患者本人前往医院，费时费力，耗费患者大量精力，同时也增加了患者的经济与心理负担。使用本项目研究的产品，患者可以在家中进行康复训练，加速患者的康复。经过不断的研发与改进，我们的产品得到了很大的完善。目前，我们已经在河南省人民医院、新乡红旗医院、河南省中医院进行过短期的临床试验，患者和医生表示本产品比传统的医疗康复设备使用更加方便，穿戴更加舒适。

（a）

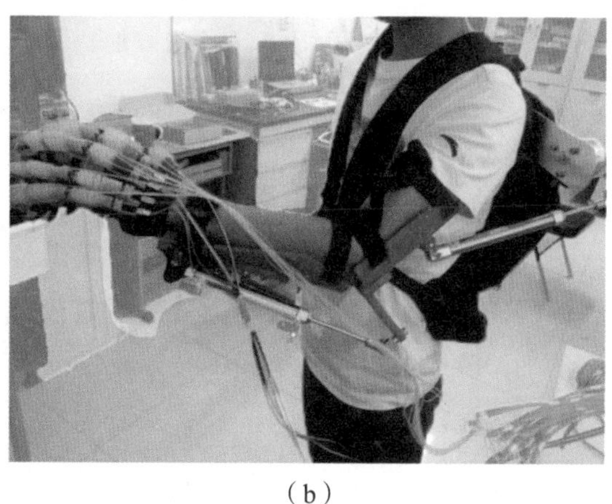

（b）

图 54 基于影子控制模式的穿戴式上肢康复机器人

家居湿度智能管理机器人

获奖等级：三等奖
设计者：赵增宇，隋哲文，海云鹏
指导教师：边慧光，张永涛
青岛科技大学机电工程学院，青岛，266061

设计者团队以市场现有加湿、除湿机器为研究对象，充分调研了现有产品的优缺点。在此基础上，分析了现有产品功能结构上的不足，采用最新的加湿除湿技术，集合智能技术，设计了一种基于超声波加湿、热转换除湿、智能行走、物联网技术的家居湿度智能管理机器人（图 55）。

家居湿度智能管理机器人主要创新点有：（1）加湿、除湿集成一体，多部件共用降低成本与空间；（2）利用机器人自由行走、自我感应避障，使各处均匀加湿；（3）湿度可控，达到一定湿度即自动停止工作；（4）物联网手机控制；（5）使用青岛科技大学研制的高性能绿色轮胎，其绿色环保配方以及低噪声花纹设计技术可降低电量消耗及噪声。

该机器人长、宽、高为 28cm × 22cm × 30cm，由四部分组成：（1）湿度控制系统，集成超声波加湿与热转换除湿及 3D 打印水箱；（2）电路控制系统，由 51 单片机控制电机、所有感应器及电源开关电路、控制电路，并留下足够空间扩展后续电路；（3）机械行走系统，采用低噪声伺服电机，由红外避障感应器反馈信号，配备大容量锂电池；（4）物联网系统，由蓝牙与 Wi-Fi 连接手机，通过定制手机应用控制。本机器人日后还可应用语音交互技术智能识别命令，使控制更方便。

家居湿度智能管理机器人功能定位：

沿海城市及南方部分地区——夏天潮湿，冬天因供暖屋内干燥，造成加湿、除湿两台机器的需求，但两台机器只能使用一季，造成资源、经济及储存空间的浪费。

需加湿、除湿房间多的家庭——固定加湿、除湿机工作范围有限，而本机器人可以各个房间自由行走，均匀加湿。避免购买多台机器而加大经济负担。

家有婴儿家庭——过度加湿易造成婴儿加湿性肺炎，本产品自动控制湿度。

本团队经两个月制作，生产出了第一台物理样机，并对其进行了试验，验证了系统的可靠性和实用性。

（a）

（b）

图 55 家居湿度智能管理机器人

家庭搬运智能车

获奖等级：三等奖
设计者：袁修宁，刁春波，于培凯
指导教师：王继梅，周恒超
山东商业职业技术学院，济南，250103

随着人类科技水平的提高，科技影响的范围逐渐增加，机器人技术影响的领域也越来越广泛。越来越多种类的机器人走进了我们生活，如扫地机器人、搬运机器人、娱乐机器人，等等。但是，这些机器人大多只有单一的功能，而且很少有家庭安全方面类的辅助功能。因此，我们设计了整合多个功能于一体的家庭搬运智能车（图 56），其设有扫地功能、搬运功能、各种安防报警功能，等等。另外，该小车上面预留一定拓展空间以及扩展接口，可安装更多的功能。该小车的优势在于它便于操作，可扩展性强。该小车的设计涉及了力学、机械学、电器技术、自动控制技术、传感技术、计算机技术等多个领域。

本作品的机械系统设计理念：采用 30mm × 30mm 铝合金 U 形槽为框架，5mm 亚克力板为主要材料，亚克力板具有价格便宜、易加工、韧性和强度适中的优点。多功能底盘主体共分为两层，下层为底盘，上层主要为预留空间，可实现多种模块的添加。下层用来固定 Arduino Mega2560 单片机一级驱动模块、插线电缆，这样既整齐美观，又能最大可能地避免误碰、接触不良、短路等情况，保证稳固性和绝缘性，可以较好地保证整个系统的稳定性。上层亚克力板进行隔绝搭载。其上层自带可升降、左右摆动的辅助性机械爪。该机械爪采用高精度数字多级，可控性好，可以准确定位到物品，能实现简单的搬运。将底盘移动设计成小车的移动方式大大提高了它的灵活度及通用性，实现了“一车”多用的拓展。底盘采用铝合金切割而成，其载重量可达 50 斤，同时也保持了车型的美观。底盘架子周围用 3D 打印技术打印了外壳，增加了小车的美观性及安全性。控制器选用了 Arduino Mega2560 控制器，Mega2560 是采用 USB 接口的核心电路板。

作为一种机器人，本作品的优点在于操作简单且功能多样化，适应能力强，可扩展性强。我国现在面临着老龄化日益加重的问题，家庭机器人日后必定成为不可或缺的辅助品。本作品可以很好地辅助老人在家庭生活中的各项活动，且它加强了安全功能，可以避免一些家庭灾害。

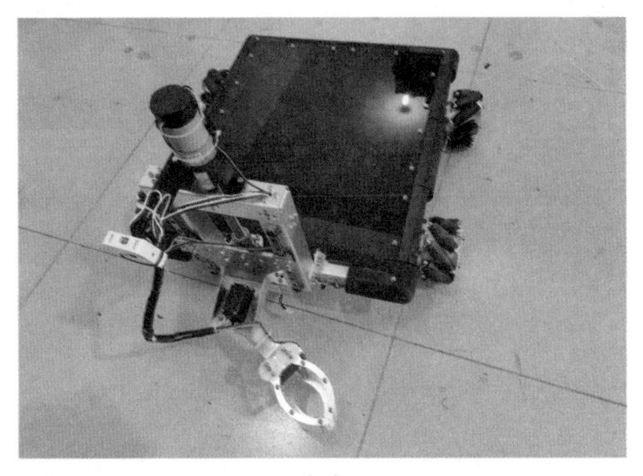

（a）

（b）

图 56　家庭搬运智能车

家庭园林多功能喷涂机器人

获奖等级：三等奖
设计者：袁小东，胡鑫，栾厚泽
指导教师：林森，刘路
哈尔滨工业大学机电学院，哈尔滨，150000

设计者充分调研了目前家庭园林机器人的研究现状，在此基础上分析了现有家庭园林机器人的功能组成，发现其存在功能单一、实用价值低等问题。本项目的目标是设计出一种以家庭园林喷涂工作为核心，并可附着其他工作模块（如草坪修理模块等），能实现多种功能的家庭园林机器人（图57）。

整机方案设计和结构设计包括载体、底盘模块、工作台和喷涂模块，对这三大模块的零部件进行设计与校核，建立其模拟样机，在此基础上再开发实际样机。我们研究树木涂白机的控制系统和喷头运动规律，了解相关控制流程和喷头运动系统，使涂白机能够高效率地完成对不规则树木表面的喷涂工作。通过嵌入式工业人机界面触摸屏，能够极大简化人工操作。选取蓄电池、主控器、驱动器、传感器等相关元器件，经过安装调试后，使之基本满足树木涂白模块的硬件要求。

装有喷涂部分的工作模块有三种工作模式。第一种是人工手持喷头（喷头可更换），实现对树木涂白、树木花草浇灌以及喷药，灵活度高。第二种是喷涂模块自动实现浇灌。第三种是喷涂模块自动实现给树木涂白。此装置主要轮廓部分为一轻便四轮小车以及喷涂部分，设计尺寸为长 1.5m、宽 1.0m、高 1.4m，质量低于 80kg，符合决赛要求。另外，储料及供料部分可实现多级流量控制以及搅拌，为多种工作状况提供合适的液体压力及环境。

该多功能家庭园林机器人包括载体部分、储料及供料部分和工作模块部分（现为喷涂模块）三个部分。团队经合作成功设计了工作模块部分，并将其与储料供料部分和载体进行组装。经过四个月的设计制造，我们生产了一台样机，并对其进行了试验，结果表明，该设备工作稳定，性能可靠，功能实现效果良好。

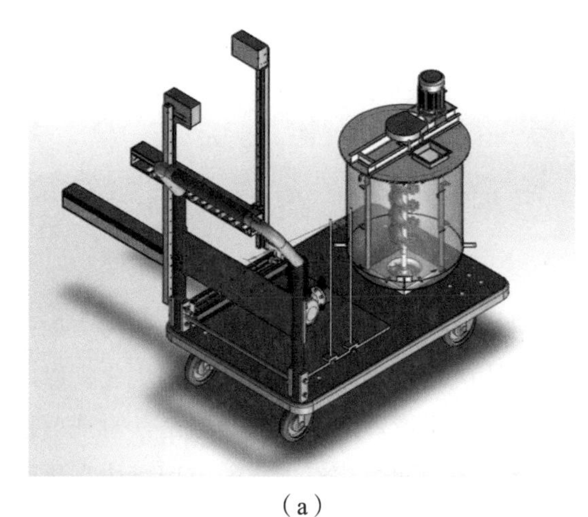

（a）

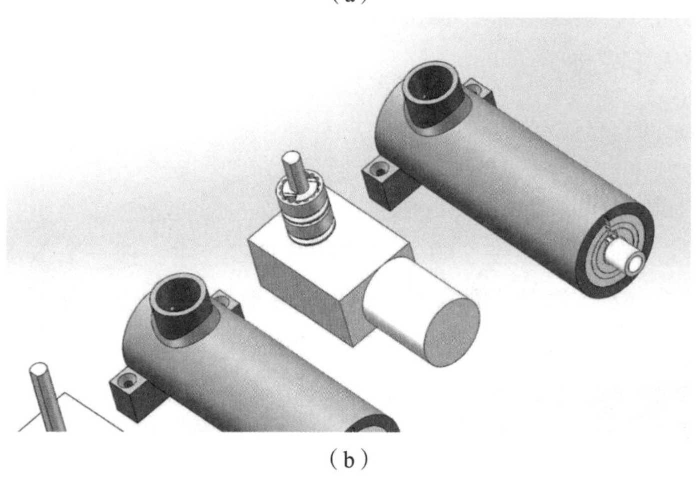

（b）

图 57　家庭园林多功能喷涂机器人

小型智能双向控温机器人

获奖等级：三等奖

设计者：谭进宇，梁锦媚，郑娇芳

指导教师：刘科明，刘树胜

北部湾大学机械与船舶海洋工程学院，钦州，535000

设计者充分调研了目前控温机器人的发展状况与市场前景，在将现有资源整合的同时加入团队的创新元素并进行结构优化，以此为基础分析了现有智能控温系统的功能组成。此项目的目标是针对现有控温器具智能性与功能设计上的不足，采用两个相对独立的应用模块在机器人两端分别实现制冷与加热，结合基于帕尔贴原理的 TEC 技术，设计一种小型智能双向控温机器人（图 58）。

1. 原理实现

（1）制冷部分

制冷端我们采用了基于帕尔贴原理的 TEC 技术。把一个 N 型半导体元件和一个 P 型半导体元件组合成热电偶，通电之后，就会在接头处产生热量的转移和温度差。对于 N 型半导体，其导电机构是自由电子，与金属的价电子相类似；对于 P 型半导体，其导电机构是空穴，与自由电子的区别是电荷数相等而符号相反。所以，上面的接头处是冷端，吸热且温度下降，电流的方向是 N 到 P；下面的接头处是热端，放热且温度上升，电流的方向是 P 到 N。借助散热风扇等各种传热手段，使热电堆的热端不断散热并且保持一定的温度，把热电堆的冷端放到工作环境中去不断地吸热降温。

（2）加热部分

加热端我们采用了电热丝发热原理，即通过电流的热效应来实现对水的加热。当电流通过电阻时，电流做功而消耗电能，产生热量，再通过导热板将热量传导给需要加热的物质。

团队经协作，用两个月时间成功制作出了第一台样机，经检验，多数设想功能可以实现，实用性与可靠性满足设计要求。

2. 创新点说明

（1）机器人在保证小巧、便捷的同时，实现了双向控温。

（2）运用 WLAN 模块实现对机器人的外部移动设备控制。

（3）机器人配备了智能语音播报系统，可适时提醒我们在某时间段需要摄水了、该摄入多少水、什么温度的水最佳。

（4）机器人可适时播放音乐，在摄水的同时提供一个舒适放松的休息环境。

（a）

（b）

图 58　小型智能双向控温机器人

家用多自由度四足变胞智能娱乐机器人

获奖等级：三等奖

设计者：田森文，雷上钧

指导教师：宁萌，张秋菊

江南大学机械工程学院，无锡， 214122

家用多自由度四足变胞智能娱乐机器人（图 59）基于自行编写的步态算法，通过 Arduino 单片机控制舵机，从而对机器人整体形态、步态进行控制。本机器人为模块化设计，由首尾变形舵机、控制腰部变形的舵机以及四条腿组成，每条腿通过三个舵机模仿胯部、膝部、足端三个关节，由“大腿” “小腿”完成步态运动。通过对不同模块的修改和组装，调整控制程序代码，可以自由地为机器人增添功能，使之更具观赏、娱乐以及教学能力。

家用多自由度四足变胞智能娱乐机器人可通过腰部机构的改变模仿自然界中不同动物的站立姿态，完成多种灵活变形动作，与四肢相配合能够模仿多种爬行动物的步态，从而适应各种狭窄弯道和地面条件。目前本机器人的变形形态借鉴了爬行、哺乳、昆虫等动物的运动形态，能掌控的有壁虎、小狗、蜘蛛的步态行走。

虽然机器人的形态来源于生物，但是基于所设计的机械机构，其功能特性已经超越了生物的特性。实现一机多用、一机多能，既能够像小狗一样向你飞奔而来，也能像蜘蛛一样慢慢向你爬来，甚至还可以通过增添电机、轮胎和机械臂等结构成为一辆工程小车，等等，在孩子们的眼中，可谓是既能模仿宠物形态，又能具备酷炫工程能力的“变形金刚”。

作为一款家用智能娱乐机器人，本作品在面向青少年的机器人创客教育中极具潜力，也已在无锡市万科教育营地应用教学。涉及生物形态的模仿，本机器人可以通过机械结构演示不同生物的运动，帮助孩子们了解小动物的生理结构；涉及舵机的角度控制与计算，可以帮助孩子们在实践DIY中运用数学与物理知识；模块化的机构设计与编程，能够帮助孩子们了解和学习基础编程知识、培养创新设计能力。

本作品程序代码面向青少年完全开源，只要有一台电子设备，孩子们就可以连接Ardunio单片机编写或修改程序，使四足变胞智能娱乐机器人完成自己想要的预设动作或实现某种功能。通过对四足变胞智能娱乐机器人的控制实践，孩子们的机构设计能力、代码编写能力与逻辑思维能力等都可得到提高，达到寓教于乐的效果。

该家用多自由度四足变胞智能娱乐机器人包括骨架（支撑、连接件）和控制系统两个部分。团队经过合作成功设计了其主要骨架和控制系统，并对其进行了试验，验证了系统的可靠性和实用性。目前已申请实用新型专利一项并得到受理，且受到无锡万科教育营地的初期投资，准备在万科教育领域进行实用化推广。

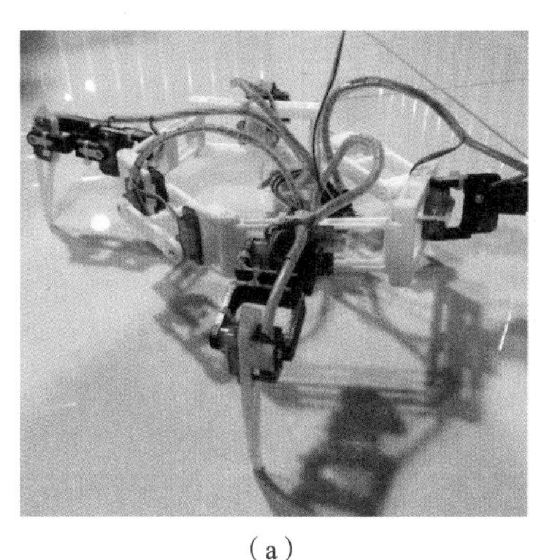

（a）

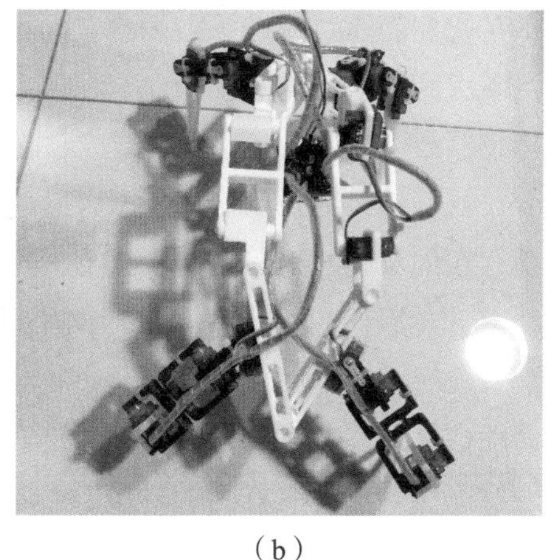

（b）

图59　家用多自由度四足变胞智能娱乐机器人

家用可移动式空气净化机器人

获奖等级：三等奖
设计者：杨帆，吴佳琪，张迪
指导教师：徐军，马静
哈尔滨理工大学自动化学院，哈尔滨，150080

目前，持续恶化的空气污染严重危害人们的身体健康，室内环境的污染更加不容小觑。宠物身上的异味、甲醛的挥发、环境中可吸入颗粒等，都是我们需要重视的污染因素。而目前传统的空气净化器只能单一地净化当前房间的空气，想要净化全屋或者某个角落，就只能每个房间放置一台净化器或搬来搬去，这样会造成经济的浪费和不必要的麻烦。

我们的参赛作品——家用可移动式空气净化机器人（图 60）解决了目前存在的难题。通过安装在机器人上的激光雷达装置对所有房间进行空间地图建模后，应用改进的 RBPF 算法进行地图的构建，与此同时机器人每隔一段时间对地图的每个角落进行自动巡检，通过传感器采集当前环境的多项信息。当数据异常时，会自动开启空气净化系统，与此同时将笔记本电脑连接到移动机器人的 Wi-Fi 之后，打开浏览器输入对应机器人的 IP 地址即可进入到可视化界面，进行实时的数据监测。为了更加便捷地控制与监测，通过绑定开发者 ID、Token 以及服务器的公网 IP 后，微信公众平台也可以进行实时控制机器人运动及环境信息获取的任务。经实验验证，此系统可以使室内环境构建未知地图更加快速和有效并完成空气净化的任务。机器人每隔一段时间会进行全屋的各个节点和角落的灰尘浓度、甲醛浓度、二手烟等参数的检测，当某个节点由于外界活动而造成指标超标时，便会开启净化系统进行针对性的净化，等待指标达标后，再进行其他角落的巡逻。这样便可以大大提高空气净化系统的利用率，对有环境问题的角落进行自动的、有针对性的净化，让人们的居家生活变得更加舒适。

实验表明，基于激光雷达改进的 RBPF 算法降低了采集粒子数量，不但减少了建图耗时，提高了建图精度，而且用户可以通过数据可视化的方式进行实时监测，使室内空气净化机器人更好地提供“无死角”的多点净化服务。

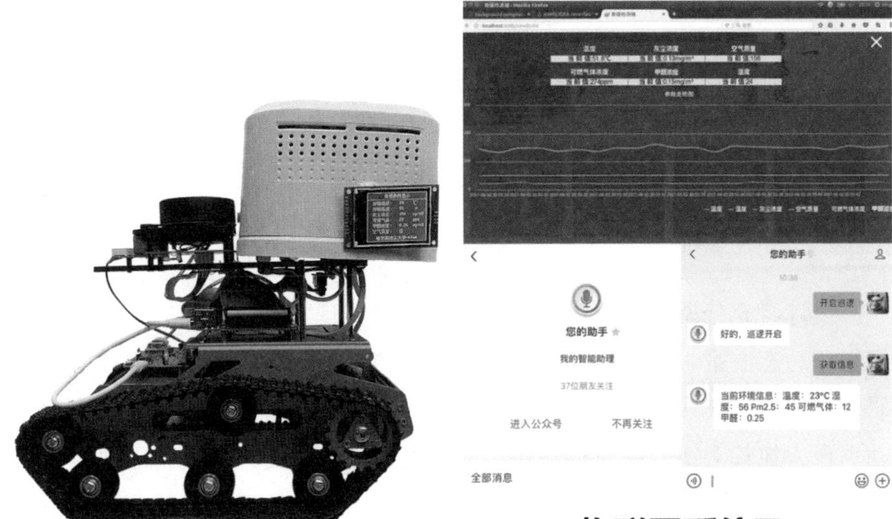

物联网系统及
微信公众平台交互界面

（a）　　　　（b）

图 60　家用可移动式空气净化机器人

家用巡逻机器狗

获奖等级：三等奖
设计者：刘新宇，唐锴，施彤
指导教师：黄鲁，张良安
安徽工业大学工商学院，马鞍山，243100

设计者充分调研了家庭安防机器人的研究现状，基于环境感知、路线规划、动态决策、行为控制以及视觉报警装置于一体的多功能综合系统的研究，本项目设计了一种家用巡逻机器狗（图 61）。我们将机器狗作为移动平台，在其上搭载高清摄像头、人体红外热释电传感器、智能温湿度传感器、烟雾传感器等，构成一个功能完善的家庭安防系统。我们的巡逻机器狗还可以通过网络进行远程通信，具有良好的人机交互能力，遇到危险情况可以发出报警信息，完全可以满足家庭安防的需要，可以为人类提供更加丰富的智能化家居服务，使人类的家庭生活更安全、更简单、更舒适。

机器狗的路线规划是利用头部的摄像头拍摄周围环境的局部图像，通过图像处理技术进行定位和规划下一步的动作。同时还可自主利用傅里叶变换处理机器狗全方位图像，并将关键位置的图像经傅里叶变换所得的数据存储起来作为机器人定位的参考点，实现机器狗在家庭精确导航移动。机器狗主要实现的功能包括：

（1）机器狗的防盗巡逻。机器狗在家庭巡逻过程中，摄像头可将家庭的实时情况同步传输到家庭成员的手机上，如果采集的人物图像与内部储存的家庭成员图像相似度在 50% 以下，就会立即向家人发出报警信号。在夜间家里没人或者休息的情况下，机器狗前面的人体红外传感器将感应出人体信号，可高效而准确地实现家庭夜间巡逻监控。

（2）机器狗的火灾监控。我们在机器狗腹部下方安装了一个高灵敏度的烟雾传感器，在尾部安装了一个温湿度传感器，当家用燃气、有害气体泄漏或者家庭发生火灾时，烟雾传感器可敏捷地检测到气体，同时温湿度传感器检测出温度变化，烟雾传感器和温湿度传感器联合起来会立即发出报警信号；与此同时，摄像头监控系统也会向家人发出火灾情况的图像。这样就可以实现家庭火灾实时发现和报警，减少财产损失和危险情况的发生。

经过半年多的设计制造，我们生产了第一台物理样机，并对其进行了试验，验证了防盗巡逻和火灾监控的敏捷性和可靠性。

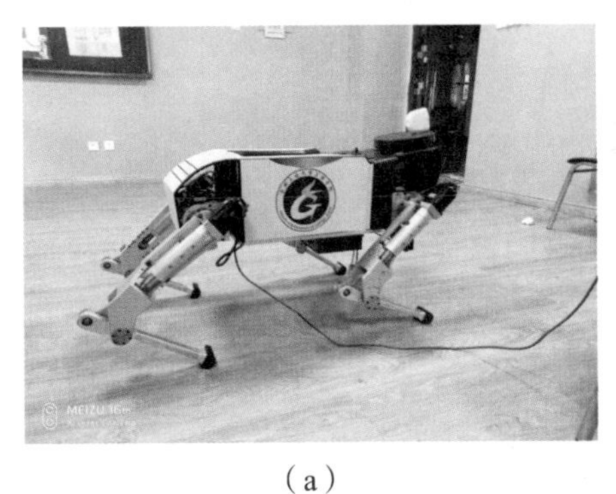

（a）

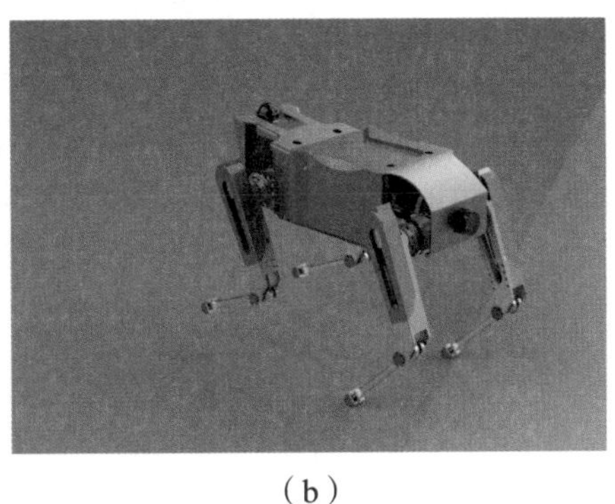

（b）

图 61　家用巡逻机器狗

居家情感交流、陪伴智能装置——AI“新”丛林

获奖等级：三等奖

设计者：张赣宇，张世春，林晨

指导教师：桂宇晖，邓韵

中国地质大学（武汉）艺术与传媒学院，武汉，430074

以居家情感交流、陪伴为出发点，我们设计的居家情感交流、陪伴智能装置——AI“新”丛林（图 62），将从多控制结合向感应式控制再到机器自我学习自主决策阶段发展，由传统的鼠标操作、触屏操作逐渐向感应和语音交互这种更为自然的交互方式演进。语音交互的未来价值在于用户数据挖掘，以及背后内容、服务的打通，以语音作为入口的物联网时代人类发展将会产生新高度。

1. 设计思路

作品为空间装置艺术的人机互动，设计构想为：以机械臂进行矩阵排布，利用代码编程为其设置类人的手部基本动作，如：抓、伸、弯曲、直立、转动等，再通过外接感应设备传输数据，当有观众经过装置时，所有机械臂会向观众位置进行抓取动作，随着人的位置变化而变化，给予观众娱乐体验和实时艺术互动感受。同时赋予中心机械臂语音交互功能，可与观众进行基本指令的语言交互，或将外界音乐和声音强度、音色、音高、频率等作为输入阶段信息来源，产生数据，通过对数据进行处理完成秩序的动作指令，产生随机创意的机械臂舞蹈。在此基础上，作品增加 APP 控制功能，实现作品的可操控性，满足居家陪伴与情感交流。人们可以通过 APP 手动对作品动作进行操控或对作品远程语言输入，手动控制时可完成高自由度的动作，形成规律的造型样式。此作品内涵不

仅停留于小型矩阵机械手臂运动所带来的视觉震撼和艺术感受，更想引起人类深度思考，人工智能与人类、思想与数据、装置与行为的探索和交流；抓取动作也暗示索取，人对世界的索取和世界对人的索取，引起反思。同时，作品关注长期居家人群的情感交流，实现人工智能居家情感陪伴。

2. 艺术装置设计功能总结

（1）艺术性：作为艺术摆件放置家中，实时感应互动，或接收外界音乐自行舞动。

（2）娱乐性：附带 APP，可供远程操控和远程语音输入，具有娱乐性。

（3）情感性：具有语音交互功能，实现基本语音操控和交流；具备物联网功能，实现管家和助手功能（如小说阅读、音乐播放、知识搜索回答、备忘录、闹钟等）。

经过几个月的设计制作，我们实现了初代作品功能效果。作品总控部分，我们添加了语音模块、无线蓝牙模块、红外线传感器和姿态传感器、基于 Leap Motion 的手势识别等，可采用遥控、手柄、电脑、APP 控制等，利用相应模块的代码编写，解析机械臂不同关节的运动控制。控制采用蓝牙信号，通过设置的界面和预先编写好的动作，可进行机械臂相应部位的操作。作品可随音乐舞动，我们编写了固定动作库，对机械臂单一动作进行编码，动作属性进行划分、归类。音乐特征划分为速度（节奏点）、音高、音色、音阶等，把音乐特征与动作编码的属性进行联系，由音乐特征（强弱、大小、快慢）一一对应控制编码动作（幅度、角度、速度），经过机器自主学习，自动匹配动作编码，进行动作编码排序，形成与音乐对应的舞蹈动作。

（3D 模型渲染图）

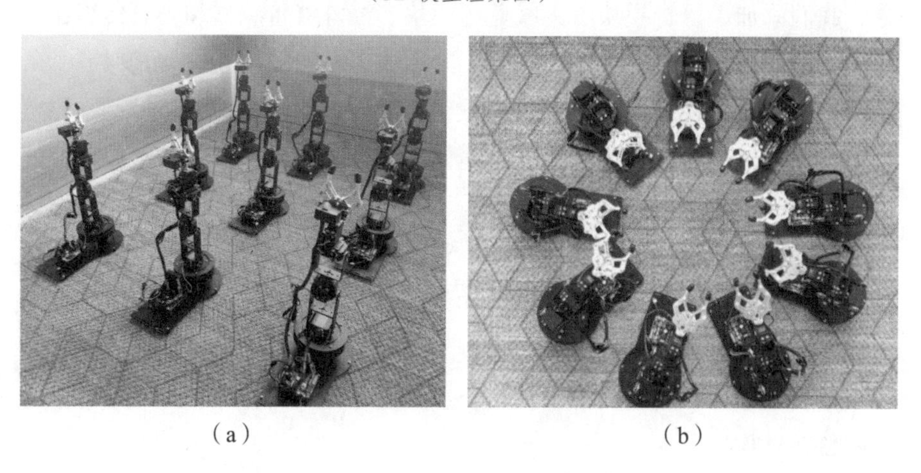

（a）　　　　　　　　　　　　（b）

图 62　居家情感交流、陪伴智能装置——AI“新”丛林

垃圾智能分拣箱

获奖等级：三等奖

设计者：韩炳，牛军凯，张鑫昊

指导教师：李学生

电子科技大学，成都，611731

1．设计方案

垃圾智能分拣箱（图 63）的设计主要包括整体结构的设计与内部组件的设计。

（1）整体结构

垃圾智能分拣箱内部结构为左右两个垃圾桶与上半部的识别分类设备与承物板，左边垃圾桶投放可回收垃圾，右边垃圾桶投放不可回收垃圾；垃圾智能分拣箱斜侧的照相机对垃圾进行拍照识别，随后树莓派会驱动舵机将承物板进行倾倒，从而将垃圾投入不同的垃圾桶中。

垃圾智能分拣箱的整体尺寸为：长 593mm、宽 290mm、高 526mm，重量为 3.75kg，轻便小巧，极其适合家庭及办公室环境使用。

（2）内部组件

垃圾智能分拣箱的内部组件设计主要为摄像头与树莓派的放置。通过各种测试，我们最终将摄像头放置在垃圾箱的右上方，这样拍摄出的图片清晰度较高，训练效果较好，且能够减小作品设计的高度。

对于树莓派与单片机，我们将其放在了垃圾箱的中部位置，这种设计能保证核心部件的稳定、快速运行。

2 作品功能

（1）垃圾分类

该功能主要通过图像识别技术实现。在用户投入垃圾后，摄像头会提取垃圾图像，并使用云端识别技术进行垃圾种类的分析，再将垃圾种类信息传递给树莓派。

（2）智能倾倒

树莓派得到垃圾信息后，会指示 Arduino 驱动舵机旋转承物板。若为可回收垃圾则向左倾倒，将垃圾倒入可回收垃圾桶；反之则向右倾倒，将垃圾倒入不可回收垃圾桶。

3. 功能实现

（1）垃圾分类原理

可回收垃圾主要分为五大类：硬纸板、玻璃、塑料、金属、人造合成材料包装等；其余材料基本均为废弃物，如废纸巾、烟头、鸡毛、煤渣、建筑垃圾、油漆颜料、食品残留物，等等。从家居生活的角度进行研究，我们发现小范围垃圾的投放基本为单一种类的垃圾，因此采用深度学习图像识别的方式能够做到快速有效的垃圾分类。

(2) 功能硬件实现

用树莓派 B+ 进行图像处理，Arduino 则起接收电位信号操控舵机的作用。

在垃圾分类中，本作品首先判断垃圾是否放入承物板上，随后启动开关，对垃圾进行图像的获取，并利用树莓派 B+ 对其种类进行云端智能识别。识别完成后，将结果信息发送至 Arduino 中，并带动舵机旋转承物板，使垃圾倒入相应的垃圾桶中。延时 2 秒后，舵机带动承物板自动复位，以便进行下一次的垃圾分类流程。

(3) 功能软件实现

垃圾智能分拣箱的软件部分主要针对所拍摄的垃圾照片进行图像识别。本作品使用了 AutoDL Transfer 云端识别技术，其结合深度学习神经网络模型、模型网络结构搜索、迁移技术，通过各类垃圾超过上千次的训练，垃圾种类的识别精度已达到 98% 左右。同时，在垃圾分类的过程中，所拍摄的垃圾照片也会自动上传到云端数据库进行再学习比对，从而使识别模型更加精确。

在垃圾智能分拣箱中，若摄像头获取到垃圾图像，树莓派便会自动将图片转换为Base64编码，再将编码信息上传到云端完成图像识别，识别完成后，将垃圾种类信息回传至树莓派内。

（a）

（b）

图63　垃圾智能分拣箱

美达克象棋精灵

获奖等级：三等奖
设计者：吴仕科，汪皓，段东旭
指导教师：陈安，邓晓燕
华南理工大学，广州，510640

美达克象棋精灵（图 64）是基于 NAO 设计的一款象棋对弈机器人。该机器人相对于传统机械臂与 NAO 机器人，更着重于人机交互部分。机器人以国际象棋对弈和国际象棋教学两个功能为主，并辅以情感交流与陪伴。

以下将结合技术方案与功能这两方面对它进行系统的介绍。

考虑到 NAO 机器人存在自带摄像头视角有限的问题，本作品主要利用外部视觉来对棋局进行判断。通过位于棋盘正上方的外部摄像头，我们能够直接获取任意时刻的棋局情况，并借助棋盘上标记的点以及棋盘的特点（8×8）对棋盘进行分割。而后再经由算法去识别每个格子中是否有棋子，并匹配每个格子中棋子的类型，最终整合为一个二维的棋局数据。

通过算法比对前后两个二维棋局的数据，机器人可以知道人是否已经下棋。假如检测到人已经下完棋，视觉算法将根据棋局的变化生成对应的棋局术语输入国际象棋算法中，机器人便会根据国际象棋算法做出相对应的决策。假如未检测到棋局变化，机器人将会通过人思考的时间做出对应的决策，比如“言语挑衅”。

上述原理是构成美达克象棋精灵的基础框架，在该框架的基础上，我们搭建了语音对话的基础，使机器人与人能够进行更生动的互动。而后设计了一些基础动作，使 NAO 机器人的行为更拟人化。在动作与语音的基础上，利用 NAO 机器人自己的视觉（摄像头），搭建象棋教学的功能。

该功能主要利用视觉算法识别机器人手中的棋子类型，根据得到的棋子类型去寻找对应的规则等，并由 NAO 的语音系统向人传达信息。至此，机器人的大致框架已经设计完毕。

美达克象棋精灵的设计主要包括视觉系统、语音系统和动作设计三个部分。我们经过算法测试和机器人调试，验证了方案的可行性。

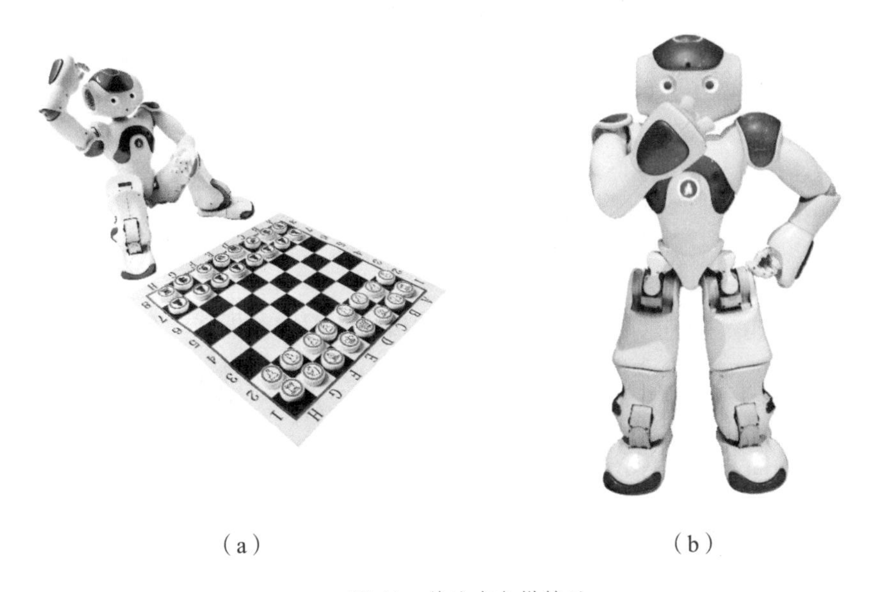

（a）　　（b）

图 64　美达克象棋精灵

墙面灰尘清理机器人

获奖等级：三等奖
设计者：汪玉祥，苏恒，王刚
指导教师：谭栓斌
西安思源学院，西安，710038

设计者充分调研了目前墙面灰尘清理机器人的研究现状，在此基础上分析了现有墙面灰尘清理机器人系统的功能组成。本项目针对现有墙面灰尘清理机器人自身功能等设计上的不足，采用简单、高效率、易操作、适应性强的墙面灰尘清理技术，设计了一款墙面灰尘清理机器人（图 65）。该机器人利用真空负压原理实现墙面行走，拥有自动避障、自动循迹、远程遥控以及实时视频传输功能。主要帮助人们清理墙壁、玻璃、屋顶的可擦除灰尘，节省人力，解放劳动力。

机器人的主体为能爬行直立墙面的智能攀爬小车，底板结构分为前、中、后三部分，前部分的功能主要是探测灰尘以及进行死角处灰尘清理，中间部分保证机器人的平稳工作以及有效运转，后部分完成大面积除尘功能。整体底盘采用离心式风机吸附原理，四驱驱动，轮胎为“2+1”橡胶轮，驱动采用直流电机配合行星齿轮减速器。机器人外观采用“蛋”形弹簧设计，防止机器人意外摔落受损。前部配置灰度传感器、光敏传感器、超声波传感器、摄像头等，实现小车墙面运动路线的规划以及感应灰尘的位置，为后面的清理灰尘功能打下基础。中部设置陀螺仪和离心式风机的进风口以及出风口，保证实现小车的吸附功能，同时设置灰尘储备舱，处理后部清理到的灰尘。后部设立灰尘清扫装置，起到清理灰尘作用。此外，小车四周设立固定移动毛刷装置，保证有效地清理灰尘。

主要功能：（1）机器人可以吸附在墙壁、屋顶、玻璃等上面作业。

（2）通过安装的各种传感器，机器人实现了避障、循迹、红外探测功能。

（3）通过安装的摄像头，机器人实现实时通信、视频传输等功能。

该墙面灰尘清理机器人包括机械系统和控制系统两个部分。经过三个月的设计制造，我们生产了第一台物理样机，并对其进行了试验，验证了设计方案的可行性和实用性。

（a）

（b）

图 65　墙面灰尘清理机器人

切菜好帮手

获奖等级：三等奖
设计者：赵世平，孙龙，张嘉哲
指导教师：陈昊，钟新梅
西南石油大学电气信息学院，成都，610500

目前，日常家庭切菜基本采用菜刀完成。菜刀虽具有结构简单、操作方便的优点，但手工切菜费时费力且极易使所切菜品厚度不均，同时也容易切到操作者手指。近年来，市面上也出现了一些新型切菜装置和切菜机，但大多功能较简单，无法将自动换刀、切菜厚度调节等功能集于一身。且切菜机价格过于昂贵、体积庞大、耗电量较大，不适用于日常家庭切菜。

在分析现有切菜机设计上的不足后，团队采用创新的机构和控制系统，设计了一款全自动换刀的智能切菜机——切菜好帮手（图 66）。通过人机交互界面选择食品加工形状及厚度，满足用户所需厚度的片、丝、条或花形等食材形状的需求。

本智能切菜机整体主要由送料机构、换刀机构、切菜机构及控制单元四部分组成。

送料机构设置有纵向推杆及横向栅状护杆，两装置均配有弹簧，给予菜品一预紧力，实现待加工食材的自动进给。换刀机构主要由圆柱凸轮来实现，通过编码电机旋转带动凸轮转动，带动穿连有刀具的四个螺栓型轴承在凸轮盘内部做转动与平动。不同的转动角度使刀具位于不同高度，以实现所需刀具及切菜厚度的选择。编码电机减速比大，可实现自锁，达到刀具稳定效果。切菜机构采用双刀盘式结构，通过直流减速电机带动刀盘旋转来达到切菜的目的。双刀盘的优点在于可实现自动换刀的便捷及防止未选中刀具对切菜的影响。控制单元包含 STM32 单片机和人机交互屏，其刀具选择及厚度调节采用了 PID 控制算法。

通过点动屏幕选择食材加工形状及切菜厚度，交互屏发送指令给单片机。单片机控制编码电机实现精准换刀，将食材送入送料机构后，减速电机启动，刀具旋转，完成切菜。

经过一段时间的设计制造，团队制作出了第一台物理样机，并对其进行了大量试验，验证了本智能切菜机的可靠性和实用性。

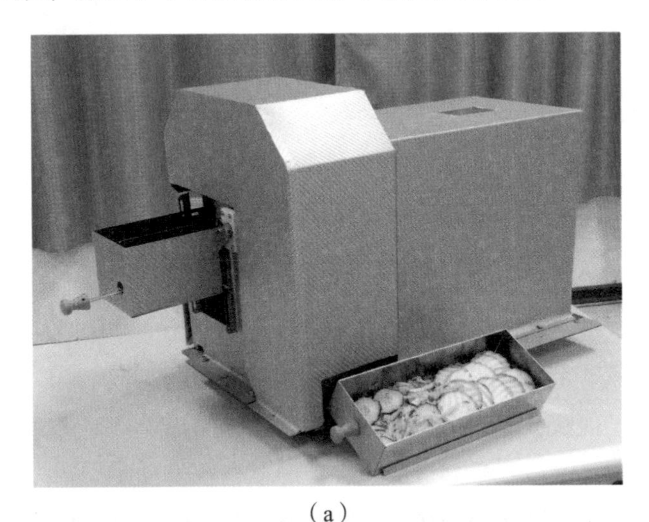

（a）

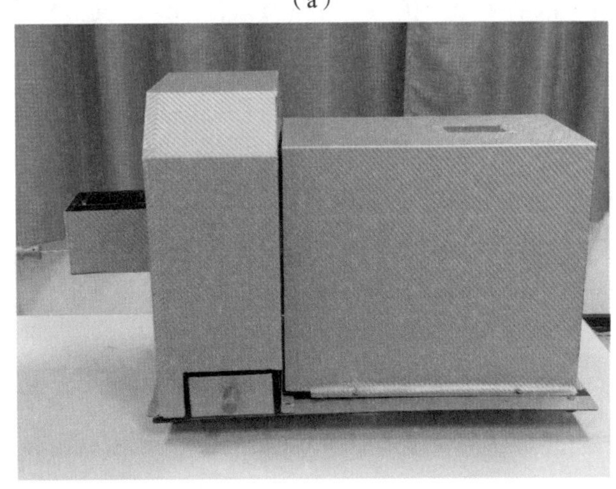

（b）

图 66　切菜好帮手

守护星拥抱机器人

获奖等级：三等奖
设计者：刘湘，柳攀，杨超来
指导教师：刘雪，罗彦玲
重庆科技学院，重庆，401331

自闭症儿童被称为“星星的孩子”，他们缺乏情感反应，难以控制情绪，在自己的星空里孤身闪烁。即使是父母也由于能力或精力有限，心力交瘁却仍不能打开星儿封闭的心门。因此，设计者以自闭症机器人为研究对象，充分调研市场现状，深入分析现有产品的功能组成。针对现有自闭症机器人以训练为主、安抚效果差等缺点，大胆创新，设计了一款能在自闭症儿童家庭中使用、帮助父母安抚孩子并进行延伸训练的拥抱机器人——守护星（Starpal），实现对星儿的拥抱安抚、智能陪伴等互动功能（图 67）。

1．创新性设计

本作品最大的特点是通过双臂挤压模拟“拥抱”动作。该创意来自本身即为自闭症患者的美国科学院院士葛兰汀发明的拥抱机，通过深度压力减轻星儿的焦虑心理并训练感觉信息处理能力。目前市场上基本没有利用这种理念设计的智能产品，已有的少数商业化自闭症机器人都以教育训练为主。Starpal 强调有效安抚情绪才是训练的基础，它回归陪伴的本质，不需要星儿努力适应机器人，而是以最简单的方式实现安抚与互动。

2．智能化设计

（1）感官识别

通过声音与 OpenCV 面部识别分析儿童是否焦虑和需要安抚。

（2）压力调节

在手臂内侧压力传感器和感官识别的配合下，根据儿童的反应调整挤压力度。

（3）安全保障

可根据儿童体型设置最大双臂挤压角度，同时设置手臂转动卡口，防止挤压力度过大。

（4）自主运动

履带式小车在感官识别的配合下实现自由、自主运动。

（5）传感检测

根据各传感器的信息分析儿童的情绪和行为变化规律，并发送给父母。

3. 人性化设计

播放音乐、语音交流、肢体互动等功能实现娱乐陪伴和辅助训练的作用，柔软卡通外形产生安全舒适的触觉感受。

为实现以上功能，该机器人采用STM32作为核心控制系统，实现包括人脸识别控制、拥抱调节控制、娱乐陪伴控制、机身运动伸缩控制等功能，精心打磨以安抚陪伴为主的创新设计。经过三个月时间的努力，我们完成了样机的设计制造，并对其进行了试验，验证了系统的可靠性和功能的实用性。

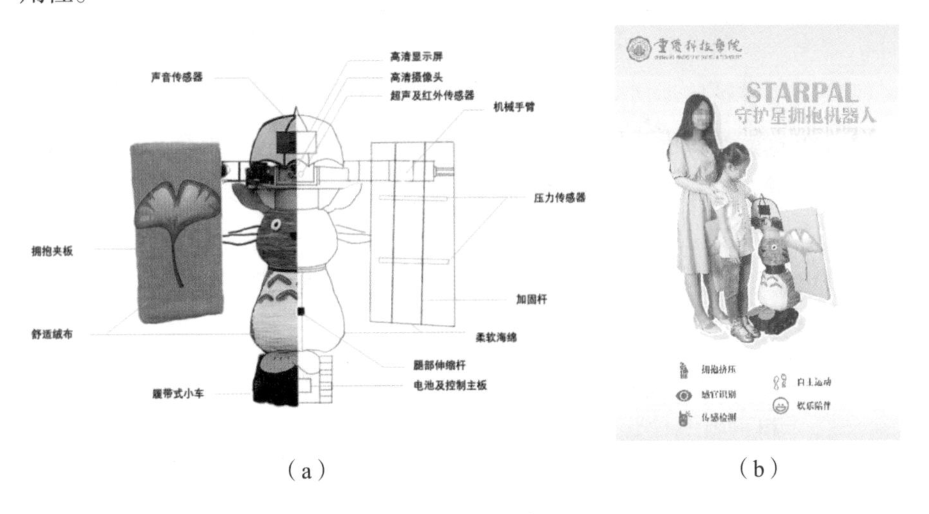

（a）　　　　（b）

图67　守护星拥抱机器人

瓦力家庭服务机器人

获奖等级：三等奖
设计者：李瑞鹏，刘怡，郑远航
指导教师：王三武
武汉理工大学机电工程学院，武汉，430070

设计者充分调研了目前家庭服务机器人的研究现状，分析现有家庭服务机器人的功能组成，发现存在高处作业家庭服务机器人的市场空白。在项目针对这一问题，设计了一种适用于高处作业的智能家庭服务机器人——瓦力（图 68）。

机器人整体从结构模块进行分类，可分为机器臂抓取模块、清扫工具转换模块、储物模块、全向移动模块、剪叉升降模块和机器视觉及控制系统模块。

机械臂抓取模块中的机器臂通过关节电机驱动关节的转动，由蜗轮蜗杆机构来完成动力的传动以及动作的实现。清扫工具转换模块通过液压丝杆机构以及齿轮传动来实现工具的传送以及切换。全向移动模块采用麦克纳姆轮作为装置的轮系结构，与底盘的控制系统相配合实现全向移动功能。剪叉升降模块通过电动液压推杆的推动以及剪叉机构来实现机器人的上升、下降，用于完成清洁与搬运的功能目标。机器视觉及控制系统模块通过双目摄像头等采集图像信息，通过算法处理后对机器臂等模块进行控制。

本项目的创新点为：

（1）着重于高处清洁，填补了高处作业家庭机器人的市场空白。

（2）机械臂与储物模块相结合，满足不同搬运储物需求。

（3）底盘采用全向移动机构，提高灵活性与工作效率。

该智能家庭服务机器人具有体积小、灵活性好等优点，可用于家庭日常高处清洁与高处搬运，能够高效清理高处玻璃与墙角，提高家庭成员舒适度；同时可以搬运高处物品，方便快捷，减小因高处物品拿取而带来的安全隐患。因此，本作品可应用于家庭中进行高处工作等日常服务，具有良好的应用前景。

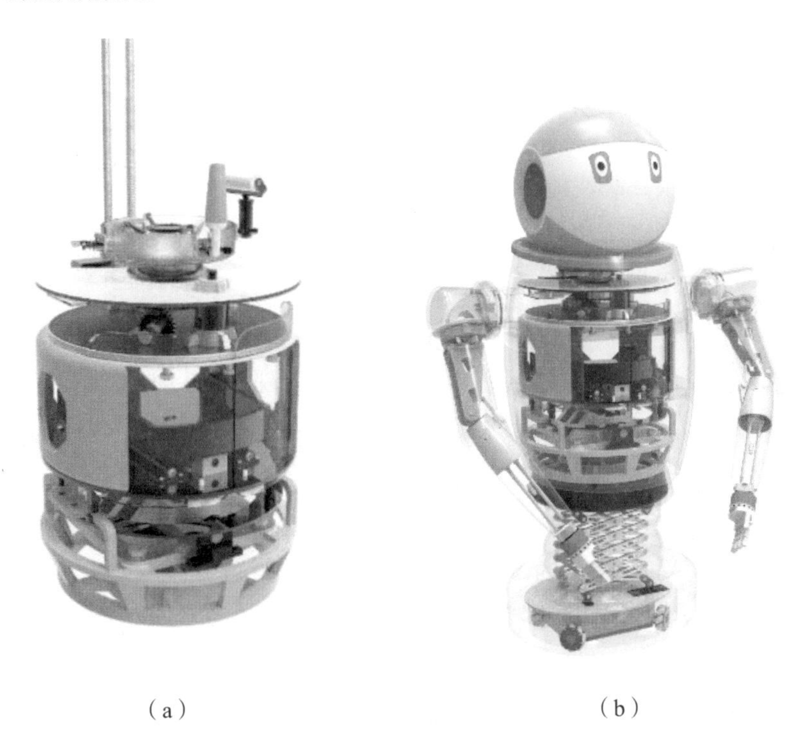

（a）　　　　（b）

图 68　瓦力家庭服务机器人

微型打印机器人

获奖等级：三等奖

设计者：唐俊，李德佶，杨振宇

指导教师：孟庆党

四川大学电子信息学院，成都，610065

设计者详细了解了目前打印机器人的研究现状，在此基础上分析了现有打印机器人的工作原理及功能组成，明确了其不足之处，即现有打印机器人存在体积大、不可移动、操作不便的缺点。本项目的目标是针对以上不足，采用以打印功能为主的多种功能协调组合的方式，设计一种可精确移动、操作界面小型化的微型打印机器人（图 69）。

为实现在一定区域内写字、绘图等打印功能，本作品使用步进电机控制传动轴，从而控制装置最前端的打印头移动。装置上安装有两个步进电机，可分别在两个垂直的方向上驱动打印头，这样就可以根据主控信号使打印头停在任何用户要求的移动范围内的坐标点。然后可以通过舵机来控制打印头的升降，使打印开始或停止。

为了使打印范围不受机器尺寸的限制，本作品将打印装置承载在三轮小车底盘上，同样使用步进电机来驱动。步进电机可精确控制转动的角度，用于轮胎上可精确控制整个装置移动的距离，从而可以保证在工作范围扩大的基础上，字与字之间的等距和图形的连续美观仍能得以保证。

以上两部分使用 STM32F407Z6T6 进行控制，而用户可通过外置的屏幕和按键来选择和修改控制命令，从而实现启动打印、切换打印模式、联网等功能。

本作品可在未来应用于家庭生活中，方便用户装饰房子、制作 DIY。传统的打印机受限于纸材、纸张尺寸及油墨，不能满足用户多样化的设计需求，比如它无法打印带有荧光效果的图形。而目前市场上的打印机器人体型较大，且无法移动，不适合大幅图形的绘制。相比之下，用户使用本作品时，只需输入需要绘制的图形，微型打印机器人便可以在更大的范围、更多的媒介上迅速作图，比如在木板上作图。用户还可以观察实际作图效果，及时做出修改。

经过较长时间的研究设计，团队成功做出了第一台物理样机，并对其进行了试验，验证了系统的可靠性和实用性。

（a）

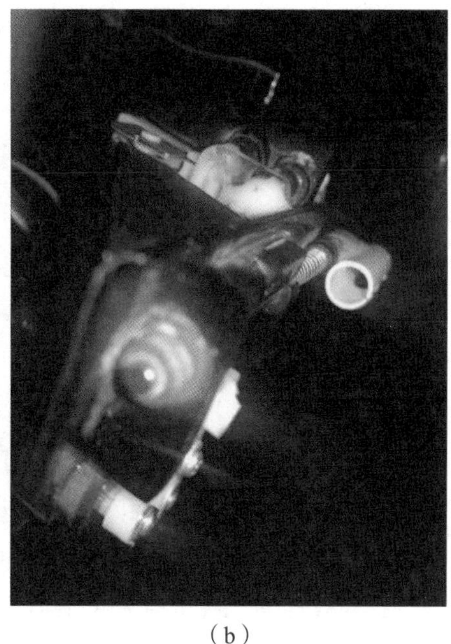

（b）

图 69　微型打印机器人

洗碗机器人

获奖等级：三等奖
设计者：杨思程，马文轩，许肖汉
指导教师：李健
北京理工大学自动化学院，北京，100081

目前我国正处于飞速发展的时期，人们的工作压力急剧增加，加班和熬夜已逐渐成为日常现象。做饭、洗碗、扫地、擦玻璃等家务劳动对现代的上班族也产生了较大的压力。其中，相对于其他家务劳动，人们对洗碗更具有抵触性。

随着科技的进步，将机器人技术引入家政工作已成为机器人发展的重要方向之一。洗碗机器人的研发目前主要停留在实验室阶段或者应用于大体量餐厅中，由于其成本和占地面积等原因，很难实现推广。因此，本团队针对家用级洗碗机器人开展了相关的开发工作。

我们设计的洗碗机器人（图 70）由 Delta 并联机器人、机器人支架、洗碗头和控制系统组成。Delta 并联机器人具有成本低、刚度高、负载能力强和速度快等优点，适合应用于洗碗机器人系统中。传统的 Delta 机器人通常采用虎克铰、旋转副实现机器人的连杆搭建，从成本、可加工性和可实现性角度出发，本项目采用 3R（旋转副）构型代替虎克铰搭建连杆系统。另外，在机器人的主动连杆和被动连杆处加工了减重槽，从而确保机器人的高动态和高精度。

在机器人的动平台上安装一个直流电机，在电机末端安装有洗碗刷头，通过轨迹规划能够实现对不同厨具的清洗。控制系统采用 STM32F103VET 芯片，通过搭建外围电路给出电机驱动的 PWM 信号，并通过驱动电路实现对电机的控制。通信部分采用 RS232 总线形式，完成上位机对主控模块的命令传输。通过对电机的双闭环（速度和位置）能够实现对电机的精确控制。

为了更好地推广智能洗碗机器人，后续将在洗碗机器人的基础上增加传送带和视觉系统，从而可以将家用拓展到小型餐厅等应用场合，大幅减少餐厅服务人员的工作量，实现餐厅服务的智能化和自动化。

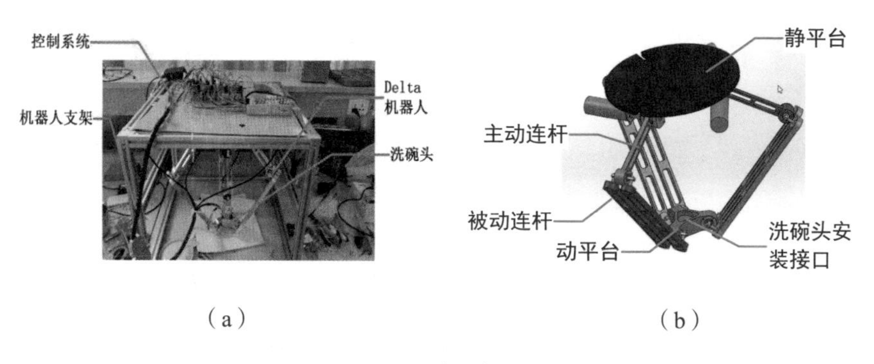

（a）　　（b）

图 70　洗碗机器人

用于老人代步的车载式折叠移动机器人

获奖等级：三等奖
设计者：吴昊，张琦，郑永发
指导教师：李一浩，李立伟
郑州轻工业大学机电工程学院，郑州，450002

本作品是一款主要用于老年人日常代步的车载式折叠移动机器人（图71），主要是为了解决老年人群外出难以及人们出行最后一公里的问题。

经过市场调研，我们分析了一些老人代步电动车和折叠车的情况，针对这些车的体验性及适用性等方面存在的一些不足之处制作了本款移动机器人。车载式折叠移动机器人主要由主体车架、驱动系统、制动系统、转向系统、远程终端系统以及辅助功能系统等组成。这些功能系统看起来非常普通，但是我们在这些系统上进行了一系列的修改与创新。

车载式折叠移动机器人的设计思路为：采用自主设计的导向折叠变形机构，使助力车更小型化；采用模块化设计，实现多机构综合性功能的配合；采用轻量化的设计与良好的系统结合。

我们首先做了三维建模，对机器人进行总体建模设计，做出外观。接着对模型做运动学仿真测试，确保运动的合理性。其次对危险截面进行有限元分析，确保车身安全性。然后对控制系统做机电联合仿真测试，确保有效的可控性。最后设计了电子辅助模块，添加语音播报和北斗 +GPS 双模定位器。整个系统经过了基于 Recurdyn 和 Simulink 的运动学与机电联合仿真优化，确保安全性；在终端系统和辅助系统中，分别采用了手机 Android 和 Arduino 为控制核心，可实现实时信息互联；对车体进行了优化，采用了团队设计的独特的折叠变形机构，使电动车可折叠、更小型化，折叠后空间利用率高；也添加了一些辅助功能，使其功能更多样。

经过八个月的设计与制造，我们生产了第一台物理样机，并完成了实地测试。团队也正在把核心技术应用于适用于老年人的折叠电动轮椅项目上。

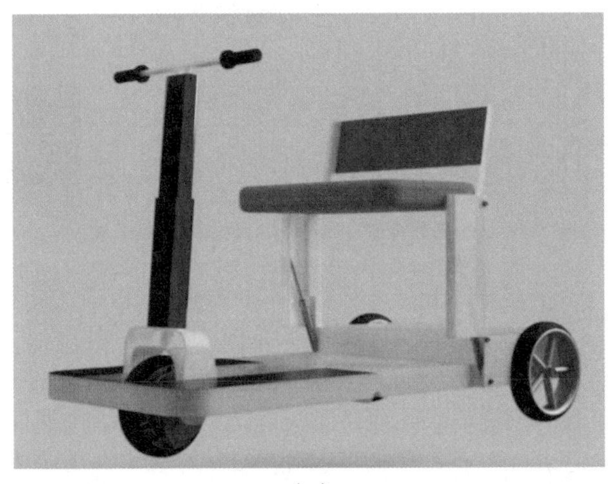

（a）

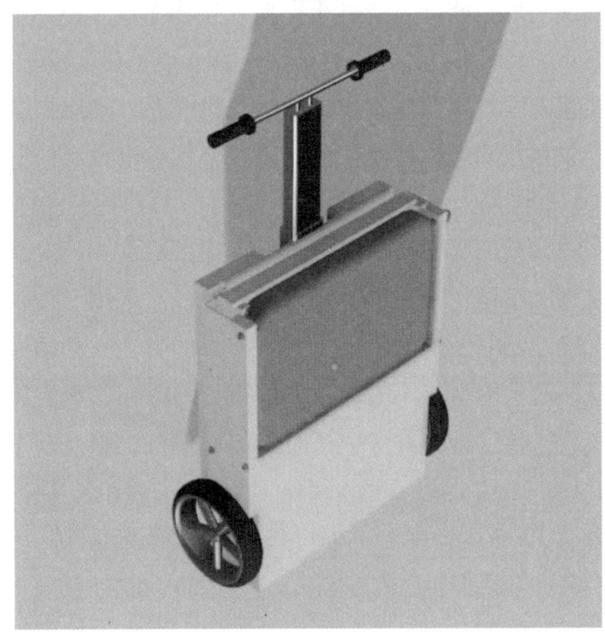

（b）

图 71　用于老人代步的车载式折叠移动机器人

浙工大助老服务机器人

获奖等级：三等奖

设计者：欧全林，黄祎，陈璐瑶

指导教师：朱威，褚衍清

浙江工业大学信息工程学院，杭州，310023

针对老年人的家居需求，项目团队设计并实现了一个能够照顾老人生活起居的助老服务机器人（图 72），其硬件系统主要由自主设计的移动底盘和四轴机械臂组成，软件系统基于机器人操作系统（ROS）和深度神经网络视觉算法开发。该机器人通过移动底盘和导航算法实现室内自由移动，使用语音识别和人脸识别算法实现良好的人机交互，利用物联网模块控制家用电器的开关和监测室内环境安全，以及采用舵机设计的机械臂帮助行动不便的老人拿取物品。

该机器人的移动底盘材质由铝合金板和铝型材加工而成，部分模块采用较高强度的 304 不锈钢板。移动底盘的运动模型采用三角结构，包括两个依靠差速电机控制的驱动轮，一个用于支撑的脚轮。移动底盘中还内置了大容量电池，最大支持 5 小时的系统运行，同时在底盘空腔处集成了控制电路、激光雷达传感器，并保留了对外的通信接口与控制按钮。在底盘之上，使用铝制支架支撑，以不锈钢板作为支撑面，将机器人结构分为 3 层，其中中间层放置 ROS 运行平台、下位机和物联网模组，最上层结构用于放置机械臂、深度摄像头和全向麦克风。所设计的机械臂拥有 4 个自由度，并在手掌中心处特别配备了一个红外测距模块，在抓取目标物品时可以实时地检测机械臂与目标的距离，从而更加精准地控制物品抓取。

该机器人基于 ROS 开发软件，通过构建代价地图，使用蒙特卡洛自定位、A* 全局路径规划与动态窗口局部路径规划等算法实现机器人在室内环境中的路径规划与安全避障；采用 LBP 特征提取算法和 FaceNet 神经网络实现人脸检测与识别，以辨别主人与客人；使用 KCF 跟踪算法让机器人能够跟随老人移动；采用科大讯飞语音库和 AIML 语义库实现流畅的人机语音交互；采用 ZigBee 模块进行组网，其中协调器在收到上位机的控制信号之后转发给终端节点，终端节点通过控制继电器通断实现电灯、风扇等家用电器的开关，并监测和上传漏水、漏气等室内环境状态；采用 YOLO 神经网络进行物品识别，结合深度摄像头获得的点云信息计算目标位置，以控制机械臂抓取目标物品。

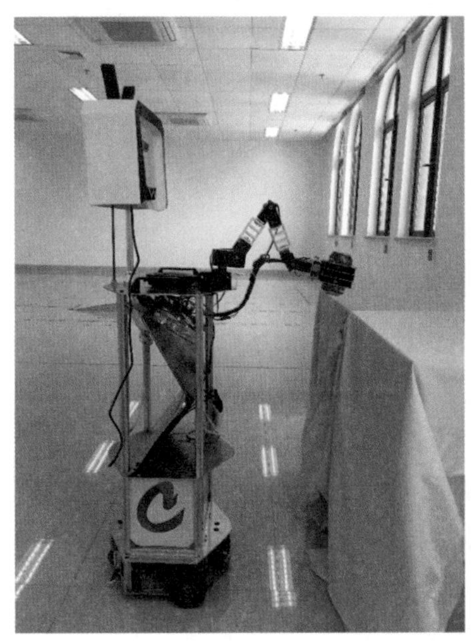

（a）

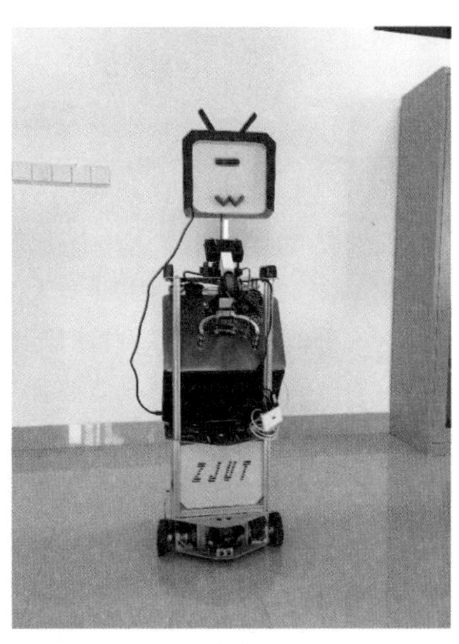

（b）

图 72　浙工大助老服务机器人

智能家居安全检测系统

获奖等级：三等奖
设计者：陈靖，厚广，王明辉
指导教师：吴华兴，刘亚擎
空军工程大学装备管理与无人机工程学院，西安，710038

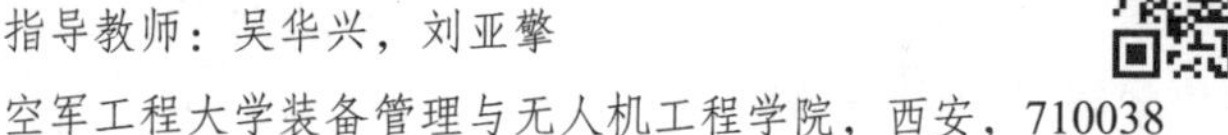

世界卫生组织（WHO）报告指出，全球每年有30余万人死于跌倒，其中一半是60岁以上老人，而这些老人中大多数的跌倒是发生在家里。在我国，跌倒已成为65岁以上老人伤害死亡的“头号杀手”。在此背景下，设计者充分调研了老人跌倒检测器的市场现状，分析现有产品的优缺点。针对现有老人跌倒检测器功能被动、交互效果差等缺点，设计了一款智能化、集成化、使用简易的家居安全检测系统（图73）。

该检测系统为“空巢老人”量身设计，从集成简约的角度出发，多功能合一，不占用很大空间，以室内老人跌倒检测为核心功能，以火灾、燃气检测为辅助功能，借助微信平台提供类似服务公众号的查询功能和自动报警功能，做一个老人家居安全的守卫者。

该智能家居安全检测系统由三部分组成：①多类别传感器模块，由烟雾、可燃气体传感器及摄像头组成；②内部处理器模块，安装Raspbian系统的树莓派，并且配置OpenCV2.4+Python3.5.3；③外部结构模块，3D打印制作外壳封装。

检测系统应用的技术：①机器视觉。利用OpenCV开源视觉库，对摄像头采集的图像进行预处理，再获取图像特征。②支持向量机。对提取的数据进行分类，从而判断是否存在跌倒行为。③传感器技术。通过树莓派采集MQ系列传感器信息，来判断家庭是否发生危险气体泄漏或火灾。④微信机器人API——wxpy。通过此API的应用，实现微信查询信息和报警功能。

该智能家居安全检测系统具有体积小、功能强的特点，可融入未来智能家居体系之中。经过试验，该检测系统可以达到良好的跌倒检测效果，为及时通知老人的监护人送其就医治疗争取了宝贵的时间；同时兼顾了对火灾及可燃气体的检测，可全方位保障家庭成员的健康安全。

（a）

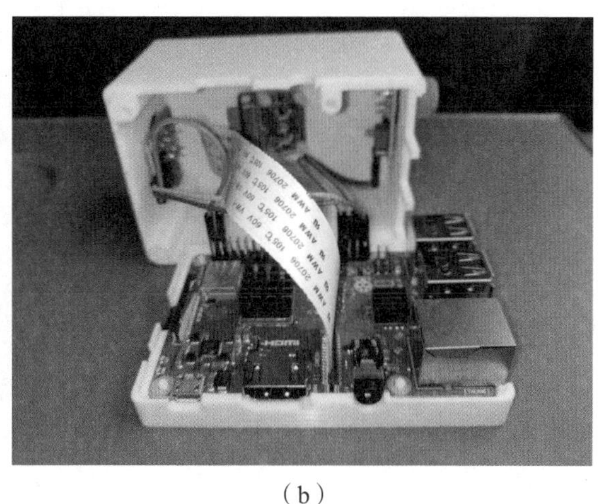

（b）

图 73　智能家居安全检测系统

智能垃圾分拣机器人

获奖等级：三等奖
设计者：曾庆源，龙健云，杨禹铭
指导教师：沈洪锐，艾广燚
广东东软学院，佛山，528225

设计者对市场上各种专用机器人进行调研分析时发现，处理大块垃圾的机器人较少，市场缺口大。当前我国人口红利逐渐减弱，将机器人应用到各个领域代替人工操作可以降低生产成本、提高工作效率。为了抓住这一市场机遇，我们设计了这款智能垃圾分拣机器人（图 74），将虚拟样机技术、机器视觉技术、智能控制技术以及视觉与分拣技术进行了结合，可对工作台上面的物体进行准确的识别和分拣。本作品能够进行路径规划遍历清扫区域，扫描识别垃圾并抓取垃圾，适用于在客厅房间、家庭园林、公园等场所进行啤酒瓶、纸板、罐头、塑料等垃圾的清扫。

本作品由导航单元、目标识别单元、分拣控制单元、主控芯片、无线通信模块以及上位机等模块构成。导航单元由思岚雷达 A1 和树莓派组成，基于 ROSMove_base 导航框架，利用激光雷达采集清扫区域环境信息，实现基于扫描匹配算法的 SLAM 功能，并通过最优路径算法进行路径规划遍历清扫区域。机器人遍历过程中，由目标识别单元通过 SSD_Mobilenet 深度学习算法对摄像头获取的图像进行目标检测以及目标分类，获取目标的坐标及其角度信息作为分拣控制单元的输入信息，使分拣控制单元执行垃圾抓取任务。其主要特点有：

（1）清洁大块垃圾（市面上大部分扫地机器人都是清洁灰尘或小体积垃圾）。

（2）自动化高：自动遍历导航，自动识别抓取垃圾。

（3）准确率高：通过深度学习训练可以准确识别垃圾与非垃圾，精度达 97.7%。

（4）清洁方式灵活多样：对立体的垃圾通过机械爪进行抓取，对贴合地面的垃圾通过吸盘进行抓取。

团队经过了四个多月的努力，最终制造出了第一台样机。通过试验，验证了系统的可靠性和实用性。

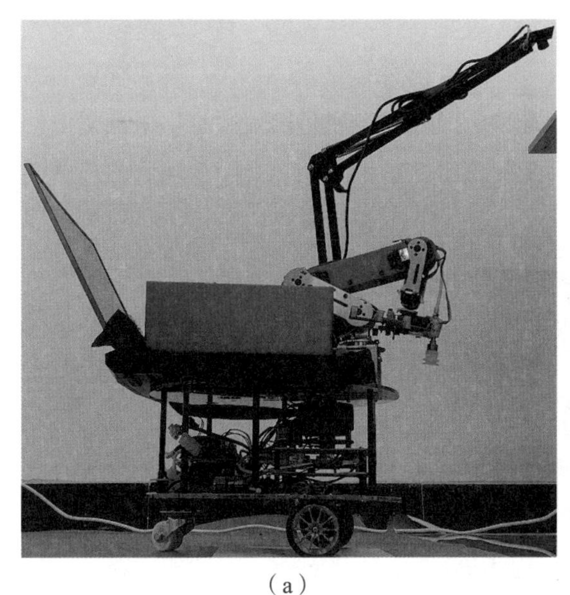

（a）

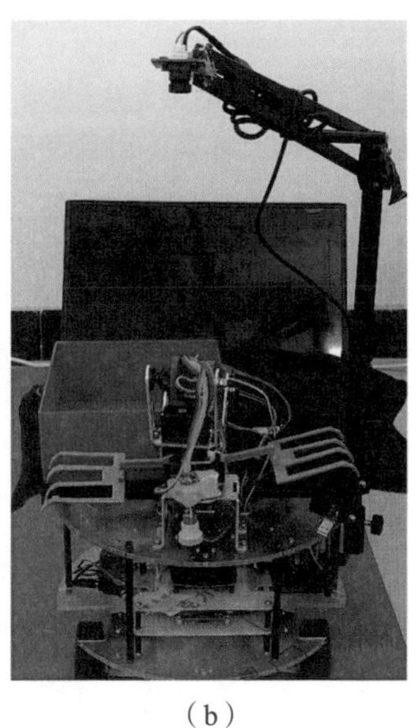

（b）

图 74 智能垃圾分拣机器人

智能楼宇家庭监控系统——AI 大鱼海棠

获奖等级：三等奖

设计者：李静媛，杜怡诺，叶子奇

指导教师：王晓慧

北京科技大学工业设计系，北京，100083

设计者充分调研了目前家庭微环境监控系统的功能组成，在此基础上，以日益严重却难以得到社会重视的海洋污染为灵感来源，将归纳出的海洋污染三个大类与家用楼宇监控系统相结合，设计了一款智能楼宇家庭监控系统——AI 大鱼海棠（图 75）。

本作品应用人工智能的三维实体交互界面的 GAN 对抗系统算法，收集家庭微环境的空气清洁指数，如雾霾、厨房油烟、家人吸烟的烟雾数据、室内二氧化碳浓度，智能家居中的用水量、用电量等家庭能源消耗，三维可视化出家庭的空气质量情况和能源消耗情况，进行智能监测和预警。

本作品模拟了海洋污染的环节，当人们做出对海洋有害的操作而产生污染（光污染 / 声污染 / 工业烟雾）时，将会激活“新海洋生物”，也就是由垃圾构成的类海洋生物。只有通过时间转轮——用户手动旋转的圈数对应垃圾降解时间，一圈代表一百年——才可以使光 / 声 / 烟雾等污染消除，“新海洋生物”死亡。

本作品由三部分组成：触发装置、展示装置和抑制装置。

触发装置是与用户直接交互的部分，在这一部分我们希望模拟人类对海洋进行的三大类主要污染——光污染、声污染和工业污染。因此我们选择了光敏电阻、声音传感器以及烟雾传感器作为触发传感器，用户可以尝试光照、大声喊叫以及制造烟雾来触发传感器。

当传感器被触发，对应的展示装置将会被触发。我们手工制作了一些雕塑，这些雕塑有 海洋生物的轮廓，由一些常见的海洋垃圾构成。雕塑下安装了舵机和 LED 小灯，当它们运行 时，雕塑会发光或运动，象征着“类海洋生物”的复活。

如何将展示装置停下？这时需要用到抑制装置。抑制装置是一个时间手轮，用户需要转足够的圈数才可以使展示装置停下。而圈数则对应着构成展示装置的物品在海洋中的降解时间，一圈代表一百年。

通过这样的过程，我们希望可以提高人们对海洋污染的认识。

（a）

（b）

图 75 智能楼宇家庭监控系统——AI 大鱼海棠

智能手环键盘

获奖等级：三等奖

设计者：郑宇量，张朱通，马梓洋

指导教师：姚振静，韩智明

防灾科技学院，三河，065201

本项目设计的是一款多功能智能可穿戴式设备——智能手环键盘（图76）。该产品由手环机构与手势检测机构两大部分组成，将手环机构佩戴在双手的手腕上，手势检测机构套在双手除拇指外的四根手指上，可实现终端设备上的键盘打字输入、控制光标位置、通过手势识别控制智能家居设备工作状态以及市场上主流的智能手环应有的功能。

手环机构内置有主控芯片、蓝牙模块、倾角传感器、温度传感器、陀螺仪传感器等重要器件，手势检测机构是一对独特的机械按键检测机构。通过用户手部动作触发手势检测机构产生信号，手环机构内置的主控检测到信号后会做出相应的反应。在程序上有三个工作模式供用户通过自定义手势触发开启 / 关闭：手环模式、键盘模式以及鼠标模式。

电路部分是围绕 STM32F103C8T6 核心板进行开发的，利用主控内部的 ADC 功能将倾角传感器与温度传感器连接到相应的 GPIO 端口上，实现计步与环境温度检测功能；利用 IIC 接口驱动 OLED 屏幕实现人机交互界面；将单个设备里的两片蓝牙模块分别接到 USART1 和 USART2 串口中实现相互通信功能；利用 I/O 口驱动振动电机实现闹钟震动提醒功能；通过读取通用 I/O 口实现面板轻触开关及手势识别功能。

该智能手环键盘包括机械系统和控制系统两个部分。团队经合作成功设计了机械系统，并重点展开了对控制系统的研究。经过三个月的设计制造，我们生产了两台物理样机，并对其进行了试验，验证了系统的可靠性和实用性。

（a）

（b）

图 76　智能手环键盘

智能洗脚盆

获奖等级：三等奖

设计者：张一博，李梦浩，范笑莹

指导教师：胡万里

安阳工学院，安阳，455000

设计者充分调研了目前市场上智能洗脚盆的现状，在此基础上分析了现有智能洗脚盆的功能组成，发现现在市面上的智能洗脚盆大部分都是一种以电动滚轮技术为核心，实现多角度立体按摩，将按摩器与洗脚盆合二为一的洗脚盆。本项目设计的智能洗脚盆（图 77）在此基础上加入了自动加水、自动烧水、自动导航、智能保温、自动清洁、智能充电等功能，使人不需要自己去烧水、泡完之后再去倒水等，解放了人力，采用更智能的方式给家庭用户带来更优质的服务。

本作品使用的是 ATMEGA2560-16AU 主控芯片，整个作品由基站、盆体、遥控三部分组成。遥控由红外遥控和无线遥控组成，红外遥控对小车进行角度方向校正，无线遥控负责工作是否开始；基站由电源适配器、锂电充电器、水阀、继电器、清洗喷头、控制器、红外发送模块、红外接收模块组成；盆体由 ZGB37RG12V 减速电机、L298N 电机驱动、红外避障模块、锂电池组、继电器、水阀、加热管、温度传感器、液位传感器、红外发送、红外接收、超声波等组成。

现代人的生活节奏快，在忙碌的一天工作结束后，你躺在床上轻轻按动遥控，等待一会盛着温度适宜的水的洗脚盆就会出现在你面前，而你要做的就只是把脚放进去缓慢释放一下今天的压力，洗好之后，洗脚盆就会自动返回、自我清洁，这是多么的惬意。我们的产品适用于大多数家庭，定位消费人群是白领、中产阶级家庭以及独居老人。在项目的后期我们进行了相关专利的申请，本作品也将逐步走向市场。

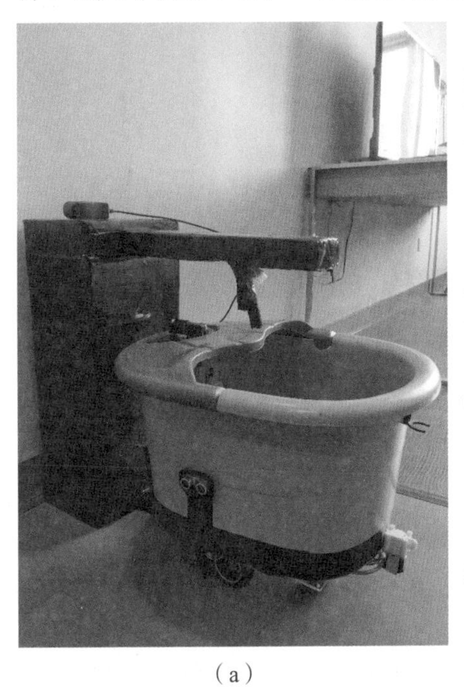

（a）

（b）

图 77　智能洗脚盆

智能小娜——桌面清理达人

获奖等级：三等奖
设计者：符国浩，袁海悦，赵伊男
指导教师：王世峰，王天枢
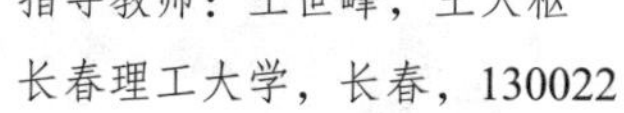
长春理工大学，长春，130022

设计者充分调研了目前桌面服务机器人的研究现状，在此基础上分析了现有桌面服务机器人系统的功能组成。本项目的目标是针对现有桌面服务机器人自身原理和功能设计上的不足，采用吸尘与擦桌于一体的清理机构设计技术，并结合人机交互、互联网通信的人工智能技术，设计出一款集家务劳动、桌面娱乐和智能看护于一体的智能桌面服务机器人——小娜（图 78）。

小娜的桌面清理方式分为自动清理和跟踪清理，由 STM32 芯片控制。在自动清理的过程中，小娜依靠 6 个红外传感器检测桌面边缘，防止小娜从桌面跌落；两个激光避障传感器和一个 180° 旋转的超声波传感器分别检测障碍物的位置和与障碍物的距离；与此同时，7 个碰撞传感器感应机器人是否和障碍物发生碰撞并躲避；并在移动中，清理结构能够清理掉桌面的垃圾和灰尘。小娜的清理结构由底部的吸尘风扇和分散在底部的海绵组成，吸尘风扇清理掉较大的垃圾，海绵清理掉桌面上的灰尘。跟踪清理的原理是让小娜能够跟踪移动和旋转的声波发射器，发射器安装在一个遥控手杖上面，通过检测声波发射点到小娜的距离以及方位的改变来对手杖进行跟踪。

小娜的人机交互和互联网通信功能由树莓派卡片式小型计算机控制。在人机对话、语音控制部分，小娜可以录制一段话并转成文字，再通过互联网上传至百度进行云分析，之后做出回应。在互联网通信部分，我们在微信后台开发了一个平台，通过这个平台可以用小娜身上的微型摄像头监控家里内部情况，还可以发文字控制小娜。除了微信，我们还可以通过网站用语音和文字控制小娜。

因此，小娜除了可以清理桌面，还可以实现人机对话和语音控制、摄像监控、互联网通信、播放音乐、播报天气和新闻、照明、显示室内温度等功能。

该桌面服务机器人的功能设计包括桌面清理、人机交互和互联网通信三大部分。团队经合作成功完成了桌面自动清理和跟踪清理的原理设计，接着又展开了对人机交互和互联网通信的研究。经过三个多月的设计制造，生产了第一台物理样机，并对其进行了试验，验证了智能小娜的可靠性和实用性。

(a)

(b)

(c)

图 78　智能小娜——桌面清理达人

基于ROS的移动避障机器人及其无人机跟随

获奖等级：三等奖

设计者：黄志鹏，张丰麒，周晓霞

指导教师：陈晓红

重庆大学机械工程学院，重庆，400044

本项目（图79）以协作机器人为研究对象，充分发挥全向移动机器人及四旋翼无人机的机动性，并融合全向移动机器人和无人机之间的优势，基于机器人操作系统（ROS），结合多传感器融合感知技术，协同完成在未知的模拟环境中的设定挑战任务。

采用麦克纳姆轮的四驱轮式移动机器人具备极强的地面机动性，通过STM32主控可控制4个电机的转动以合成直行、横移及零半径转弯运动，可轻松避开障碍物。模拟场地设有可寻迹的黑线，采用视觉识别算法识别黑线，具体为通过RGB阈值分割的方法，提取黑线在视觉感知图像中的位置，并计算出其重心作为目标点。计算目标点与设定点之间的距离偏差，采用比例控制器计算移动平台几何中心的速度矢量，结合麦克纳姆轮特性计算麦轮平台的运动方程，将中心速度矢量分解为四个电机的转速，实现机器人的跟随运动。在模拟道路上存在障碍物，基于深度图像获取机器人前方的“路况”，借鉴BUG算法思路，若遇到障碍物则绕行，并及时回到原始轨迹上，继续前行。

虽然麦轮移动平台具有极强的运动性能，但其感知视野受限，与无人机配合是绝佳搭档。无人机使用Odroid主控电脑作为上位机，通过无人机飞控控制其运动，无人机下部安装有RGB摄像头，通过识别麦轮平台上的二维码及光流模块来实现自我定位，采用PID控制器保证无人机一直在移动机器人正上方一定偏差范围内。

团队经过分工协作，在分别完成移动机器人及无人机的控制调试之后，又通过联调实验，合理修改参数提升机器人的协作稳定性。我们重点展开了对机器人控制及感知算法的研究，并在“空地协同”ROS中测试，验证了算法的可行性与可靠性。

（a）

（b）

图79　基于ROS的移动避障机器人及其无人机跟随

地空协同巡检机器人

获奖等级：三等奖

设计者：宰常竣，赵成，鲁钰文

指导教师：马磊，黄德青

西南交通大学电气工程学院，成都，610000

通过对轨道交通基础设施的人工运营维护现状的调查，设计者发现其需要大量人工完成巡视检查，劳动强度大、成本高、可靠性不佳。而采用自主机器人实施巡检，可以节省人力、降低运维成本；在一些环境恶劣的地区或人不便进入的区域，使用智能机器人代替人完成巡检，则更具有显著的社会和经济效益。但地面行驶机器人的视野、运行速度有限，我们需要扩展其运动和感知能力。所以，引入无人飞行器搭载感知系统，地面机器人提供定位和充电等平台，可以充分发挥地、空机器人的优势，极大地强化感知和续航能力，提升巡检机器人系统的性能、扩展其适用范围。

以地空协同机器人为研究对象，设计者充分调研了目前地空协同机器人的研究现状，在此基础上分析现有地空协同系统的功能组成，最终确定项目目标是设计一种基于机器视觉、图像识别的地空协同巡检机器人（图 80）。

我们采用大赛统一的由重庆安尼森公司提供的机器人平台实现地空协同，包括 OMOVE 移动小车（见表 1）一台、OUVA ROS 无人机（见表 2）一架。

表 1　OMOVE 移动机器人配置

<table>
<tr><td rowspan="2">型号规格</td><td colspan="2">型号</td><td colspan="2">控制系统</td><td colspan="2">负载</td></tr>
<tr><td colspan="2">OMOVE 移动机器人</td><td colspan="2">Ubuntu+ROS Kinetic</td><td colspan="2">5kg</td></tr>
<tr><td rowspan="2">硬件配置</td><td>电机</td><td>电池</td><td>车轮类型</td><td>机身材质</td><td>视觉传感器</td><td>主控制器</td></tr>
<tr><td>编码减速电机</td><td>5000mA·h</td><td>麦克纳姆轮</td><td>碳纤维</td><td>Realsense D415</td><td>Intel I5 小型工控机</td></tr>
<tr><td rowspan="2">工作参数</td><td>输入电源</td><td>防护等级</td><td colspan="2">最大续航</td><td colspan="2">最大运行速度</td></tr>
<tr><td>12V</td><td>IP40</td><td colspan="2">5 小时</td><td colspan="2">0.5m/s</td></tr>
</table>

表 2　OUAV ROS 无人机相关配置

<table>
<tr><td rowspan="2">型号规格</td><td colspan="2">型号</td><td>驱动系统</td><td colspan="2">电池规格</td><td>负载</td></tr>
<tr><td colspan="2">OUAV ROS 无人机</td><td>四旋翼</td><td colspan="2">3s/5300mA·h</td><td>1kg</td></tr>
<tr><td rowspan="2">硬件参数</td><td>电机</td><td>光流传感器</td><td>视觉传感器</td><td colspan="3">IMU</td></tr>
<tr><td>空载电流：0.3A
电机电阻：70 mΩ</td><td>五百万高清镜头；12mm 焦距</td><td>最大像素：640 × 480; 2.8mm 焦距</td><td colspan="3">3 轴数字 16 位陀螺仪；
3 轴 14 位速度计</td></tr>
<tr><td rowspan="2">飞控参数</td><td>飞控型号</td><td>飞控尺寸</td><td>机载计算机</td><td>RAM</td><td colspan="2">系统</td></tr>
<tr><td>Pixhawk</td><td>81mm × 47mm × 16mm</td><td>主频 2GHz 8 核处理器</td><td>2GB</td><td colspan="2">Linux+ROS</td></tr>
</table>

上述机器人在软件方面均采用了 ROS Kinetic 控制系统，通过 ROS 系统下的分布式通信以及相关控制算法，我们实现了小车巡线避障以及无人机稳定跟随的功能，通过实验验证了基于图像识别的空地协同系统的稳定性与可靠性。

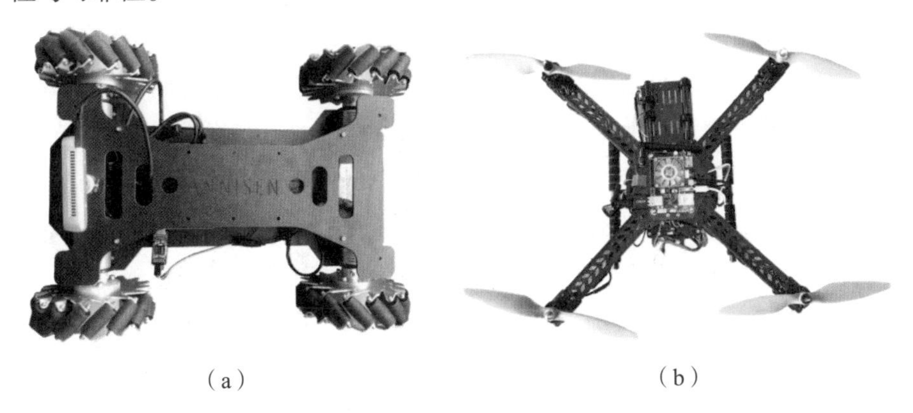

（a）　　　　（b）

图 80　地空协同巡检机器人

基于 ROS 的智能抓取机械臂

获奖等级：三等奖
设计者：李兴宇，宋佩恒，任文鑫
指导教师：陈晓红
重庆大学机械工程学院，重庆，400044

以机械臂为研究对象，设计者充分调研了目前已有的产品，分析其运动机构与功能构成。针对现有机械臂设备存在的抓取目标困难、控制难度较高、工作稳定性低等不足，基于机器人操作系统（ROS），采用机器视觉识别与运动规划控制技术，坚持标准化、人性化、稳准快的设计原则，我们设计了一种智能抓取机械臂（图 81）。

该机械臂由硬件系统和控制系统两个部分构成。组装好的智能抓取机械臂硬件系统由六自由度机械臂、末端执行装置、深度摄像头、控制台组成。在完成机械臂硬件系统的搭建后，我们重点展开了对控制系统的研究。在工作过程中，深度摄像头对待抓取目标进行识别和定位，并将位置信息传回控制台，再由控制台发出信号控制六自由度机械臂运动至正确位置，吸盘抓手工作，完成对目标的抓取操作。采用 ROS 通信框架和工具，使用 Python 语言编写控制算法，具体控制算法为：调用 Python 程序中各种库函数，通过角度换算函数控制机械臂关节电机转动，通过摄像头检测目标，采用迭代方法及 OpenCV 中的画面处理函数，在摄像头画面下寻找与特征模版匹配的物块，并返回目标物块的位置等信息，将其作为返回值传递给机械臂运动控制函数，最后调用机械臂抓取放置函数完成目标抓取任务。

该机械臂以抓取目标稳、准、快为目标，我们经过三个月对目标识别定位和运动路径规划算法的优化，以及对机械臂进行抓取调试，验证了控制系统的可靠性和实用性。

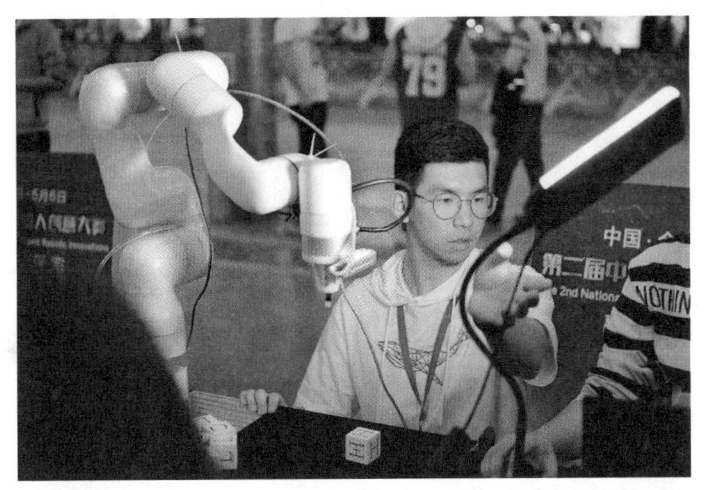

（a）

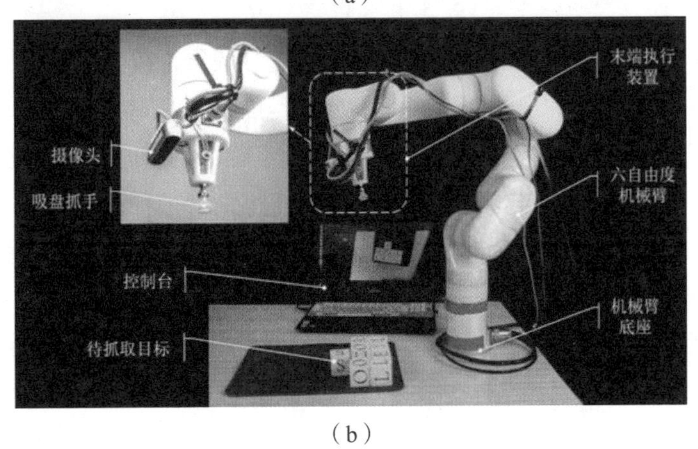

（b）

图 81　基于 ROS 的智能抓取机械臂

入围奖作品

智能植蔬培养室

获奖等级：入围奖
设计者：张阔，马玲超，刘玉旺
指导教师：郭鹏，樊建波
石家庄学院机电学院，石家庄，050000

以智能植蔬培养为研究对象，设计组充分调研了目前大棚种植以及家用小型植蔬培养室的现状，发现大部分都是以人工管理为主，自动化水平低，跟不上现代社会的发展步伐。因此，设计组充分响应国家目前提倡的“低碳环保”的号召，决定全部采用低功耗的模块设计一种超低功耗的智能植蔬培养室（图 82），最终目标是实现大棚种植以及小型培养室种植的自动化、智能化、低功耗化。

经查阅资料和讨论，设计组决定用 MSP430 作为主控芯片、FDC2214 作为数据采集模块、OLED 作为显示模块、EC11 编码器作为控制模块、电机转动实现浇水模块。智能植蔬培养室由以上这几个模块组成，构成了一个完整的智能培养系统。系统通过电容检测模块采集土壤的电容值来检测土壤湿度的变化，然后通过 OLED 显示电容转化后的湿度，然后控制电机进行浇水。我们经过多次测量发现，随着湿度的降低，电容值也会降低。通过编码器模块可以手动调节土壤需要达到的湿度。

经过三个月的学习与调试，我们完成了第一代智能植蔬培养室的设计，并对其进行了实验，验证了系统的实用性与可靠性。该培养室小可以做成浴缸大小的小箱子，大可以运用到大棚种植，且可扩展性强，根据实际需要可加入光照强度、CO_2 浓度检测等一系列检测模块。设计组预期在后续加入 NB-IoT 物联网模块，使智能培养室可以联网操作，当设置成联网模式时，控制系统就可以自动地根据不同的植物设置成最适合植蔬生长的温度、土壤湿度等参数。浇水系统将水转化成水雾然后再飘向植物和地面，这样种植效果更好，而且有利于水肥药一体，可以直接把肥料或防治害虫的药装入浇水系统，在浇水的同时实现追肥或杀虫工作。智能植蔬培养系统几乎实现了除播种以外的全自动化操作，可以有效提高种植效率，促进高科技农业发展。

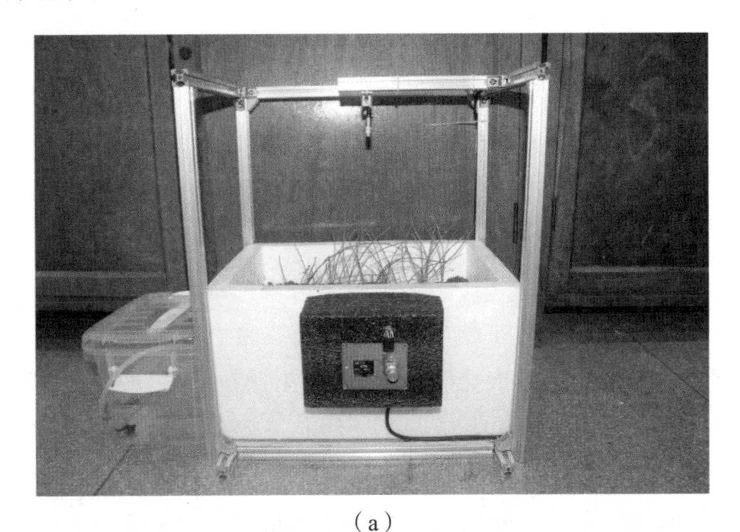

（a）

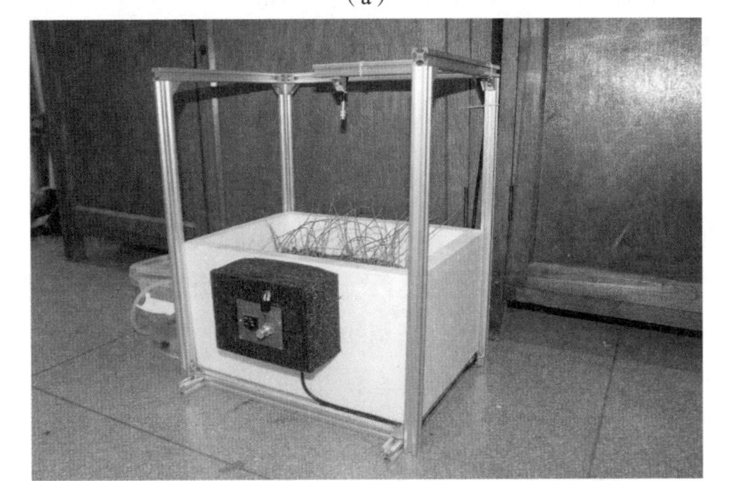

（b）

图 82　智能植蔬培养室

“艾米”——家居情感交流陪伴智能机器人

获奖等级：入围奖

设计者：桂永杰，闻恺铭，李露

指导教师：胡乃瑞，王宇鹏

沈阳航空航天大学电子信息工程学院，沈阳，110136

现代社会人的压力越来越大，人际沟通成为一种很好的宣泄压力的方式。设计者调查到，有些人会因为自身性格问题难以主动与他人交流，以至于生活中发生的事都无法与人分享，给心灵带来很大的负担，久而久之就容易产生心理问题。为了给这个群体一个宣泄压力和情感倾诉的对象，我们设计制作了一款家居情感交流陪伴智能机器人（图 83）。无论是孤寡老人，还是没人陪伴的孩子，都可以通过这款人性化的智能机器人来获得乐趣，通过交流缓解压力。

为了实现语音交流的功能，我们利用百度语音识别服务，通过调用API接口，将人语音中的词汇内容转换成计算机可读的输入，再将信息传给图灵机器人（即加载在机器人身上的一整套语音语义系统），图灵机器人根据关键词信息做出应答，通过语音合成将计算机产生的或外部输入的文字信息转变为人可听得懂的、流利的口语输出，再通过音响外放，人就可以听到机器人做出的回答。如此一来，就可以实现人机交流。

为了获得更佳的用户体验，我们从网络上获取影评、弹幕、评论等可供机器人学习的语料，对获取到的初始语料进行预处理、分类，以适用于不同性别、年龄段、性格的人。最后将收集到的语料通过私有语料库上传给图灵机器人。约过一小时后机器人就会学习完语料库，在聊天时会优先使用语料库中的对话，使机器人对用户的应答更加人性化。

除人机交流功能外，还可以通过语音控制四个直流电机，进而对此款机器人进行行为控制，例如前进、后退、跳舞等，亦可通过语音控制了解天气、播放音乐等，以此实现真正意义上的人机互动。同时，我们采用酷似人形的外观设计，能够更好地帮助机器人传情达意。

经过 4 个月时间我们完成了样机设计制造，并让试用者使用，验证了家居情感交流陪伴智能机器人的可靠性和实用性。

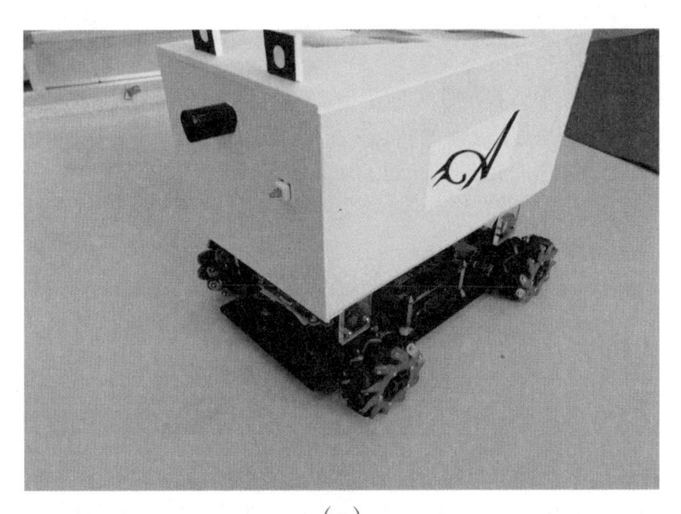

（a）

（b）

图 83 “艾米”——家居情感交流陪伴智能机器人

“魔镜”智能家庭助手

获奖等级：入围奖
设计者：李英平，余世政，钟权
指导教师：王飞龙，刘洋
大连理工大学创新创业学院，大连，116024

本作品（图 84）是一款以镜子为载体的智能机器人，旨在为家庭成员提供远程实时交流和生活信息服务。当你不需要它的时候，它会是一面普通的镜子，安安静静的，不会主动打扰你的生活；当你需要它的时候，它便会化身为一个忠实的管家，随叫随到，为你提供服务。

现阶段，越来越多的上班族在外奔波，过着朝九晚五的生活，加班和出差也是不可避免的生活常态，常常因为工作的压力减少了和家人的沟通和交流。家里的老人和孩子缺少了亲情陪伴，年轻人广泛使用的微信对他们而言也有使用障碍，随时随地自由的沟通成为横亘在家庭情感交流上的一条鸿沟。

我们团队希望从这一需求出发设计一个产品，能让老人和孩子零门槛地与在外工作的上班族实时地沟通交流。我们将产品的载体设定为每个家庭都会有的镜子，以降低产品的突兀感，更平滑地融入家庭生活中，并决定采用语音交互这种人与人之间最自然的沟通方式作为产品与使用者交互的方式。围绕着情感交流这一核心诉求，我们还为它拓展了股票信息、路况信息、待办事项，等等，以方便家庭生活。我们希望，“魔镜”这一产品就像曾经在故事里认识的那个神奇的老朋友一样陪伴着家庭里的每一个人。

本作品基于树莓派 3B+ 开发，使用者可以通过自定义的唤醒词唤醒“魔镜”，之后便可以使用特定的语音命令获取与家庭生活息息相关的各类生活服务信息，除此之外的语音消息会被转发到“魔镜”所绑定的用户微信并能将用户的回复播放出来，实现家庭成员之间的隔空交流。不仅如此，“魔镜”拥有一个简约大方的用户界面，显示时间、天气、实时新闻等生活信息，同时它也能将对使用者指令的回复实时显示，以提高用户体验。在人脸识别技术的支持下，“魔镜”还会识别它面前不同的人，给出各自的待办事项和日程安排，方便使用者的时间规划。

（a）

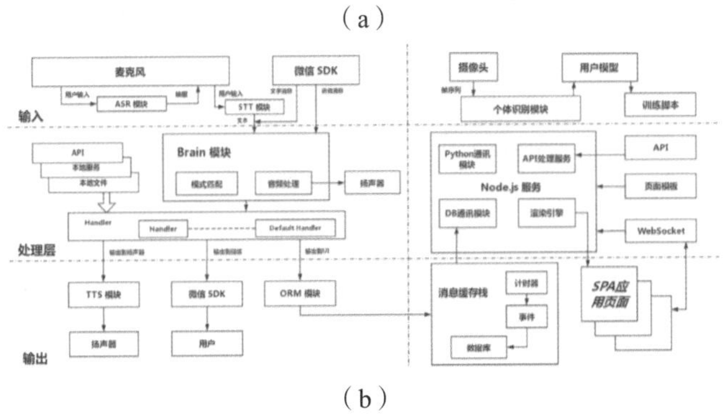

（b）

图 84　“魔镜”智能家庭助手

“庄周梦”智能枕

获奖等级：入围奖
设计者：彭鑫，郭乃瑞，肖垚
指导教师：王红霞，邵松世
海军工程大学，武汉，430033

现今，市场上大部分智能助眠枕都是利用手机 APP 进行助眠与记录，从而达到让使用者享受高质量睡眠的目的。然而，根据用户回访记录发现，使用者经常在即将入睡阶段才会想起忘记设定闹钟或播放助眠轻音乐，点亮手机屏幕进行设置时，往往会因为手机屏幕的强光而驱散睡意。社会调查显示，37% 的中年人和 42% 的青年都有因入睡前直视点亮的手机屏幕而延长入睡时间的经历。另外，手机辐射一直是该类产品难以解决的问题，长期将手机放置于枕边入眠，势必会对健康产生影响。基于此，设计者提出了智能枕功能拓展的新方向——语音交互，开发了基于高灵敏度 Arduino 语音控制的独立式智能交互系统，实现了无须手动操作“细语轻声”即可健康助眠的幸福家居生活。

我们设计的“庄周梦”智能枕（图 85）在保留“催眠大师”智能枕原有功能基础上，开发了基于高灵敏度 Arduino 语音控制的独立式智能交互系统，该系统包含 Arduino 开发板及其配套语音模块、SD 卡读取模块等用于实现基于语音交互的闹钟设置、点播助眠等控制功能，并能够进行控制数据的记录。

“庄周梦”智能枕应用技术的创新点在于，配合高灵敏度麦克风的语音识别系统能够准确辨识人在朦胧状态下的轻声，不会影响入睡状态，使得改进后的产品更加人性化、智能化。实际使用证明，经过多次训练该系统在较强背景噪声的环境下以及对多种方言均能取得较好的识别结果，这使得产品适用人群更为广泛，未来市场前景更为良好。

未来，我们会以云端中人群睡眠大数据为先验数据，融合模块中记录的控制数据、APP中采集的睡眠质量数据进行数据分析，形成个体健康报告并提出针对性睡眠建议，让轻松入睡的高质量睡眠唾手可得。

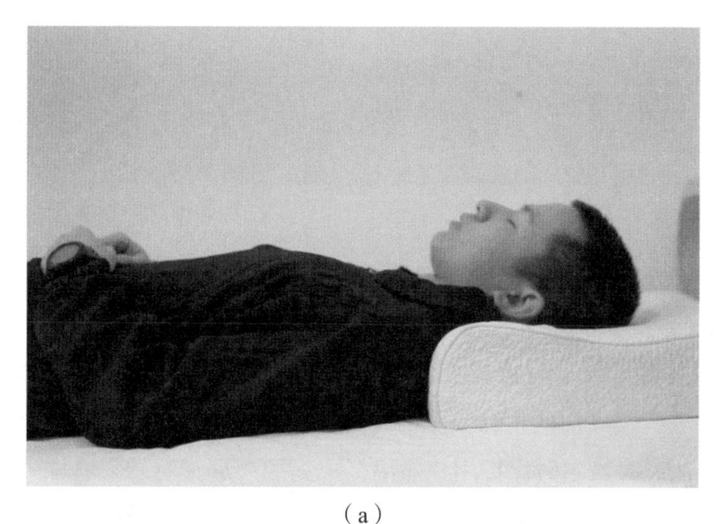

（a）

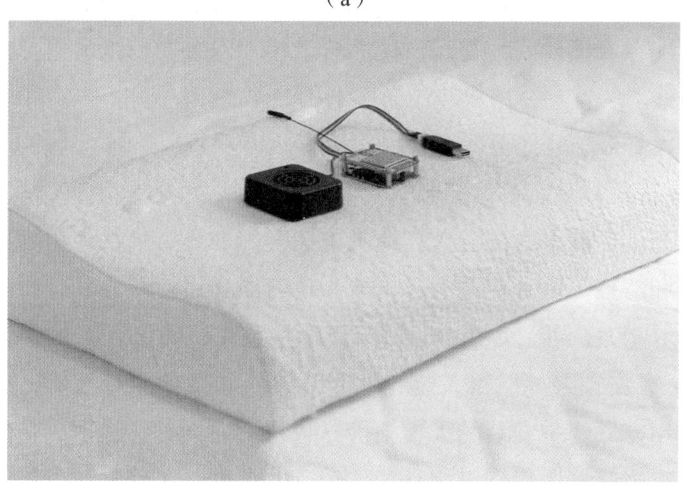

（b）

图85 “庄周梦”智能枕

Baymax 逃生机器人

获奖等级：入围奖
设计者：潘拓辰，黄越，屈波涛
指导教师：綦法群，张祥雷
温州大学机电工程学院，温州，325035

人员密集、逃生通道单一的高楼层发生火灾时容易造成重大经济损失，并严重危及人们的生命安全。本团队设计一款多用途逃生机器人（图86），可在灾害发生时保护用户撤离，成为用户遇灾时的最后保障。

本逃生机器人装有智能检测系统，可以实时监测四周烟雾和温度信号的波动情况，当信号波动超过设定值时，机器人会发出报警信号并根据用户绑定的移动装置寻找用户，进而协助用户逃生。

机器人具体功能如下：

（1）待机扫地。逃生机器人在没有火灾发生的情况下，其逃生功能呈待机状态。机器人底部装有扫地吸尘装置，在日常生活中可为用户提供室内吸尘和清扫等服务。同时，机器人设有激光雷达，在其运行过程中具有自主学习能力，可记忆用户家庭当天设施布局，规划最优逃生路线。

（2）火灾预警。机器人装有烟雾传感器和红外线传感器，这些传感器可以与用户家庭中安装的火灾报警器进行实时通信。机器人自带传感器或家庭火灾报警器采集到异常环境（烟雾、温度等）信号时，控制系统触发机器人预警功能。此时报警声响起、指示灯亮起，机器人对用户位置进行锁定，并发送警报信息至绑定的用户手机上，由用户二次确认火情是否发生及机器人的工作需求。

（3）自动寻主。用户二次确认后，若火灾发生且需要帮助，机器人可以寻找用户并用红外测温仪检测沿途环境，同时通过用户手机给物业发送火情警报。

（4）逃生引导。到达用户位置后，机器人启动逃生系统：弹出湿毛巾、消防服等逃生装置供用户使用。在用户穿戴逃生设备期间，机器人根据寻主过程中自主学习的路径和红外线测温仪监测到的温度信息，开始规划逃生路线，并亮起指示灯、响起警报声，引导用户逃生。

机器人按照最佳路线将用户引至可逃生处，到达指定位置后，机器人分离出逃生包，用户依靠逃生包在机器人的协助下逃生。

（a）

（b）

图 86　Baymax 逃生机器人

Cyua 智能健身机器人

获奖等级：入围奖
设计者：林博远，刘意，李枫韵
指导教师：王成湖，张祥雷
温州大学机电工程学院，温州，325005

设计者充分调研了目前健身指导机器人的研究现状，发现大部分健身机器人是用冰冷的数据以及枯燥的语音对用户进行健身指导，而忽视了当代社会中人们最需要的“陪同感”。因此，针对这一问题，本项目的目标是为健身爱好者提供一个既能正确指导健身者健身，又能与其有一定的情感交流的智能私人教练。基于此设计理念我们设计出了一款智能健身机器人，并取名叫 Cyua（图 87）。

Cyua 智能健身机器人包括机械系统、控制系统以及传感器组三个部分。机械系统包括电机、四肢、显示屏、连接件以及发声装置等；控制系统包括树莓派、电路控制板、数据传输系统以及提醒系统等；传感器组包括温度传感器、照度传感器、人体红外感应电子传感器以及 Athos 智能服装。在这些元件中，Athos 智能服装是功能实现的核心部分（其内含了一枚 Athos Core 小芯片和多个传感器），能测量人体的各项生理指标以及肢体行为（如运动幅度、手臂躯干距离等）。

我们对Cyua的具体功能进行了详细的设计,综合实现了智能生成计划、情感分析交流、远程通信、人脸识别、人体数据监控、人体动作指导以及健身社区打卡交流等主要功能。根据我们的设计，Cyua 主要具备以下四个创新点：

（1）智能计划制定——Cyua 智能分析用户的历史运动数据以及用户自身的爱好运动等，为用户量身定做一套专属运动计划。

（2）情感交流表达——Cyua 根据不同的场合做出相应的面部表情、身体动作、语音以及语气来表达自己的感情。

（3）智能动作指导——Cyua 智能监测用户的运动动作情况，如同私人教练般用动作与语音悉心指导用户如何正确完成动作。

（4）智能数据监测——Cyua 智能分析用户身体的各项指标，然后判断用户的运动状态（如运动速度过低、过高以及异常等）并做出相应的拟人反应。

利用 SolidWorks 对该健身机器人进行动态建模和仿真实验分析，验证了系统的可靠性、实用性以及可行性。

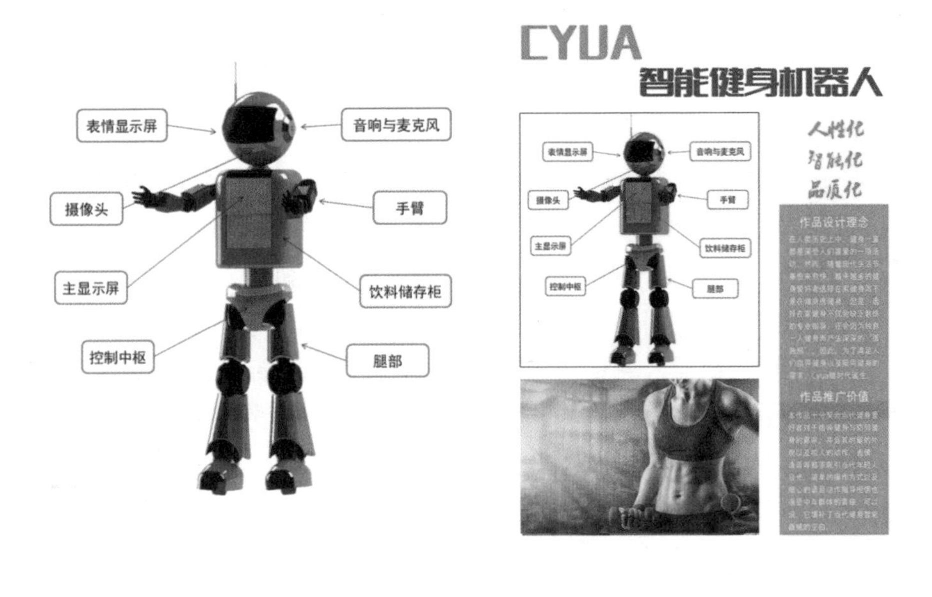

（a）　　　　（b）

图 87　Cyua 智能健身机器人

Grand

获奖等级：入围奖

设计者：江茂立，李康，张浩伟

指导教师：邓强国，韩世昌

昆明理工大学机电工程学院，昆明，650000

设计者充分调研了目前智能轮椅机器人的研究现状，在此基础上分析了现有智能轮椅机器人系统的功能组成。本项目的目标是针对现有智能轮椅机器人自身原理设计上的不足，采用最新的运动和机构设计技术，设计一种基于自动化控制技术的爬行型高智能轮椅机器人——Grand（图88）。

该智能轮椅机器人主要为中老年人以及下肢伤病导致下肢力量薄弱或者不足的人群所设计，它可以给予扶持，帮助这类人群完成适当的运动以满足相应的生理需要、防止肌肉萎缩、恢复肌肉力量、协助站立出行等。当用户感到劳累时，它还能为用户提供休息和代步服务，具有非常良好的便利性能。

该智能轮椅机器人融合了机器人研究领域的多种技术，包括运动控制、机器视觉、模式识别、多传感器信息融合以及人机交互等。经过研究和开发，该智能轮椅机器人的交互性、自主性以及安全性都得到了很大的发展。设计者考虑到用户的身体特点，将操纵杆控制、按键和触摸屏控制、生物信号控制等多种人机接口技术相结合，有效地补偿用户身体功能的不足，充分发挥用户的主动性。当用户使用机器人时，机器人会检测出用户的体重、血压等身体数据，机器人的智能数据系统会将该数据存档并分析，给用户提供较好的作息时间和饮食方案，帮助用户形成良好的生活习惯。同时，数据会上传到用户私人医生的手机上，方便其随时了解用户的身体状况，为用户的身体健康提供保障。机器人还装有制动装置和安全报警系统，当用户遇到突发情况时可按下扶手上的报警按钮，仪器会紧急制动并给预设好的紧急联系人发送定位及求助信息，保证了用户使用仪器时的安全。

该智能轮椅机器人包括机械系统和控制系统两个部分。团队经合作成功设计了机械系统，然后重点展开了对控制系统的研究。经过三个月的设计建模，设计了第一台概念模型样机，并对其进行了软件检测，验证了系统的可靠性和实用性。

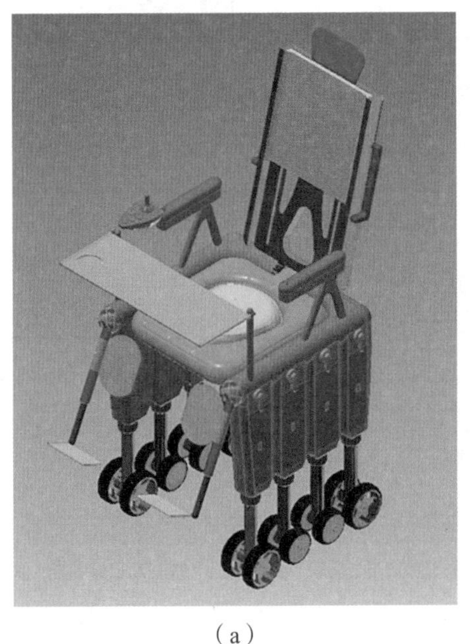

（a）

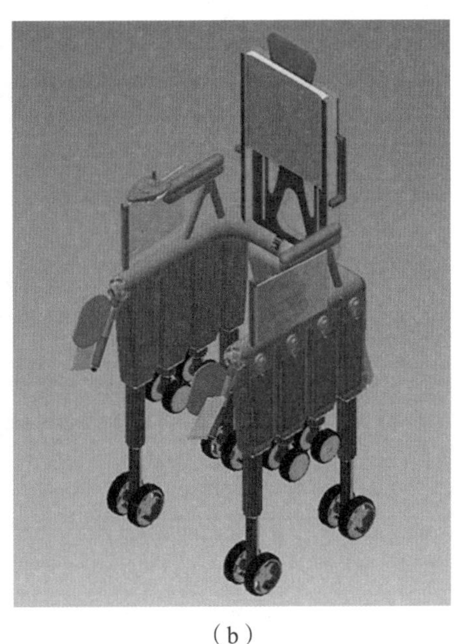

（b）

图 88　Grand

MAXrobot

获奖等级：入围奖
设计者：龙祖祥，李浩勤，汪涛
中国矿业大学机电工程学院，徐州，221000

针对当前清洁机器人功能单一、清洁效果不理想、机器人适用范围窄等问题，本项目设计了一种可抬升式多环境适用的清洁机器人——MAXrobot（图 89）。该机器人能满足对房屋庭院、房屋内楼道、室内地面等工作环境的清洁，并且具有多种清洁模式，可以根据工况灵活组合。

MAXrobot 由可抬升式移动平台、模块化清洁机构、信息融合智能控制系统三大部分组成。

可抬升式移动平台是机器人实现多环境清扫的关键结构，其包含行走机构、抬升机构。其中行走机构采用麦克纳姆轮，实现灵活的运动；抬升机构采用伸缩式铝方管、自锁电机、同步带套件，可实现稳定准确的抬升运动。

模块化清洁机构由干式清扫模块、湿式拖洗模块、风干模块、环境降尘模块组成。其中干式清扫模块对地面进行初步打扫，配合离心风机将地面上的固体垃圾收集进垃圾箱；湿式拖洗模块对地面进行深度清洁，拖洗顽固污渍及吸附地面上的液体污渍；风干模块利用离心风机工作时产生的气流对地面进行二次干燥，降低水渍对清洁效果的影响；环境降尘模块可以自行根据工作环境的灰尘、细小微粒含量对环境喷洒磁化水雾吸附，达到净化空气的效果。

信息融合智能控制系统包含智能决策控制子系统、总驱动子系统、物联网子系统。总驱动子系统是机器人最底层的控制系统，实现对机器人行走、清洁等运动的控制；智能决策控制子系统采用 VSLAM 技术为机器人运动提供最优路径，提高清扫效率，采用视觉传感器对地面环境信息进行采集，识别不同的污渍，将机器人一次清洁对不同污渍的去除程度进行记录，配合机器学习算法，机器人将自行决策出重点清洁区域以及需要增加清洁次数的污渍种类；物联网子系统可以让机器人实现远程 APP 控制、预约清扫时间、规划清扫区域等工作。

综上，本项目设计了一种可以满足普通平地清洁工作需要，又可以实现对楼道等特殊结构环境清洁的清洁机器人，并且融合了智能化的控制方案。

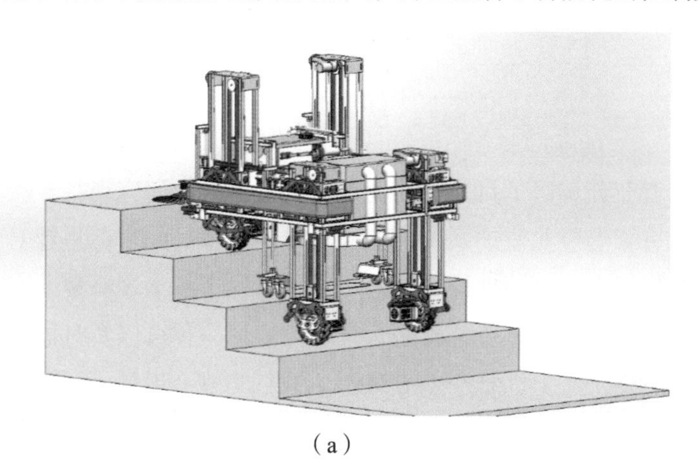

（a）

（b）

图 89　MAXrobot

Smart Baby 智能婴儿监护机器人

获奖等级：入围奖

设计者：常璟飞，汤腾腾，王贯东

指导教师：魏振春，韩江洪

合肥工业大学机械工程学院，合肥，230009

设计者充分调研了目前智能婴儿监护机器人的研究现状，在此基础上分析了现有智能婴儿监护系统的功能组成。本项目的目标是针对现有智能婴儿监护机器人自身原理设计上的不足，借鉴市场上现有婴儿车的结构，采用丝杠螺母机构和多传感器融合技术，设计一种可以实时监测宝宝体征数据的智能婴儿监护机器人（图 90）。我们将现有设计撰写和申请了一项发明专利，现已进入受理阶段。

该款智能婴儿监护机器人整体采用铝合金框架，可以实现婴儿床 - 车的双姿态电动切换，机构灵活，安全性高，满足位姿调整需求，提高了宝宝的舒适度，既可以作为婴儿床，为哺乳期的宝宝提供一个舒适的休息场所，也可以作为婴儿车，充当父母陪伴宝宝出行的一个交通工具。同时，该机器人还配有婴儿监视器和配套的手机 APP，将各传感器获取的数据通过 Wi-Fi 或蓝牙及时地反馈给用户手机，并在 APP 上予以显示。该智能婴儿监护机器人还配备有一个实时的、全面的智能婴儿监护系统，当检测到有异常状况时，可以在控制端进行报警，可以为父母提供宝宝的实时身体状况和环境情况的数据，也可以实现远程监控与远程喊话。其具体监护功能有环境温湿度控制、大小便监测报警、体温监测、哭声监测、睡前摇篮曲、自动照明、自动温奶和远程监控等。

智能婴儿监护机器人可以帮父母分担在婴儿成长初期看护上的一些压力，使父母或者监护人不再需要寸步不离地守候在婴儿的旁边即可了解到他们的行为，也避免了频繁查看影响婴儿休息，并在异常情况出现时立即可以察觉并进行处理。婴儿床 - 车双姿态切换也可以为父母提供很大的便利，在室内室外均可使用。

该智能婴儿监护机器人包括机械系统和智能婴儿监护系统两个部分。团队经合作成功设计了机械系统，并重点展开了对智能婴儿监护系统的研究。

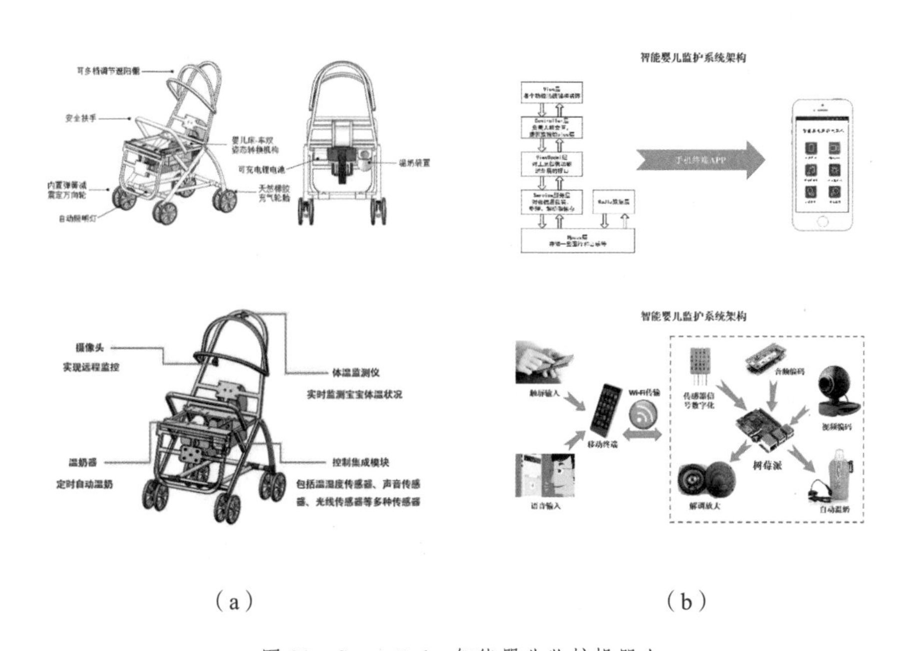

（a）　　　　　　　　（b）

图 90　Smart Baby 智能婴儿监护机器人

宾宾——家务机器人

获奖等级：入围奖
设计者：刘枝隆，周健威，袁永林
指导教师：陈新欣，唐东成
广东理工学院电气与电子工程学院，肇庆，526100

1. 功能简介

本机器人（图 92）为送餐而设计，采用 STM32F103RCT6 为主控核心进行智能控制，选择轮式运动模式，运用 3D 打印技术制造而成的支架作为盛放餐点的托盘，在机身加上 LN298 电机驱动模块，采用蓝牙通信技术实现远距离控制机器人运动；通过设计的微信小程序来实现手机界面操作；利用超声波模块，让小车实现前方避障功能。使用人员操作“教导”机器人运输路线，然后机器人通过电子罗盘记录一维平面转弯角度，再与动力车轮反馈的脉冲数据相结合，传输路径到 ROM，达到断电记忆路径的目的，然后重复路径，实现送餐、移物功能。通过 HX711 与半桥压力传感器组成的全桥测压电路检测用户是否拿走菜肴，可以通过微信小程序设置送餐次数进行智能化交流，通过 OLED 显示屏进行人机交互，将餐点的室内温湿度、电量信息、时间等传送至显示屏，防止人员拿取菜肴时温度过高，实现良好的控制效果。

2. 硬件设计

硬件设计如图 91 所示。

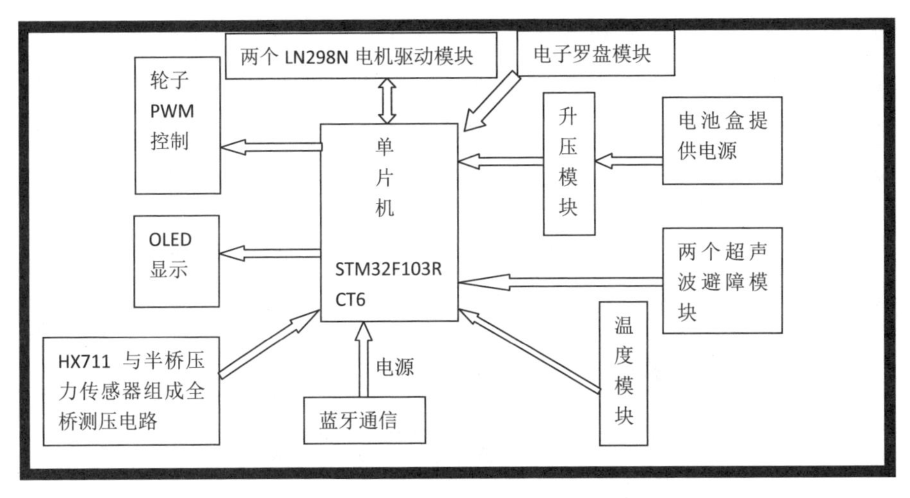

图 91 家务机器人硬件设计

3. 程序设计

在该机器人控制系统中，程序大体上可分为数据处理、过程控制两个基本类型。数据处理包括数据的采集、数字滤波、标度变换等；过程控制主要是使控制芯片按一定的方法进行计算，然后再输出，以便控制生产。

程序运行流程为：STM32开始运行时，初始化系统，通过A/D采集数据，传输到OLED显示电源电压，通过操作者的手机连接微信小程序设置运输次数，通过微信小程序界面显示数据，操作者开始设置运输路线，“教导”送餐机器人送一遍，当达到目的地，发送结束信号，送餐机器人开始重复刚才记忆的路线，达到重复运输的效果。如果途中有行人走过，送餐机器人会停止运输，运输次数达到操作者设置的值，送餐即结束。

4. 结论

针对循迹送餐机器人在送餐循迹过程中路径偏差较大、修正时间比较长，不够智能化，成本过高，在家庭布置循迹轨道过于麻烦、添加室内定位系统价格过高、影响本来的家庭布局等问题，我们提出一种基于 STM32

的示教型送餐机器人，是用“记忆”路线的方式来规划路线，从而达到送餐的目的在。我们的优势在于无须对环境进行改变，送餐的路线随时可以进行修改，局限性大大减小。通过较高的精度来运输菜肴，检测菜肴或环境的温湿度，较好的人机交互界面，结合微信小程序的功能，使操作者无须学习操作控制，简单上手，使其成为家庭内的好帮手，更加嵌入家庭生活，具有较好的推广价值。

（a）

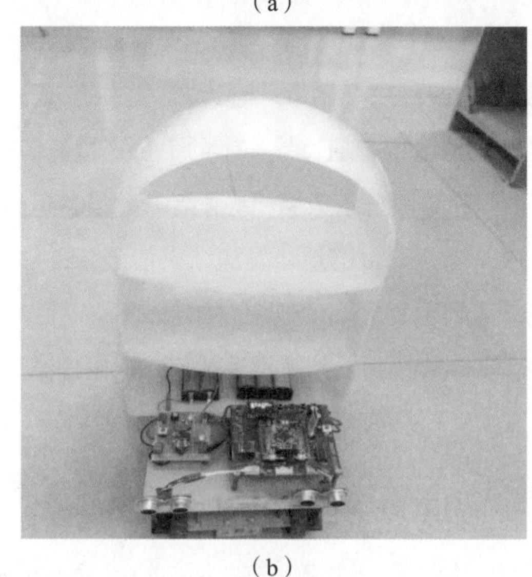

（b）

图 92　宾宾——家务机器人

多功能居家保健机器人

获奖等级：入围奖
设计者：韦志文，荣辉，段浩
指导教师：王成军，张明坤
安徽理工大学机械工程学院，淮南，232001

设计者充分调研了目前居家机器人的研究现状以及市场的需求，在此基础上分析了现有居家机器人的功能组成。本项目的目标是针对现有居家机器人自身功能的不足，在预测未来智能小区的数字化家庭居家保健需求基础上，设计一种基于人工智能的多功能居家保健机器人（图 93）。

机器人共有三个系统，分别为监控识别系统、驱动系统和信息系统。其中监控系统中有声纹识别、人脸识别以及路障检测等功能，驱动系统以步进电机驱动为核心。信息系统中包含两部分，分别是信息采集和信息处理。各单元利用物联网与主体机器人建立信息交换通道和实现指令传达。

机器人设计中包含了机器人主体（包括七自由度拟人机械臂）、按摩器和智能手环（独立单元），这几个部分协调运作，实现设计目的。Cspace28335 处理器通过各渠道获得使用者的健康及位置信息，系统做出数据分析和处理，将分析后的数据显示在机器人胸前的大屏幕上，并将数据处理后得出的结论反馈至各单元，并发出相应的指令，调节各单元的运行方式。必要时，处理器向机器人的驱动系统、智能语音系统以及其他系统发出协调运作的指令。

本设计采取功能附加的总方案，一个主体机器人和两个独立单元相互配合工作，以此来增加居家保健机器人的功能并且提高机器人的工作效率。通过手环和机器人上的显示屏，使用者的身体健康状况既能传达到使用者本人，也能传达给使用者的家属，显著提升产品人机交互的用户体验。机器人的工作采用自动检测、自动执行的工作模式，使用者可通过语音控制机器人。

该多功能居家保健机器人通过互联网、物联网、人工智能等技术，形成“系统 + 服务 + 使用者 + 终端”的服务模式，引入清扫地面、视频通话、辅助健身、人体基本生命体征检测、智能用药、紧急求救、智能陪聊等人性化功能模块，结合独立单元实现设计目的。在人工智能普及和社会竞争高压力的环境下，家庭中需要出现这样的新型机器人，来更好地服务人们的生活，让人们的生活更加舒适和健康。

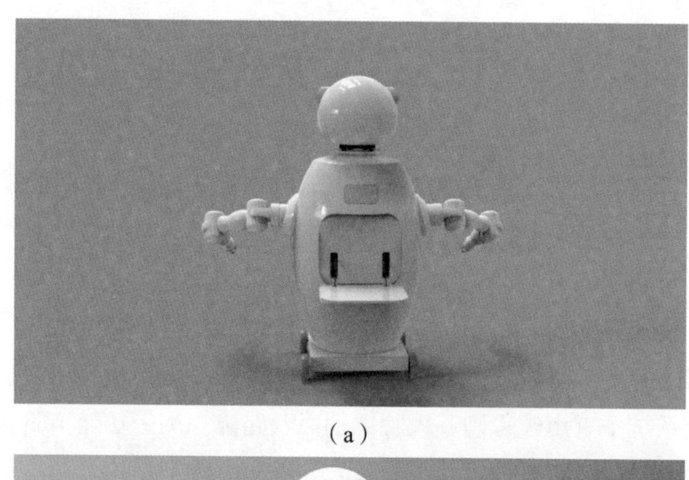

（a）

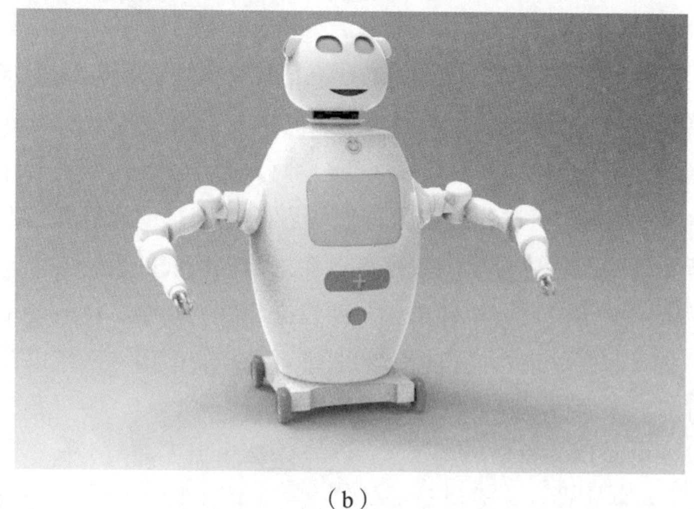

（b）

图 93　多功能居家保健机器人

多功能情绪减压器

获奖等级：入围奖
设计者：张明普，马京贤，李慎硕
指导教师：曹凤，苏敏
齐鲁理工学院机电工程学院，济南，250000

设计者充分调研了目前高压人群的现状，发现当前高压人群正逐渐趋向于低龄化，且人数日益增多，在此基础上分析有效减轻高压人群压力的方法，设计出一款基于 STMC51 的多功能情绪减压器（图 94）。

该多功能情绪减压器由情绪呐喊推进器（由 MID 和十串 LED 彩灯组成）、595 彩灯氛围器（通过 74HC595 集联，控制 LED 方阵得到）、灯音乐沙龙模拟器（由功放系统以及电声元件组成）、情绪心率测量仪（由 MIC 和噪声模块组成）四个部分组成。

（1）情绪呐喊推进器：人们通过麦克风，进行呐喊、发泄自身压力，随着呐喊强度的增大，吊坠于空中的串灯依次从前往后、从少到多向前推进，从而达到小规模游戏减压效果。

（2）595 彩灯氛围器：当情绪呐喊达到峰值，便会触发附着在减压屋两旁的酷炫彩灯，使得它工作起来，让整个房间被彩灯笼罩，从而使得减压屋充满奇幻色彩，犹如梦境一般，达到让人放松、减压的目的。

（3）音乐沙龙模拟器：在充满彩灯的梦幻之境里，回味一会，甜美、欢快且富有磁性的歌声将开启工作，美妙的歌声环绕着减压屋，人们可以选择跟着歌声一起歌唱，也可以选择静静闭上眼睛，聆听一首歌曲，忘记所有的烦恼、痛苦，回归最本质的自己。

（4）情绪心率测量仪：人们在减压屋中，在通过呐喊放松自己的同时，也可以通过液晶屏组成的情绪心率测量仪来观看自己的情绪呐喊释放出的压力指数，示数越高，说明压力指数越大。

经过两个月的设计制造，我们生产了第一台物理样机，并对其进行了试验，验证了系统的可靠性、实用性以及可行性。

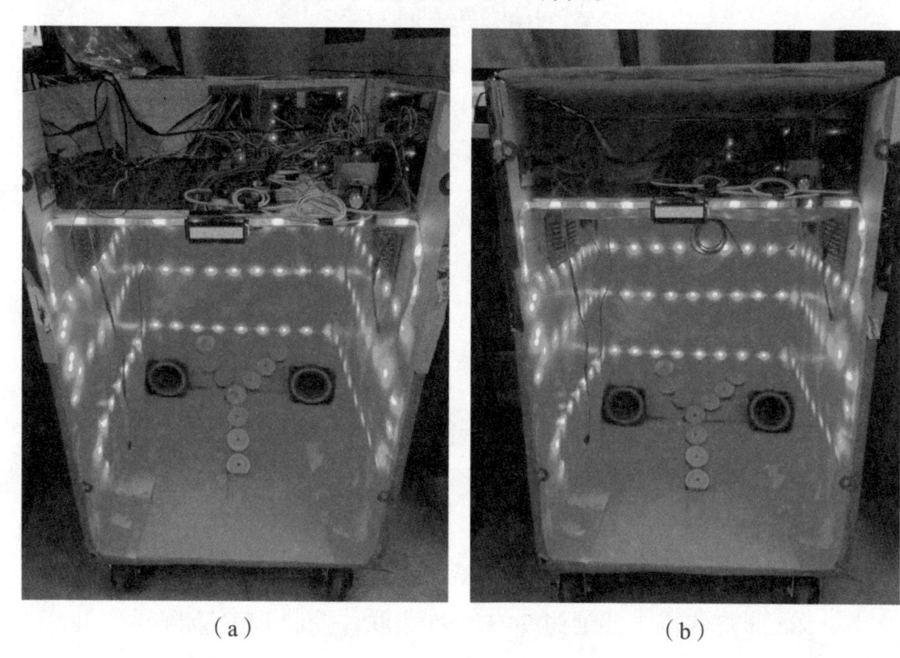

（a）　　　　　　　　　　　　（b）

图 94　多功能情绪减压器

多功能智能轮椅

获奖等级：入围奖

设计者：李兴宇，陈宇昊，杨泓丹

指导教师：柏龙，陈晓红

重庆大学机械工程学院，重庆，400044

设计者充分调研了目前已有的智能轮椅产品，分析其运动机构与功能构成。本项目针对现有智能轮椅越障性能不足以及功能单一、可扩展性弱等不足，坚持标准化、轻量化、人性化、安全、易用的设计原则，目标是设计一款具有较强越障爬楼性能，可通过智能调节椅背、扶手及脚垫辅助使用者在各类设施中转换、站立及简单行走的多功能智能轮椅（图 95）。

我们设计的多功能智能轮椅的特点：（1）基于变形轮设计思想，对星轮式爬楼机构进行了创新设计，在轮椅下方有限空间内折叠布置变形轮机构，使轮椅具有上下楼梯功能，增强其越障性能，提高了轮椅的通过性。（2）基于人体工程学思想，在轮椅坐垫下方合理布置多个小型升降装置，实现轮椅的高度调节；通过对轮椅靠背、扶手、脚垫的自由度调节，使轮椅使用者更易于在轮椅与其他设施间转移；通过脚垫内收更易于辅助使用者站立及行走，同时限制轮椅的轮子移动，减少轮椅滑动造成的使用者摔跤风险。（3）可通过调节轮椅部件位置，适应不同身高体型的使用者，也适用于使用者与不同身高的人面对面沟通，并能够配合斜坡型地面进行智能调节，优化了轮椅使用者的使用体验，充分体现人性化。（4）设计轮椅扶手可沿一定的弧度升降，并辅助以靠背前移等结构变化，有效辅助轮椅使用者实现从坐姿到站姿的切换。

该多功能智能轮椅由高通过性底盘和多功能椅身两部分组成。团队经合作成功完成了轮椅的结构设计及优化，并对其进行了仿真模拟，验证了系统的可靠性、实用性以及可行性。我们也制造了一台物理样机用于演示。

（a）

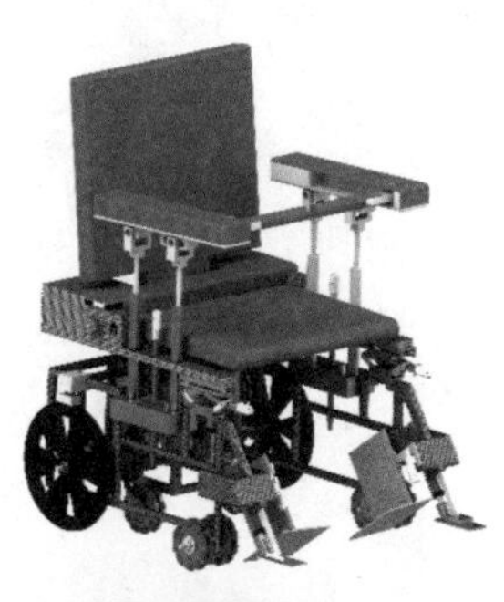

（b）

图 95　多功能智能轮椅

基于STM32的可自主跟随机器人

获奖等级：入围奖
设计者：王腾飞，王程阳，陈俊超
指导教师：李立
安阳工学院电子信息与电气工程学院，安阳，455000

目前，家居服务机器人大都以解放人类体力与脑力为目标，而忽视了快乐才是“家”的真正含义。针对这一问题，设计者提出了智能家居机器人的新方向——陪伴娱乐。本项目的目标是打造一种真正的智能跟随娱乐机器人，消除家庭中的孤独。为此，我们设计了一款以STM32作为主控制模块的可自主跟随机器人（图96）。

本设计以STM32作为主控制模块；以TB6612FNG实现对机器人电机的驱动功能；以超声波模块实现机器人移动跟随的功能；以蓝牙模块实现手机APP进行遥控移动的功能。主要采用PID平衡算法来实现对机器人的平衡控制。设计主要分为三个层次：第一层是机器人的平衡功能，主要由MPU-6050陀螺仪传感器采集机器人的角度偏差然后送入主控制器，由主控制器进行运算处理，进而通过PWM信号控制左右电机，从而进行平衡控制。第二层以超声波模块进行目标信号的采集，然后在第一层的基础上进行移动跟随。第三层运用蓝牙模块对机器人进行数据传输，在第一层的基础上进行控制。

开机后可选择自主跟随模式或蓝牙遥控模式。在自主跟随模式下，机器人通过前端左右两个超声波模块对跟随目标定位，进而通过PWM控制左右电机差速转动实现自主跟随。在蓝牙遥控模式下，可手机遥控实现平衡车的前进、后退、左转、右转。该设计具有外形美观、跟随稳定等特点。

自主跟随机器人功能定位：

家庭健身：在自主跟随模式下，机器人可以跟着运动者前进，也可以帮运动者拿一些物品。

家庭娱乐：可以作为儿童的娱乐工具，陪儿童做一些游戏。

该自主跟随机器人由控制器模块、蓝牙模块、超声波模块等组成。团队经合作成功设计了驱动器模块以及外部结构模块，并进行了内部电路模块的验证以及扩展功能的尝试。经过两个月的努力，我们完成了自主跟随机器人的设计，并对其进行了试验，验证了系统的可靠性、实用性以及可行性。

（a）

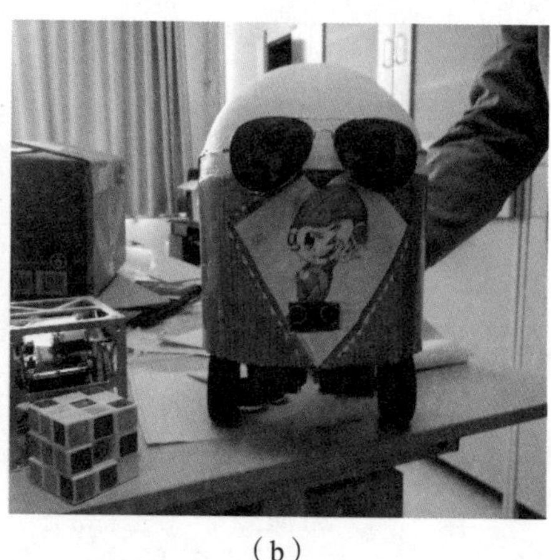
（b）

图 96　基于 STM32 的可自主跟随机器人

基于智能语音的家用奶茶机器人

获奖等级：入围奖
设计者：卢裕弘，林正轩，李建辉
指导教师：张泽均，易金聪
福建农林大学计算机与信息学院，福州，350002

如今奶茶类饮品深受年轻人喜爱，人们开始有了在家中饮用新鲜奶茶的需要。而目前市面上零售的杯装冲泡奶泡制过程烦琐，口感也与实体店面的正宗奶茶相去甚远，无法满足人们在家中随时享用新鲜奶茶的需求。

设计者充分调研了目前市场上的家用奶茶机及奶茶行业的发展现状，针对现有奶茶机自身设计原理的不足，采用语音识别技术以及基于单片机的自动化技术，设计了一种基于语音交互的全自动家用奶茶机器人（图 97），以提升人们的家居生活体验。

我们提出的基于智能语音的家用奶茶机器人，通过LD3320A语音模块，实现机器人与人的自然对话交流，在后续也可以调用 Google duplex 进行拟人化语音模拟。主人在家中可以通过语音唤醒奶茶机器人，进行语音交互发送指令。奶茶机器人内置多种奶茶口味配方，对奶茶原料的配比有精确的量化标准，因而主人可通过语音交互，选择符合个人口味的配料比，个性化定制甜度、奶味的浓淡，以及杯子的规格和其他配料的添加。在奶茶机器人接收到语音交互传来的泡制信号后，开始自动化流程，由绿茶模块、奶糖模块、配料模块依次添加原料进行泡制，最后由搅拌模块搅拌均匀，将成品通过传送带传送至机器出口。此时机器人收到制作完毕的信号，用机械臂抓奶茶成品，并自动寻迹，将奶茶递送至主人所在处。

奶茶机器人实现了人力的完全解放，也能够减少小孩在家中自行泡制奶茶烫伤的风险；同时，该产品也支持茶类饮品的泡制，为家中行动不便的老人提供了便利。

在提出智能语音家居奶茶机器人构想后，我们团队进行了产品样机的制作。该样机分为控制部分和机械部分。经过三个月的设计和制作，在控制部分，实现了语音交互对系统的控制，完成了单片机的编程与电路的设计。在机械部分，完成了奶糖模块、绿茶模块、搅拌模块、机械臂以及传送带的制作。我们对样机进行试验，该样机已经能够完成家用奶茶机器人的基本功能，验证了产品设计的可行性。

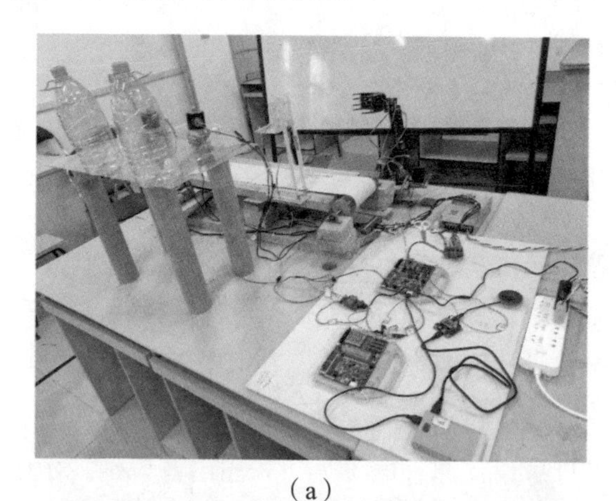

（a）

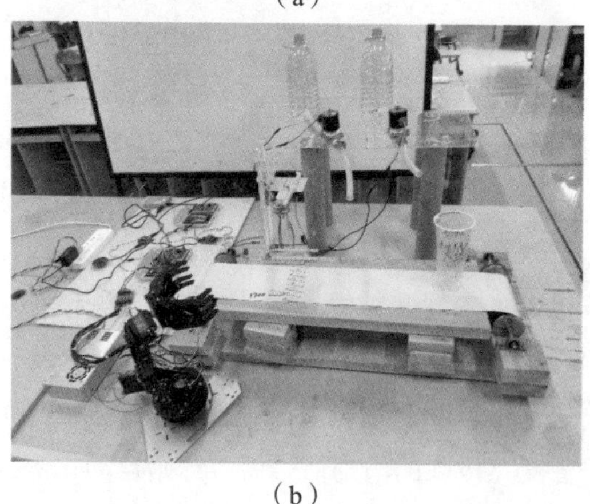

（b）

图 97 基于智能语音的家用奶茶机器人

基于子母机传动与运送的智能鞋柜

获奖等级：入围奖
设计者：汤俊杰，陈建岑，张文长
指导教师：汪朋飞
深圳大学机电与控制工程学院，深圳，518060

设计者充分调研了智能家居市场，发现大部分的智能鞋柜只能实现对鞋子烘干、杀菌、消毒等比较简单的功能。本项目针对当前智能家居市场中鞋柜需要人工脱鞋摆放和不具备自动收集拖鞋能力等问题，研发、设计了一种基于子母机传动与运送的智能鞋柜（图 98）。在自主脱鞋方面，设计了自适应辅助取鞋机构；在对鞋子存取方面，针对普通鞋和高跟鞋设计了两种单元化机构。为收集用户脱下的拖鞋，设计了可独立运转的子机。

下面详细介绍一下该智能鞋柜比较核心的部分。

该智能鞋柜分为母机和子机两个部分。

母机底部的自适应辅助取鞋机构通过曲柄滑块机构将用户向下踩压力转化为滑块沿鞋子纵向的自适应夹紧力，使用户无须弯腰便可直接将鞋子顺利地脱下。

使用连杆和弹簧夹紧装置，针对普通鞋和高跟鞋设计了两种单元化机构，每种单元化机构都具有相同的对接端口，能将不同的鞋子转换为可以进行运动和旋转的单元体。对接端口可以直接与母机后端的机械臂以及位于鞋柜前端的摆放架对接，实现了对每双鞋子自动存取的功能，无须人工进行摆鞋便可以实现鞋子整齐的摆放，解放了用户的双手。

在对鞋子的护理方面，在母机的底部设有清洗、烘干和消毒抑菌等保养模块，在鞋子被单元化机构撑起后可依次通过上述模块进行个性化的护理。并可根据监测到的鞋子实际情况调整其在该模块的停留时间，保证对每双鞋子进行较为彻底的护理。

在自动收集拖鞋存储方面，设计了独立运转的子机，子机可以脱离母机去主动收集地面上的拖鞋，通过齿轮（柔性叶片）的旋转，将地面上侧翻的拖鞋拨正，通过梳齿板配合可以实现子机内部的储存和子母机的交换。在取出鞋子的过程中，通过与倾斜梳齿台的配合，将位于水平梳齿板上的拖鞋转移到倾斜梳齿台上，拖鞋便会由于重力的作用滑出母机，用户脱下运动鞋后，便可穿着拖鞋离去。

鞋柜设置有 Wi-Fi 模块，用户出门时可以通过手机 APP 选择所需要的鞋子，母机便会根据用户的选择自动将鞋子输送出来，方便快捷。

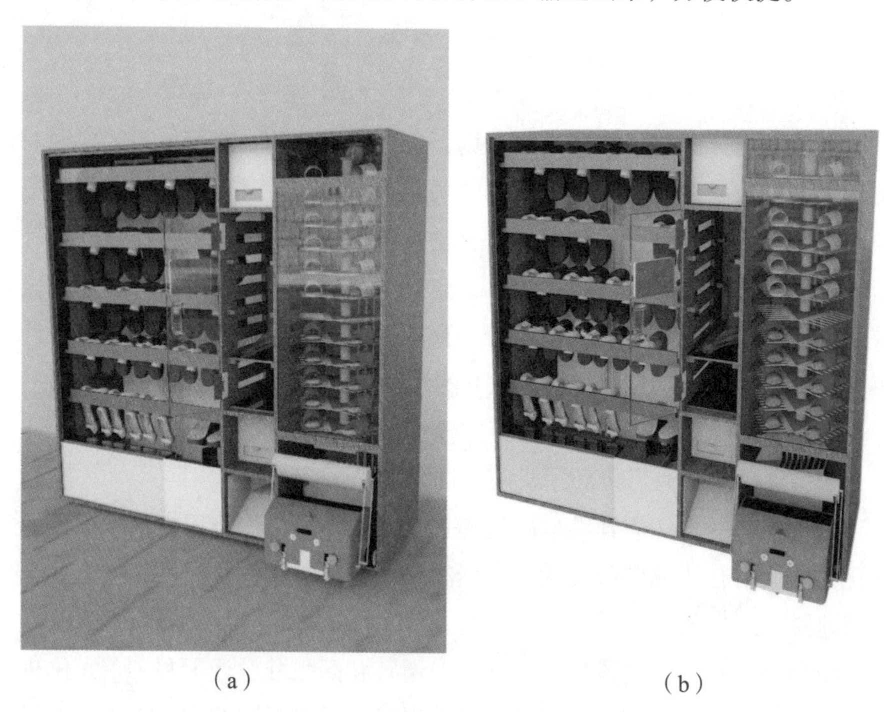

（a）　　　　（b）

图 98　基于子母机传动与运送的智能鞋柜

家庭地板清洁机器人

获奖等级：入围奖

设计者：余浩杰，路见国，江堤

指导教师：朱全，韩飞坡

安徽工业大学工商学院，马鞍山，243100

随着科技的发展，家庭清洁机器人在家庭生活中的应用越来越广泛。设计者充分调研了市场上的家庭清洁机器人的现状，发现目前市场上在售的家庭清洁机器人功能单一，无法彻底清洁地板上的污渍，而且市场上具备擦地功能的扫地机器人大多是配备一块普通的抹布，擦地的功能限制较大且效率低下，容易造成二次污染，在家里灰尘和毛发多的情况下，难以清扫干净。

为此，针对目前市场上的家庭清洁机器人在原理设计上的不足，我们设计了一款家庭地板清洁机器人（图99）。该机器人由行走机构、升降机构、清扫机构和控制模块组成。采用模块化设计，便于安装、故障诊断与维修。能够自动清扫地面，自动识别障碍，动力强劲，清洁能力强。还有丰富的拓展性，比如，在转动圆盘后放置一对长毛刷，以达到对边边角角清扫的目的。再者，可在车体前部加装一个水箱，设置一个喷洒装置从而使功能更加完善。

行走机构主要由驱动电机、车梁和车架组成，框架式的车身确保可以承受较大的重量而不变形。

升降机构主要采用线性马达进行升降，通过步进电机带动滚珠丝杆转动，使滑块产生位移，从而完成升降。

清扫机构主要由旋转电机、固定圆盘和转动圆盘组成。通过旋转电机带动转动圆盘转动完成清扫；清洁圆盘与清洁头的安装采用卡扣式，方便更换清洁头；可以安装毛刷进行扫地，也可以安装湿润的海绵和细毛刷进行擦地。这样保证了清洁头的洁净，避免二次污染，提高对家庭地面的清洁效率。

控制系统采用的是探索者 STM32F4 系列的开发板，我们可以通过以太网将开发板和电脑进行无线连接，从而实现对机器人进行发送指令、接收信息以及对机器人的整体实时控制。

该家庭地板清洁机器人包括机械系统和控制系统两部分。团队成员经过通力合作，成功设计了机械系统。团队对机器人进行了有限元分析，验证了机器人模型的可行性，并设计了机器人的控制系统，为机器人的实体制作打下了基础。

（a）

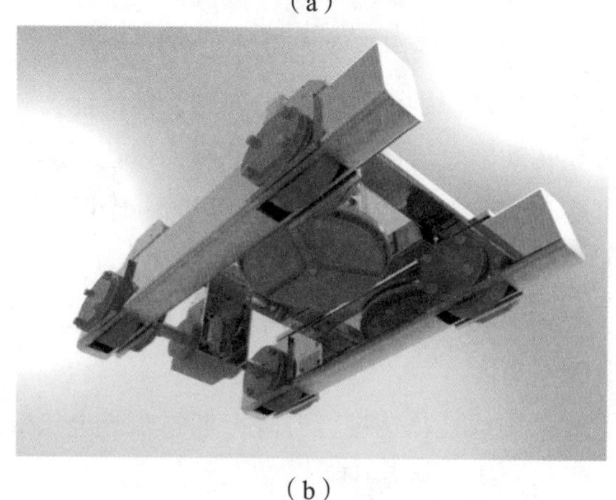

（b）

图 99　家庭地板清洁机器人

家庭多功能储物清洁机器人

获奖等级：入围奖
设计者：杜明强，柴水平，徐彰龙
指导教师：阳学进，盛钟尹
武汉轻工大学，武汉，430023

1. 作品简介

我们设计的家庭多功能储物清洁机器人（图 100）将扫地机器人与智能垃圾桶的功能结合于一体，主要功能包括红外感应开盖、自动打包、清洁储物装置分离、侧壁垃圾袋移出、集尘盒倾倒等。通过曲柄滑块机构、四杆机构、棘轮机构等多种机构的灵活运用，实现了多种功能，有效地减少了家用机器人的数量。在功能结合的同时，通过脱离结合，该产品具备了不同种机器人的优良性能。

2. 创新点

该作品将扫地机器人与智能垃圾桶的功能结合，采用塑封机原理实现垃圾袋的封口；利用自掀车倾倒机构使底板倾斜 45°，从而使封装好的垃圾袋流出；气缸抬升装置使得垃圾桶与扫地装置有效地分离与结合。

3. 应用前景

家庭多功能储物清洁服务机器人适用于每一个家庭，特别是那些生活节奏过快、难以料理家务或室内空间较小的家庭。该作品在现有智能产品的基础上进行创新设计，具备现有家居机器人的诸多优势功能，具有很好的市场前景。

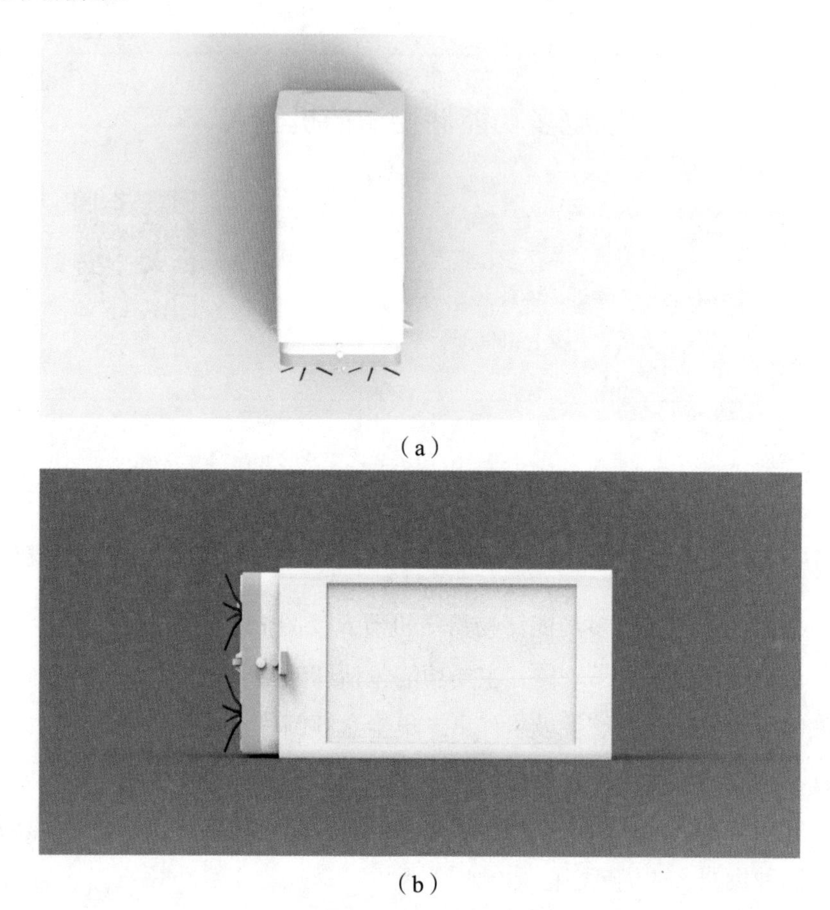

（a）

（b）

图 100　家庭多功能储物清洁机器人

家庭服务机器人

获奖等级：入围奖
设计者：陈之楷，丘程潜，王梅
指导教师：张东
华南理工大学，广州，510641

我们设计的作品为家庭服务机器人（图 101），其通过应用多传感器融合及人工智能技术，实现在服务场所的人机互动，包括界面交互、语音交互以及视觉交互。通过综合友好的人机交互，该机器人能够与用户进行交流、娱乐等互动。其灵活的底盘及改进的路径规划算法，能够使其高效工作于拥挤的服务场合。

该机器人的具体结构功能特点介绍如下。

（1）智能人机交互，包括界面交互、语音交互以及视觉交互。综合运用 Kinect、阵列麦克风、激光雷达、超声波避障等传感器，实现智能交互、自动避障等多样化功能。能够实现声源定位、语音识别、语音唤醒、语音文字转换，而且能够识别动作、手势、人脸，做出对应的反应，还可实现手势控制、自动跟随等功能。

（2）灵活全向移动、零半径转向。基于麦克纳姆轮底盘加陀螺仪修正误差，通过 IIC 读取陀螺仪原始值，并用 DMP 进行解算。

（3）自动规划路径与避障。主要的硬件设施有超声波传感器、激光雷达、UWB 定位系统等，结合一套 A* 算法的路径规划函数实现路径规划与避障。路径追踪规划部分用 UWB 定位系统数据加模糊 PID 进行目标点的追踪，避障部分采用平面激光雷达和人工势场算法实现。

（4）仿生双臂。多关节高自由度，5 指独立分开，可灵活做出各种手势动作。

（5）远程监控。采用 Wi-Fi 模块和 4G 模块与云端服务器进行通信，用嵌入式端模拟 MODBUS 协议，并用保持寄存器进行轮询数据采集，支持微信报警。

（6）LED 点阵可以显示出机器人丰富生动的面部表情。

（7）各项优化功能，包括指示氛围灯，显示机器人的各种工作状态；悬崖传感器，读取激光测距模块的数据，用来检测地面的突变（台阶）；电量检测，直接与电压检测模块进行串口通信来读取数据，根据电压的压降来判断电量。

（8）多项发明专利支撑，其中发明专利 2 项，实用新型专利 25 项。

（a）

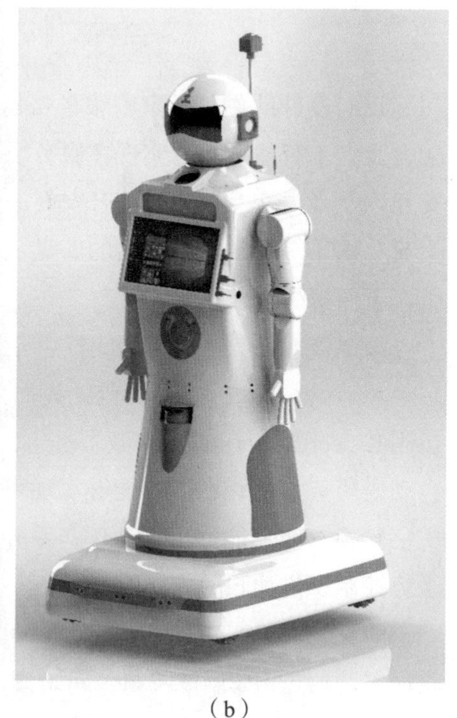

（b）

图 101　家庭服务机器人

家庭健身辅助智能机器人

获奖等级：入围奖
设计者：崔巍凌，隗世玲
指导教师：杨正元，张可
浙江师范大学工学院，金华，321004

调查显示，有 68% 的办公室上班人员从来不锻炼。究其根本主要有以下三方面原因：第一，担心没有专业人员的指导，容易在运动健身过程中受伤；第二，健身房人员密集，健身花费大量时间；第三，迫于经济压力，不愿意支付健身房及私人教练的高额费用。

本团队所设计的家庭健身辅助智能机器人——Master（图 102）能够实现使用户足不出户轻松锻炼，免去了健身房及私教的高额费用，节约了在健身房的等待时间，同时帮助用户规范运动健身动作，提升运动质量，避免由于动作不标准引起的运动损伤，达到更好的运动健身效果。

Master 包含深度双目摄像头系统、语音模块、蓝牙模块、树莓派、Wi-Fi 模块等部件。Master 集成双目体感和骨骼识别技术，通过深度双目摄像头识别用户人体像素信息，以此在后台实时建立用户动作三维模型，计算各关键肢体部位如脸、脖子、肩、肘、手腕、腰、膝盖、脚踝等的相对位置及角度关系，将用户动作模型与预先置入的标准动作模型进行对比并检测差异。

本机器人有两种使用模式：第一，当用户在进行健身、瑜伽等“以静止姿势为观测点”的简单重复动作时，Master 将实时得到的模型对比结果，以语音播报的形式提醒用户，帮助用户规范运动动作。第二，当用户在进行太极拳、健美操等“以运动过程为观测点”的复杂连贯动作时，Master 通过蓝牙与用户手机相连，不仅实时记录用户运动模型，还录制用户的运动视频，在用户一次连贯运动过程结束后，内置蓝牙将运动视频、动作三维模型动画及运动效果检测结果发送至用户手机。用户观看视频时，Master 可在用户动作出错处暂停画面播放，语音提醒指正。用户在手机上同步查看标准动作视频、标准动作三维模型动画、实际动作视频和实际动作三维模型动画，了解运动过程中出现的动作误差，并在下一次运动中进行改进。

Master 现阶段用于辅助用户在家中健身锻炼，未来产品升级后还可用于舞蹈教学、武术教学等非家用领域，应用前景广泛。

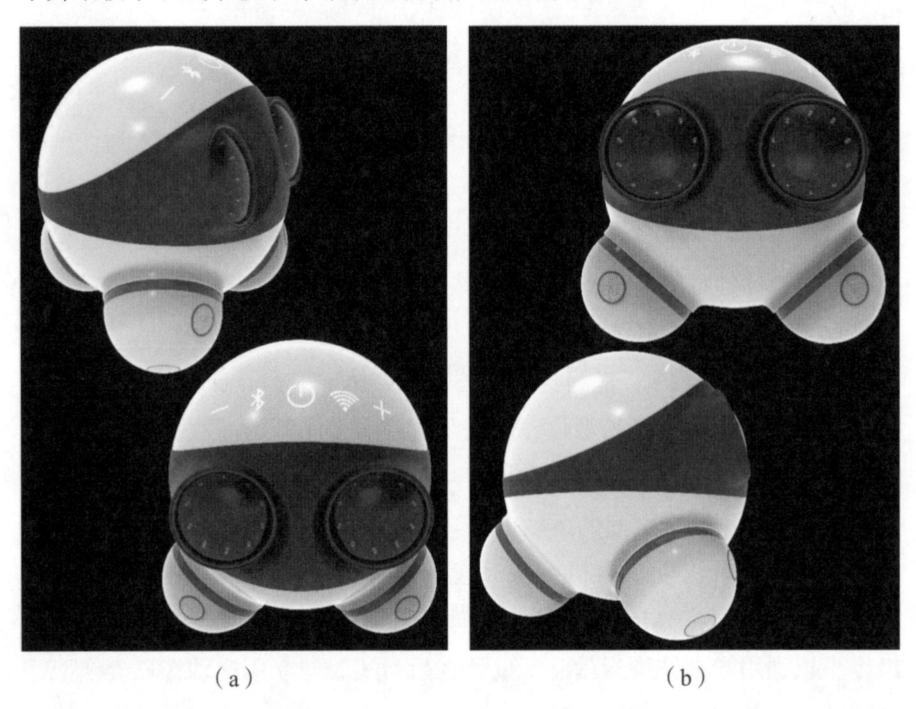

（a）　　　　　　　　（b）

图 102　家庭健身辅助智能机器人

家庭守护者

获奖等级：入围奖
设计者：赵峰，李昊林，汪鑫
指导教师：刘泓滨
昆明理工大学机电工程学院，昆明，650500

家庭守护者（图 103）是一款集安保、巡逻、防暴功能于一体的多功能机器人。

家庭守护者机器人的主要创新点：

（1）集成性。本作品设计综合了以往各种类型的防暴机器人、巡逻机器人的特性，如：适用公共场合，同时可以发射多种防暴弹。

（2）进步性。在已有技术基础上进行升级，对机器人进行智能化设计和人性化改进，针对一般非恐怖袭击类犯罪活动采取多种防暴手段，如电击、强光照射等。

（3）智能性。利用机器人视觉技术，机器人可在发现犯罪行为后自动锁定犯罪分子，利用图像识别技术进行远程控制，自动追踪打击犯罪分子，且自动躲避前方障碍物，实现在人群中的目标追踪。

（4）自主性。具有自动巡逻技术，机器人可对某一区域进行不定时、不定路线巡逻，在第一时间发现并且制止犯罪活动。

（5）适应性。使用更为灵活的底盘驱动设计以应对越来越复杂的犯罪活动。在技术不断进步的过程中，第二代机采用轮履替换机构，可适应更复杂环境，提高机器人的机动性能，以便实施反暴活动。

家庭守护者机器人主要技术关键：

（1）机器人整机结构设计；

（2）应用单片机、机器视觉技术实现机器人的巡查与远程控制；

（3）机器人系统的整体协调运动；

（4）巡逻系统的设计与布置；

（5）智能化设计应用。

家庭守护者机器人开发技术路线：

（1）结合当今的形势与大赛主题，提出安保巡查防暴机器人的设想；

（2）调查目前现有的安保、巡查、防暴机器人的现状；

（3）对安保巡查防暴机器人的基本机构进行讨论，确定机器人的大体架构；

（4）针对已有机器人的现状，完善机器人的功能；

（5）对机器人进行建模、运动仿真以及应力分析等；

（6）通过以上步骤，不断对机器人的结构和功能进行完善；

（7）搭建机器人实物样机；

（8）通过单片机结合机器视觉技术对机器人的功能进行调试。

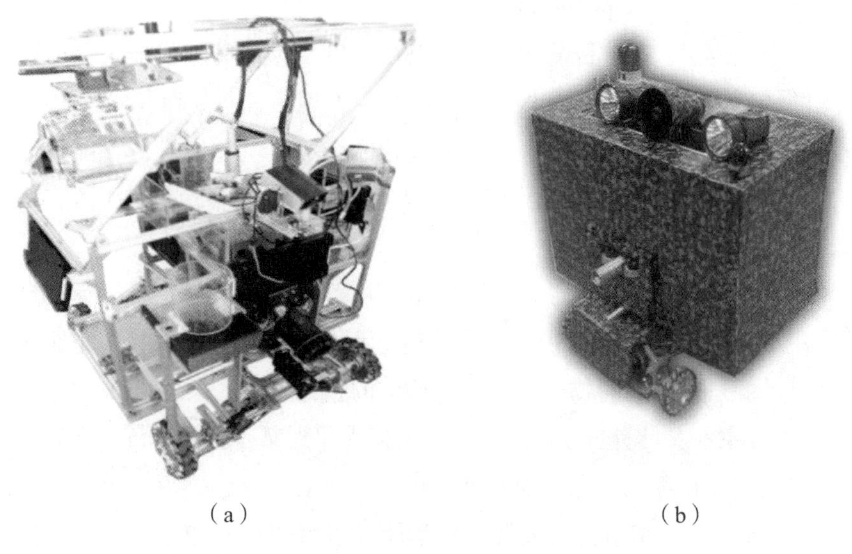

（a）　　（b）

图 103　家庭守护者

家庭智能服务机器人

获奖等级：入围奖
设计者：佟柄峰，赵佳玉
指导教师：赵翠俭，耿亮
石家庄学院物理学院机电学院，石家庄，050035

针对当下家用机器人价格高、功能单一等问题，我们设计并制造了一台家庭智能服务机器人物理样机——鸵鸟（图104）。该机器人集语音交流、人脸识别、物品收纳等功能于一体，采用树莓派计算机作为计算核心，将其打造为一个高性价比的真正的智能机器人。

家庭智能服务机器人的功能特点：

（1）双目摄像头，人脸识别，深度学习。利用双目摄像头可以感知机器人到某一物体的距离。同时，我们通过双目摄像头来进行人脸识别，这将很轻松地辨别出谁是家人。通过在计算核心上搭建深度学习平台，赋予机器人自我学习的能力。

（2）双机械手臂设计。我们为机器人配备了两个包含夹爪的6轴机械手臂。在几何学中，6轴机械臂可以到达空间内任意一点，这也是目前工业机器人大多都采用6轴机械臂的原因所在。

（3）集成智能语音交互系统。家庭智能服务机器人集成了智能语音交互系统，有了该系统，人们就可以通过语音操控机器人，同时，人们还可以通过该系统进行交流。

（4）背包功能。家庭智能机器人内部除硬件电路所占用的空间外，其他全部空间设计成一个储物箱——实现背包功能，这个功能使得机器人可以随身携带人们所需要的物品。

（5）声源定位（功能硬件尚未加入）。家庭智能机器人将加入声源定位功能，即通过说话者的声音辨别出说话者的方位，配合人脸识别功能，机器人将能够随时随地接收人们对它的召唤，并准确地来到人们的身边。

（6）保洁功能（功能硬件尚未加入）。基于对机器人利用最大化的理念，我们将在机器人底部加入扫地、拖地功能硬件，以实现机器人的保洁功能。

（7）拍照功能（正在寻找解决方案）。家庭智能机器人还可以随时为家人拍照，记录下美好的瞬间！

（a）

（b）

图 104 家庭智能服务机器人

家用多功能服务机器人

获奖等级：入围奖

设计者：骆伟平，夏志磊，卜得峻

指导教师：张亮，张欣

天津工业大学电气工程与自动化学院，天津，300380

设计者充分调研了家用服务机器人的研究现状，并将未来服务机器人的发展方向与现实可行性进行了结合思考。在此基础上，本项目设计了一种利用太阳能为机器人提供能源，基于蓝牙无线通信技术构建智能家居网络，集家务劳务、家庭垃圾分类处理、居家情感交流陪伴、家庭安全等功能于一体的家用多功能服务机器人（图 105）。

（1）智能清洁。考虑到现阶段自动扫地机器人技术已经基本能满足人们的需求，本项目在机器人底部设计了吸尘扫地装置，将垃圾直接处理并吸进垃圾桶。机械臂加以辅助的机械构造，实现擦地。通过语音控制和手机 APP，无须主人起身劳动，机器人高效完成家庭的劳务工作。

（2）家庭垃圾分类功能。机器人携带有厨余垃圾桶、生活垃圾桶、不可回收垃圾桶三种分类垃圾桶，通过内部和外部结构优化和加装传感器，实现声控开关盖、垃圾自动分类。

（3）智能处理垃圾。机器人自身携带的垃圾桶具有声控智能开关盖的功能，对厨余、果皮等容易滋生细菌的垃圾能进行一键自动打包、封口装袋的功能。

（4）居家伴侣功能。如今，家庭孤寡老人、孩子独自在家的现象越来越多，本项目建立了一个面向特定应用的基于语音识别的人机交互系统，使机器人具有伴侣、情感交流和语音交互功能，能够根据主人指令播放故事、音乐。

（5）家庭安全功能。通过安装一氧化碳、天然气等有毒害气体监测传感器进行安全监测，一旦有害气体超过标准，机器人将进行语音报警，为家庭的安全增添了一层保障。

（6）自动充电。机器人可以通过太阳能板自动充电补充能源。

该家用多功能服务机器人经过机械设计和控制系统的设计，具有较强的科学性、实用性和可靠性。其可使家居环境的舒适程度和智能化程度得到很大的提高。

（a）　（b）

图 105　家用多功能服务机器人

家用多功能洗鞋机器人

获奖等级：入围奖
设计者：张志行，姚咏航，代国军
指导教师：张良，朱立红
合肥工业大学汽车与交通工程学院，合肥，230000

洗鞋是一种烦琐的家务劳动，在日常生活中，人们普遍采用手工刷鞋的方式，不但辛苦还费时。目前，已有的洗鞋机外形和洗衣机差不多，由于本身结构和工作机理的局限，难以彻底清洁鞋子存在的“死区”，无法达到良好的清洗效果。针对这些问题，本项目设计了一种新型的家用多功能洗鞋机器人（图 106），具有更佳的清洗效果，可为人们的生活提供更大方便。

该机器人可实现对鞋的自动刷洗，同时根据不同鞋子的不同材质自动更换刷子。将一双鞋放在 8 根可断开连接杆上，每一只鞋由 4 根可断开连接杆支撑，杆固接于丝杆滑动平台，丝杆滑动平台可使鞋做相向和相离运动。丝杆滑动平台通过丝杆与滑台基座相连，滑台基座固定于回形状主运动平台。主运动平台通过齿轮齿条配合实现直线往复运动。可断开连接杆交替支撑鞋子，止推面定位块在杆上运动，通过压力传感器控制鞋子的夹紧。装置中共有 8 个刷子，每个刷子由小电机带动旋转（底刷除外）。（1）清洗鞋外侧的 2 个外侧刷：通过间歇旋转机构和自锁夹具机构实现刷子的自动更换和固定。（2）清洗鞋内侧的 1 个内侧刷：采用回转机构实现刷子的自动转换。（3）清洗鞋底的底刷：固定在支撑杆下端。（4）清洗鞋上表面的 1 个上表面刷：应用单圆销外啮合槽轮机构来自动更换刷子。（5）清洗鞋后跟部分的 1 个后刷：采用回转机构实现刷子的自动转换。（6）清洗鞋内部的 2 个内刷：采用定块机构实现内刷的升降运动，一个刷头随杆定轴弯曲伸入鞋里刷洗，另一刷头固定于杆，针对脚后跟位置刷洗。清水与洗涤剂由装置上方的喷头间歇喷洒，脏水通过回形状主运动平台流出。

该新型家用多功能洗鞋机器人的诞生，能够更好地实现对鞋的清洗，相对于市面上已有的洗鞋机，该产品功能较全面，清洗效果较显著，让洗鞋更轻松、方便和快捷。

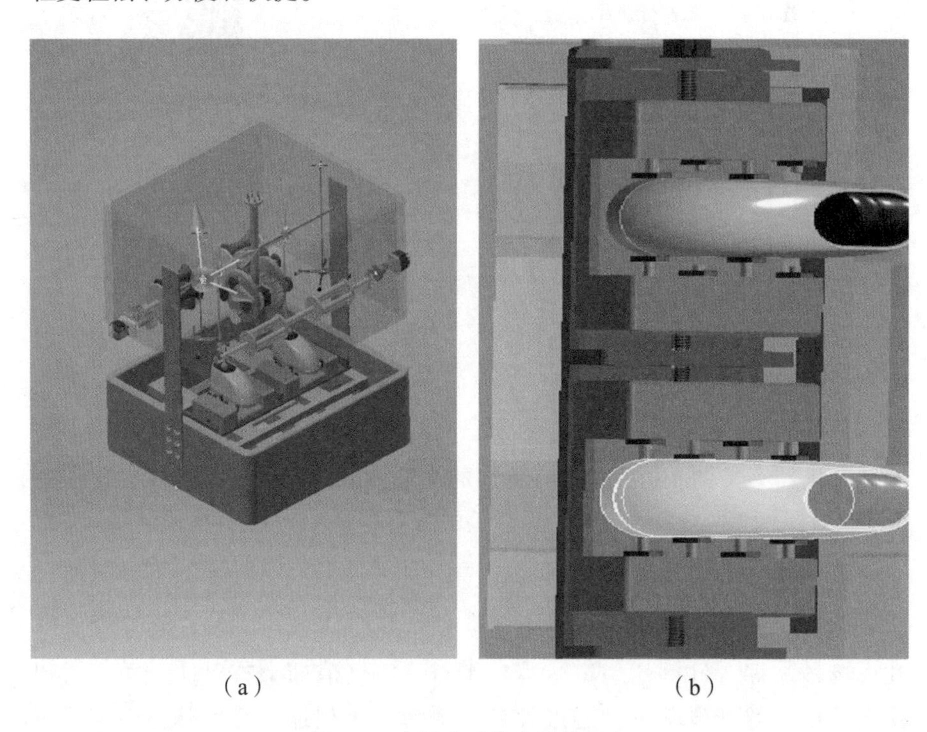

（a）　　　　（b）

图 106　家用多功能洗鞋机器人

交互式远程控制智能仿生机械手

获奖等级：入围奖
设计者：赵禹翔，刘树钰，杨大壮
指导教师：陈文娟
中国石油大学（华东）理学院，青岛，266580

随着社会的不断发展，老年人与残障人士独自在家中居住面临的各种生活问题得到了广泛的关注。利用机器人代替服务人员对特需人群进行照看在劳动成本和时间灵活性方面拥有很大的优势。目前市面上常见的家庭机器人主要设计目的集中在与人类进行情感交流的方面，而在对残障人士的家庭生活管理及照看方面还不能提供实质性的帮助。针对这些问题，我们创新性地提出了一种交互式远程控制方式，设计了一种与人体手部结构相似的仿生机械手（图 107），将 Leap Motion 手势传感器首次应用在机械手臂的控制上，实现机械臂模仿人体手部动作并完成抓取物体等操作。同时，我们根据实际需求创新性地加入远程辅助操作模式，使子女或社区服务人员可在特定情况下对机械臂动作进行控制，从而最大程度帮助老年及残障人士解决衣、食、住、行上的各种难题。

本作品的创新之处：

（1）手势传感器的创新性应用

使用 Leap Motion 手势传感器对仿生机械臂进行控制，控制过程中人体手部无须与输入设备直接进行接触，控制过程简单有效，人机交互流畅自然。

（2）机械手动作的远程控制

通过网络获取摄像头的监控画面，远程人为干预机械手的动作状态，实现机械手的辅助控制功能。

（3）多传感器融合技术的设计

在仿生机械臂抓取物体的同时，创新性地引入触觉传感器对抓握力度、温度进行实时感知，通过反馈调节实现机械臂姿态的自动调整。

本项目基于计算机视觉技术与人工智能技术，设计了一种可服务于老年及残疾人士的交互式远程智能仿生机械手，可代替服务人员对特需人群进行照看，有效解决社会人力资源短缺且服务人群数量众多的行业痛点。该作品控制过程简单有效，人机交互流畅自然，且其工作不受时间与空间的限制，在代替服务人员对特需人群进行照看方面拥有巨大的优势。本项目研究在新的养老及助残服务模式方面拥有十分重要的现实意义。

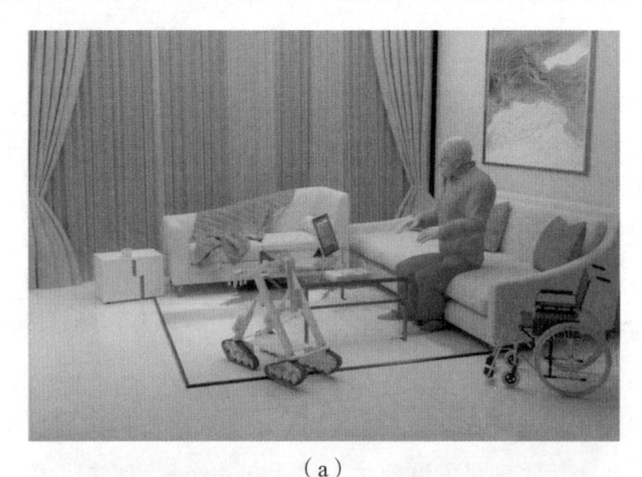

（a）

（b）

图 107　交互式远程控制智能仿生机械手

居家老人手指肌力训练机器人

获奖等级：入围奖
设计者：陈哲铭，何子豪，张佳中
指导教师：冯永飞，梁冬泰
宁波大学，宁波，315211

本项目设计的居家老人手指肌力训练机器人（图 108）是一种新型家用服务机器人，主要用于老人手指肌力的锻炼，维持老人现有的自理能力，减轻家庭护理和经济负担，具有重大的应用价值和市场前景。

现有的手指肌力训练产品并不能够充分地满足老人居家使用的需求，针对老人设计的手指肌力训练产品还需要不断地改善。设计者在查阅国内外手指训练机器人文献基础上，应用机器人学、生物医学、计算机学、认知科学、控制科学等多学科理论，分析人体手部生理特性，提出一种滚筒渐进驱动的手指训练构型，旨在满足手指屈伸运动的同时，也能同时实现伸展与握拳运动，可以实现老人单个手指与多个手指的组合训练，还具有心率、皮肤电阻等生理传感器。本作品以老人健康为目的，以安全性、舒适性、通用性、美观性、互动性、易使用和成本低为设计原则，以老人手部握拳与伸展、单手指或拇指的针对性功能训练为主线，通过人手的生理结构、自由度、尺寸、运动参数的分析，应用机器人技术、机构学、信息技术、智能控制等学科的最新理论与技术，研究了面向居家老人手部功能训练的关键技术问题。在机构方面，本作品包括拇指驱动模块、四指驱动模块、四指伸展模块、机架、绷带与计算机。拇指驱动模块和四指驱动模块中有拉压力传感器（用于检测手指所受的力）和位置传感器（用于获取手部运动姿态）。机架内部包裹有海绵、绷带等部件，保证手部在安全的情况下与机器人紧紧贴合。在控制方面，本作品在 PID 位置控制的基础上，开发了基于模糊控制算法的轨迹渐增被动训练与主动训练算法，满足老人个性化训练需求。

团队经合作，成功设计出机器人的机械结构，并确定控制系统、机器系统、生理传感反馈系统方案。根据前期的设计方案，初步加工出一台原理样机，并对机器人训练系统与运动控制方法进行实验，验证了系统的可行性和实用性。

（a）

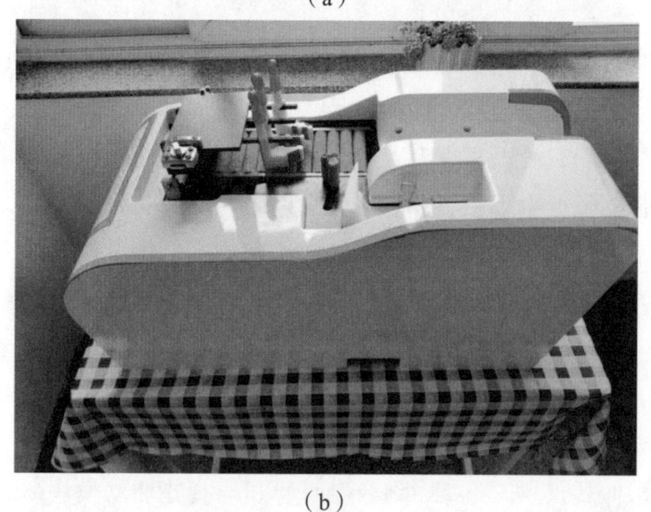

（b）

图 108　居家老人手指肌力训练机器人

具有动作解析功能的陪伴宠物机器人

获奖等级：入围奖
设计者：谷清水，仝佳媛，郭晓峰
指导教师：左国立
北京工业大学信息学部自动化学院，北京，100124

养宠物可以调整身心、缓解寂寞，越来越多的人对宠物有强烈的需要。但是，饲养宠物一方面需要照顾它的衣食住行，另一方面宠物身上的病菌和生物会影响到人的健康。因此，我们设计出一种供人抚摸、外观类似抱枕、可与用户进行情感交互的智能陪伴宠物机器人（图 109）。该机器人具有柔软且多毛的表面结构，让人抚摸起来就像是在抚摸宠物，可达到调节情绪的效果。机器人外表面内部的传感器阵列会检测人手的抚摸路径以及人手用力的大小，进而通过由舵机组成的尾部结构对人进行动作反馈，也可通过发声模块进行反馈。同时，机器人还可以通过人手的抚摸路径及用力大小来分析人的情感，不同于传统通过视觉系统拍摄人脸来分析人物情感的方法，可避免光线、使用姿态等诸多限制因素对情感分析的影响，降低成本的同时可达到更好的安慰心理的效果。

机器人主要分为尾部动作模块、人手抚摸路径检测模块、情感分析模块、通信系统模块和控制器五大部分。除此之外，还需要计算机作为上位机对机器人进行数据检测和情感分析。控制器采用 STM32F103ZET6 主控芯片。尾部动作模块是由 4 个舵机串联而成的，左右摆动有 3 个自由度，上下摆动有 1 个自由度，用于和人交互。人手抚摸路径检测模块由 13 个电阻式应变片传感器构成，用于检测人手抚摸路径，也用于收集情感分析所需的数据。情感分析模块通过神经网络来分析用户的情感，通过软件部分实现，该模块可以分析出抚摸机器人的用户的情感是高兴、悲伤或者是生气。通信系统模块采用 Wi-Fi 或串口模块实现和上位机通信，主要功能是将人手抚摸数据以及机器人尾部运动状态等参数发送给上位机。基于该作品我们已申请一项发明专利和一项实用新型专利。

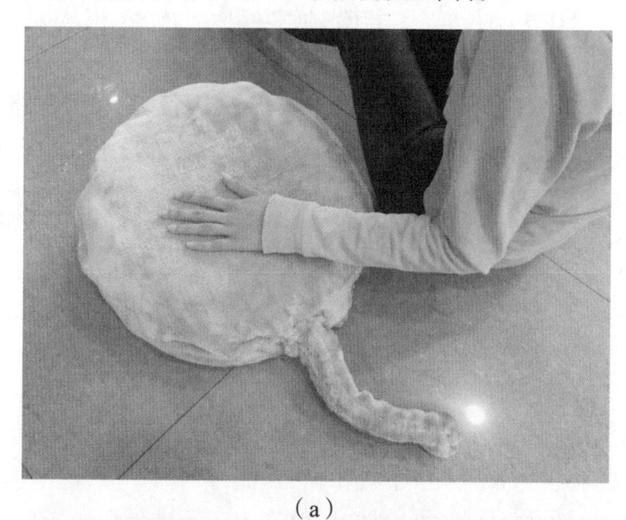

（a）

（b）

图 109　智能陪伴宠物机器人

可分离式多功能康复机器人

获奖等级：入围奖
设计者：张昊，何宇航，邵华晨
指导教师：赵萍，杨矫云
合肥工业大学机械工程学院，合肥，230009

我们设计的可分离式多功能康复机器人（图110）服务的对象以老年人为主，能够提供取物、递送等服务，协助老人站立、行走，帮助老人在站立、坐、卧等状态下进行部分躯体适度运动。为实现以上功能，机器人的总体分为以下三个部分：

（1）前体移动机器人——提供取物、递送的服务；

（2）可调节变换的座椅——协助老人站立、行走；

（3）多功能车身——提供一个空间以及相关设备帮助老人在站立、坐、卧等状态下进行部分躯体运动。

因此，该机器人由前体移动机器人、可调节变换座椅和多功能车身组成，外加单片机芯片为核心的电路控制系统。总车身宽80cm，长120cm，高80cm。

在没有具体要求的情况下，机械臂的变形过程可进行变化。A部件保持静止，以增强变形过程的平稳性，B部件绕A部件以远离外上凸壳的方向旋转270°，与此同时,C部件以B部件为参考系、以远离B部件的方向旋转180°，D部件以C部件为坐标系旋转180°，同时E部件可根据实际要求的取物方向旋转90°，F部件及其指部在无相应命令时，可保持其原有状态。至此，单只机械臂的一般变形过程完成。

车身两边设置有对称的扶手，可以辅助使用者完成向前移动至座椅中间的动作。

使用者需要站立时，按下对应按钮，椅背略微后仰，并在整个站立过程中与地面保持相同角度。座椅的坐垫部分绕前端轴缓慢旋转，同时椅侧的支撑杆绕着后端轴旋转，使用者升高，待整个座椅变换至与地面垂直，座椅变换结束，人体保持站立状态。同时，在椅子下面设有可辅助走路的履带，当人体保持站立时，可按下按钮并可自主调整履带的运动速度。使用者可以在此辅助下进行行走，从而实现一定的体能锻炼。

当使用者处于坐姿状态想要暂时休息时，可按下按钮，椅背即可绕轴旋转至水平，待使用者躺平后，从车体旁侧面展开辅助躺背，扩宽平躺面积，使用者可以在车上暂时休息。

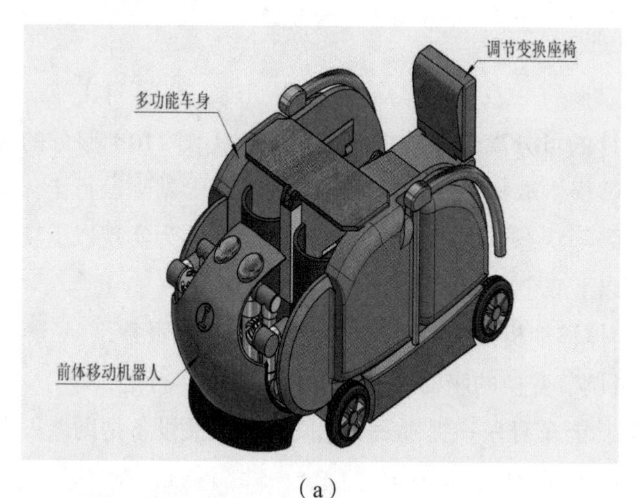

（a）

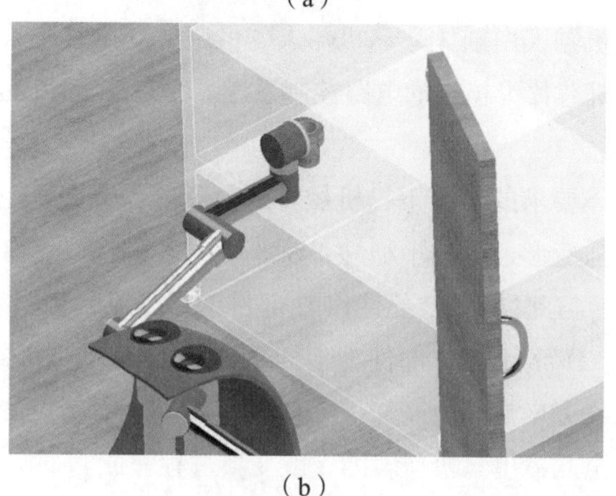

（b）

图 110　可分离式多功能康复机器人

懒人脱鞋与收纳一体化鞋柜

获奖等级：入围奖
设计者：周润杰，李鹏，王硕
指导教师：王虎
合肥工业大学机械工程学院，合肥，230009

设计者通过对市场的充分调研发现：现阶段，绝大部分家庭使用的储鞋家具仍为传统的木质储鞋架，市场上成熟的智能鞋柜也很少，而且鞋子收纳类家具的设计者多从其容纳量和美观性进行设计，并未从本质上提升该类家具在使用过程中的便捷性和智能性。本项目的目标是针对目前鞋柜行业的不足，设计一款可以自动解除鞋带、辅助脱鞋和智能收纳的一体化鞋柜（图 111）。

本作品主要的机构有：电磁式解除鞋带机构、自动自锁压鞋机构、安检式传送机构、升降梯机构、横向推鞋机构、储鞋机构和相关控制及功能模块。

本作品主要包括两大部分，一是脱鞋器部分，二是传送储鞋部分。

脱鞋器部分包含了电磁式解除鞋带机构、自动自锁压鞋机构、安检式传送机构等。

脱鞋器的传动方式：使用者踩下脚压板，脚压板带动轴转动，轴经过齿轮和齿轮带将动力传送至下压锥齿轮，进而带动压鞋器绕中心轴转动下压。通过齿轮之间齿数配比，实现脚压板压平时，压鞋器旋转 90° 至水平位置。压鞋器到位后，夹带器内置的电磁铁通电，将处理后的鞋带末端（鞋带末端裹上一层铁皮）吸入夹带器的矩形凹槽中，然后夹带器旋转，在电磁力和铁皮与夹带器凹槽之间的摩擦力的双重作用下，夹带器旋转拉动鞋带，使鞋带解开。解开后，通过脱鞋器后端的卡紧凹槽，就可以将鞋脱下，当人离开装置后，传送带将鞋输送至鞋柜内部。

传送储鞋部分主要是在传送带将鞋输送至鞋柜后，通过先升降后平推，将鞋输送至指定的位置。主要采取滚轴丝杠传动，储鞋抽屉均采用镂空式，利于空气循环流通。上部进行送风，对送风口辅热即进行烘干，下部放置活性炭吸附杂物，侧边还可加空气清新剂释放装置用于除臭。

该辅助脱鞋与收纳一体化鞋柜包括机械结构部分和控制部分，团队经过合作，运用CAD技术，已完成了整体机构的设计与装配，并进行了动画的制作和有限元分析。控制部分团队拟采用STM32控制板进行运动控制。本文重点介绍了机构的设计以及动作的执行过程，虽然没有最终的实物，但通过详细的设计和仿真，团队验证了方案的合理性，并将在下一步完成装置的搭建和调试。

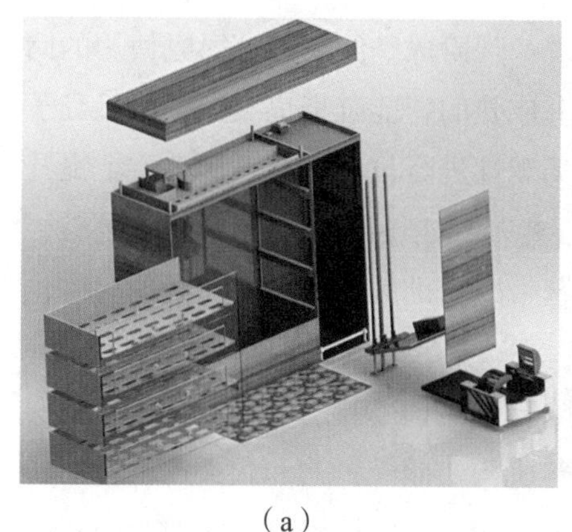
(a)

(b)

图111　懒人脱鞋与收纳一体化鞋柜

聋哑人辅助交流眼镜

获奖等级：入围奖
设计者：毛楚婷，孟本智，杨皓
指导教师：田思庆，郭士清
佳木斯大学信息电子技术学院，佳木斯，154007

设计者充分调研了目前社会上针对聋哑人所发明的产品的现状，在此基础上分析了现有人工耳蜗和助听器等为帮助聋哑人正常交流的产品的功能组成。本项目的目标是针对现有辅助聋哑人交流产品自身原理设计上的不足，采用人工智能和语音识别等技术，设计出一种基于网络的非特定语音转换技术的聋哑人辅助交流眼镜（图 112）。

目前世界上有近 7000 万的聋哑人，无法正常沟通是聋哑人融入社会的最主要障碍。目前主流的解决方案是让聋哑人佩戴助听器或植入人工耳蜗。但是这两种方式有一定的局限性。助听器大多数针对中度和部分重度的耳聋患者。同时，个别情况下存在助听器性能不佳、调试不当等因素导致听到的声音有失真（变调）或听不清楚等不适，需要通过人工耳蜗来帮助。而对于人工耳蜗植入患者而言，他们“听到”的其实是一种电流刺激，与自然的声音存在差异。通过搜索资料，我们发现这两种产品的售价都比较高，特别是人工耳蜗的价格对于普通家庭来说难以承担。我们设计的这款聋哑人辅助交流眼镜转换思维，用语音转换技术从另一个角度让聋哑人“听到”。聋哑人只要戴上它，就能通过液晶屏看到别人说的话来进行交流沟通。设计者团队通过语音转换技术和互联网技术将语音转化为文字，并且将转化后的文字显示在液晶屏上，聋哑人通过眼镜片上的文字就可以了解对方说话的内容，从而实现聋哑人与正常人的交流沟通。同时，我们在之后将进行完善，设定噪声环境下的近距离语音识别，可以避免接收到杂音，提高转换的效率，使聋哑人与正常人能更有效交流。

该智能眼镜包括了人工智能和语音控制这两个系统。团队经过合作成功克服了捕获信息、上传信息和如何转化等几个难点。经过三个月的代码编写，实现了其基本功能，并对其进行了实验，验证了系统的可靠性和实用性。

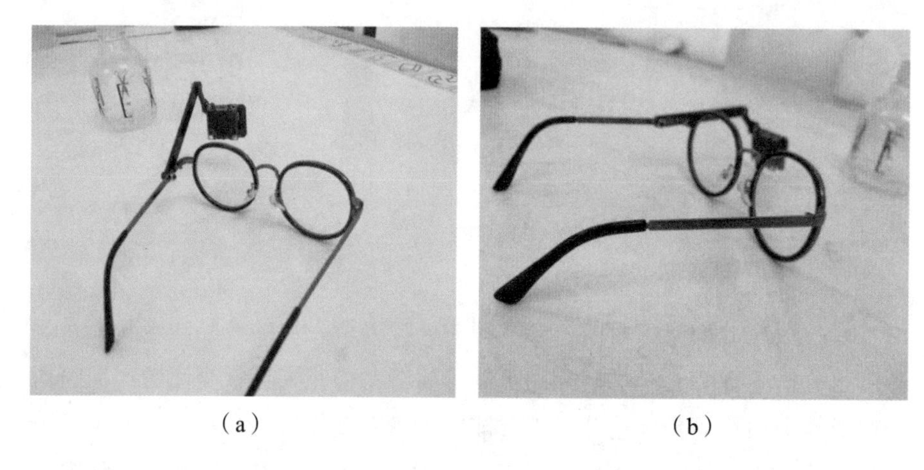

（a）（b）

图 112　聋哑人辅助交流眼镜

全自动洗澡机

获奖等级：入围奖
设计者：勾艺，帅瀚钦，张文杰
指导教师：章德平，阳学进
武汉轻工大学，武汉，430023

设计者充分调研了目前全自动洗澡机的研究现状，在此基础上分析了现有全自动洗澡机的功能组成。本项目的目标是针对现有全自动洗澡机自身原理设计上的不足，采用最新的清洗和机构设计技术，设计一种站姿与坐姿可相互转换的全自动洗澡机（图 113）。

已有的自动洗澡机产品大多数都比较昂贵，有些产品并不适合行动能力差的老年人，而且浴缸等可能存在一些安全隐患。我们要设计一个经济实惠，而且更加适合行动能力差或者没有行动能力的老年人或者其他偏瘫等无法行动的人，所以设计了此产品。它一共分为三个部分：可变座椅部分、辅助牵引部分和自动搓澡部分。

1. 可变座椅

可变座椅部分通过滚珠丝杆与滑动脚踏板组合，使双脚踩在上面能前后移动；背部靠椅通过锥齿轮副带动丝杆旋转从而达到上移效果。其中，利用电动推杆将座板向上推移，同时可以调整高度。这样，从提供座位的椅子变身为一块可供背部靠背的平板。

2. 辅助牵引部分

辅助牵引部分利用可调整松紧的背带将不方便行动的老人或残疾人固定住，再通过滚珠轴承与滚轮将背带拉起，起到一个向上提起的作用。同时，顶上装有转盘，使人能小幅度转动清洁。

3. 自动搓澡部分

通过中间与侧边的海绵毛刷清洁人体的每一个角落，其中中间部分通过三级伸缩装置使清洁海绵可前后伸缩，清洁人体的胸前与背部。其中，三级装置通过电机带动齿轮齿条，齿轮齿条伸出后将链轮带出，达到相对位移的效果；侧边的清洁海绵通过轨道滑块与齿轮齿条机构相结合，能做到前后左右的伸缩，无死角清洁人体。

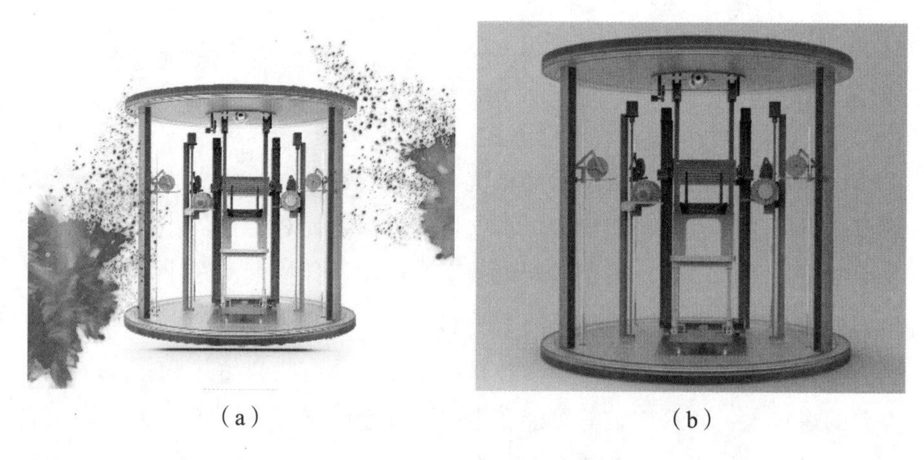

（a）　　　　（b）

图 113　全自动洗澡机

室内自动换鞋装置

获奖等级：入围奖
设计者：刘万鑫，蒲华林，余杨明键
指导教师：刘念聪，付林
成都理工大学核技术与自动化工程学院，610059

设计者调查了市面上的自动换鞋装置，发现它们的实用性并不是很高，往往一个装置只能让一个人使用，而且大部分不具有储鞋的功能，所以我们为鞋柜引入新的结构。我们设计的室内自动换鞋装置（图 114）在原有鞋柜的基础上，主要赋予其自动换鞋、储鞋的功能，并且将鞋柜空间尽量充分利用。

该装置的系统流程可简述为：（1）进门装置触发；（2）鞋柜挡板打开，脱鞋换鞋结构滑出；（3）两鞋板达到水平平面，机械手开始辅助脱鞋；（4）脱鞋换鞋装置划入柜体，鞋柜挡板关闭；（5）换鞋结束，装置恢复到初始状态。

经团队合作，我们成功设计了机械系统和控制系统，其中我们主要是在机械系统上进行了大幅创新，摆脱了常见装置那些沉笨老旧的方式。

机械系统方面：本装置主要分为三个部分，分别是动力机构、平行机构、挡板运动机构。动力机构，我们设计为三台电机，其中两台为步进电机，一台为舵机。其中一台步进电机为整个装置提供主动力，舵机则提供辅助脱鞋机构的动力。平行机构，利用平行四边形上下底面保持水平的特性，来保持家居鞋和室外鞋不因为装置前后运动而上下倾斜摆动，同时节省水平面面积。挡板运动机构，通过挡板的运动，给平行四边形杆一个初动力，同时挡板也能够收回，使装置更美观。

控制系统方面：设有两套控制方式，一个由 Arduino 控制，通过它实现自动脱鞋换鞋的全过程；另一个是手动开关，通过它可以随时停止或启动装置，使装置更加实用。

另外，该装置具有识别功能。在从室内鞋到换室外鞋的过程中，我们能够预先知道自己的鞋放在哪一个平行结构里，然后进行换鞋。该过程主要通过识别家居鞋的特征，确定所要找的室外鞋位于哪个平行结构，而每个平行机构固定放置了一双特定的家居鞋，这样免去了找室外鞋的困难。

经过一段时间的设计制造，我们成功做出了第一台样机，并对其进行了多次试验，验证了装置的可靠性和稳定性。

（a）

（b）

图 114　室内自动换鞋装置

智能贝利珠

获奖等级：入围奖

设计者：汤晨雨，李潮阳，李楷

指导教师：唐伟杰，邓荣峰

北京理工大学珠海学院，珠海 ,519088

设计者充分调研了目前市面上茶道机器人的研究现状，在此基础上分析了现有茶道机器人系统的功能组成。本项目的目标是设计出一款更加智能、更加符合家庭实际需求的茶道机器人（图 115）。

在当今社会，随着生活节奏的加快，人们能悠闲恬静地坐下来品茶的时间越来越少。但是中国人饮茶，注重一个“品”字。“品茶”不仅是鉴别茶的优劣，也带有神思遐想和领略饮茶情趣之意。我们的这个作品在保存古老工夫茶文化的基础上，利用荷塘月色的布局，在其中加入自动化技术和先进的机械设计，将手动泡茶的复杂专业工作通过数据量化。通过自动化技术和先进的连接式机械结构，将本身较为专业复杂的工夫茶茶艺，变为较为简单的触屏操作，实现良好的交互体验。人们在都市繁忙生活中，可以通过我们的茶道机器人体验品茗净心、悠然自在的人生态度。

在控制方面，团队采用 UCOS 二代操作系统，通过缩减代码量，简化代码结构，提高代码的复用率，达到更高效、更快捷运算的效果，增加空间的利用率，极大地提高了运行效率。控制系统一共使用 7 个电机，3 个舵机之间的联动控制，将整个茶道的复杂操作转变为相对简单的分板块运行。核心主控板同时使用多个线程实现不同运动模块的联动和精准控制。该系统分为电机系统和舵机系统两个运动系统模块，其中电机系统使用高级定时器精确单脉冲控制，精确高效地控制电机步数；舵机系统使用串口通信，使舵机的旋转角度精确到 0.08′。

茶叶的口味选择系统，从水的温度、散热量、茶叶的净含量、浸泡时间、茶水倾覆率、萃取温度等多个方面通过科学的数据量化，探究不同茶叶最佳的冲泡方案。

该机器人分机械系统和控制系统两个部分。经过五个月的设计制造，我们生产了第一台物理样机，并对其进行了试验，验证了系统的可靠性和实用性。

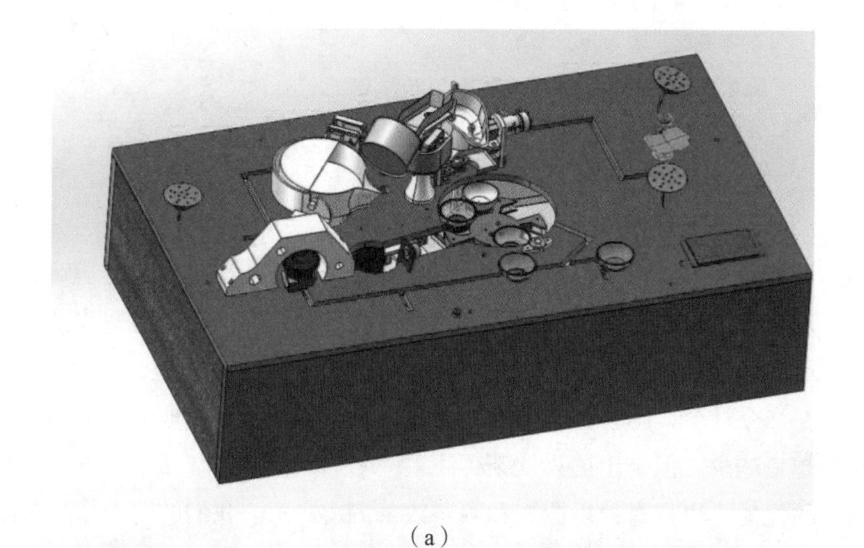

（a）

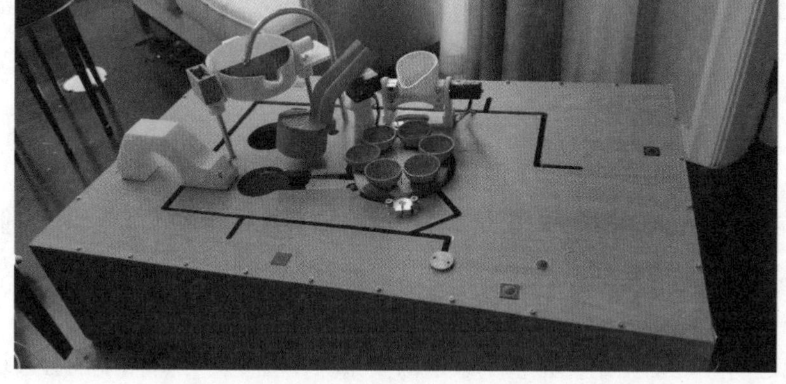

（b）

图 115　智能贝利珠

智能防护儿童学步机器人

获奖等级：入围奖
设计者：李艳婷，刘宇，高豪峥
指导教师：汤何胜，王成湖
温州大学机电工程学院，温州，325600

调研发现，人们对学步车的需求很大，但是现在市场上的学步车普遍存在一些缺陷，孩子在学步车里身体靠坐垫支撑，行走时候主要依靠足尖滑动，有可能对孩子的成长发育造成负面影响。针对这些问题，设计团队研制了一款智能防护儿童学步机器人（图 116），它具备以下功能：

1. 科学规划阶段性学步

根据婴幼儿的学步能力分阶段采用不同的学步方式。初学阶段，婴幼儿无法独立行走，采用坐玩的婴儿车模式；学步中后期，婴幼儿已经具备了基本的行走能力，则采用手推式和学步带结合的学步车模式，让婴幼儿有相对自主决定的能力。分阶段的学步方式更有利于婴幼儿的健康和学步。

2. 实时监测识别及数据智能分析

通过智能监测系统配合仿生学步带来对婴幼儿运动状态进行监测，并根据数据分析结果做出相应提示。例如，当婴幼儿的行走姿势不正确、婴幼儿周围存在安全隐患、学步车速度过快时，该车会发出警报提示家长。温湿度传感器对环境温度、湿度进行检测，同时将数据传送至车载显示屏以及蓝牙连接的移动设备。

3. 智能减速及科学保护

外置的环境识别模块在扫描识别到障碍时，及时通知家长。内置的控速模块配合红外传感器和速度传感器，在婴幼儿行动过快时，通过减速来保障安全；仿生学步带内置压力传感器，当检测到压力过大时，说明婴幼儿过度依赖学步带，独立行走能力还有所欠缺，则会提示家长，调节松紧，以便给婴幼儿更好的体验。

4. 幼儿学步伴侣

家长根据幼儿学步的状态，选择不同的学步模式，音箱会播放合适音乐，利于幼儿的语言学习和智力开发。在学步车推杆前部设有互动屏，可以模拟学步环境，调节幼儿的情绪，让婴幼儿更好地学步。

5. 手机 APP 反馈

通过树莓派将分析各个传感器监测的实时数据，经过蓝牙无线模块传输到智能屏和手机 APP 上；通过云端处理对幼儿的学步状况进行分析，给出改善建议。

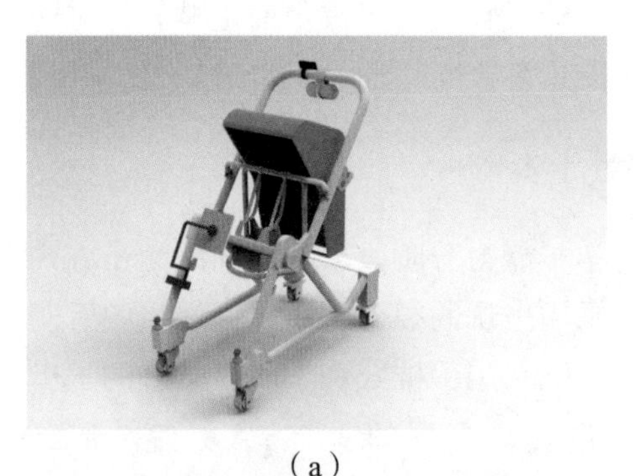

（a）

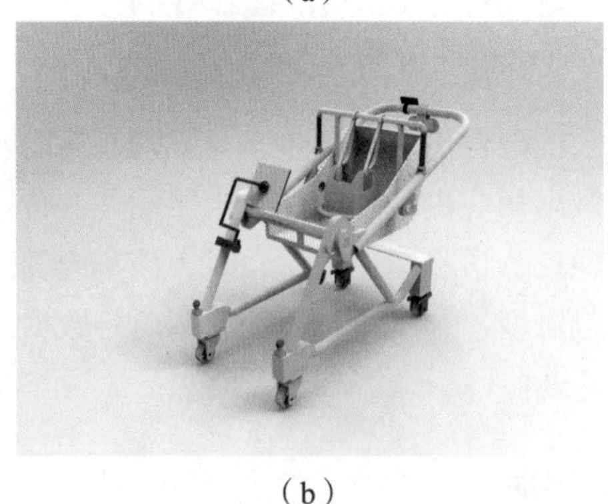

（b）

图 116　智能防护儿童学步机器人

智能钢琴家教机器人

获奖等级：入围奖
设计者：曾荣华，王旭，曹越
指导教师：殷宝麟，颜兵兵
佳木斯大学机械工程学院，佳木斯，154000

设计者充分调研了目前家居机器人的研究现状，发现大部分的智能家居机器人都是以释放人类的体力与脑力为目标，而忽视了“兴趣教育”这一需求。为此，本项目设计了一款智能钢琴家教机器人（图 117），目标是让科技与教育的融合成为新的家居生活方式。

时代的发展对钢琴的功能改造提出了新的要求，要使钢琴向现代音乐文化生活靠拢，就需要赋予钢琴更多的现代化功能。针对此问题，设计者提出了一种新的解决办法，设计出一款钢琴琴键膜，它与钢琴键尺寸相同。考虑到学员对于琴键的操作性能、使用寿命以及循环使用的需求，采用耐磨不易发黄的硅胶透明膜，与琴键的键位相符合，凹凸键位实现完美的融合。智能钢琴家教机器人主要特色结构包括：（1）电容按键与 LED 组成的钢琴琴键膜。LED 贴片用于提示学员按下某一块琴键；电容按键用于读取按压琴键的力度以及按压的时间。（2）电容屏幕的人机交互界面。为提高系统整体的性能并提高稳定性，将单片机搭载实时操作系统，将系统分为多个任务、多线程控制进行运行。

智能钢琴家教机器人内部安装有语音模块、无线 Wi-Fi 模块、压力传感器和音色传感器等多种不同功能的传感器，使其具备了人机交互、语音交流、自主识别琴谱和演奏的功能。用户也可通过人机交互界面控制钢琴辅助教学的速度。智能钢琴辅助机器人会将弹奏的精准度和钢琴的发声数据通过人机交互界面实时反馈给用户。

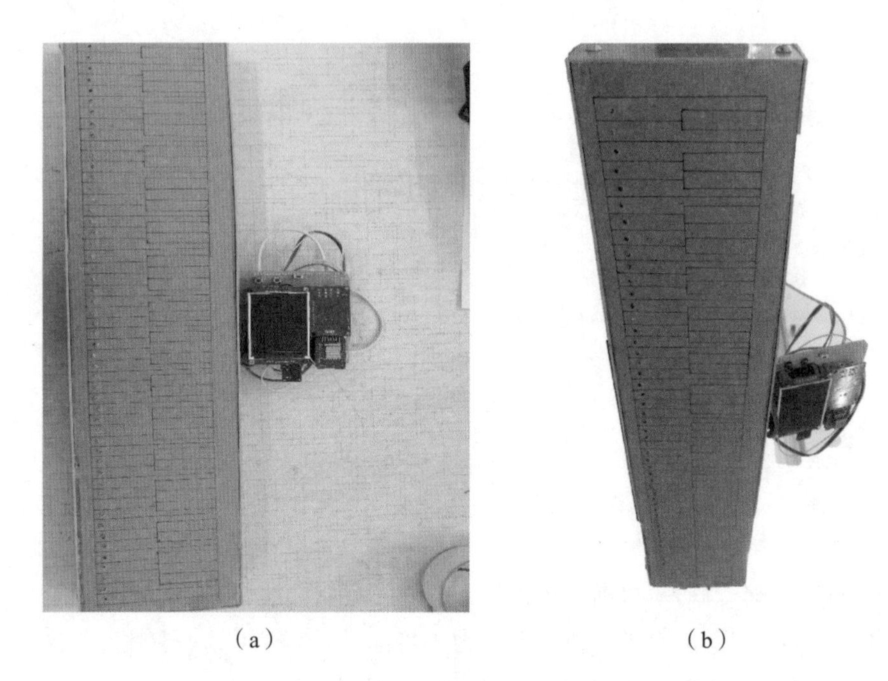

（a）　　（b）

图 117　智能钢琴家教机器人

智能米桶

获奖等级：入围奖

设计者：卿宏伟，杜世伦

指导教师：蒋朝根，邹喜华

西南交通大学，成都，611756

社区居民购米是一种刚性需求。团队成员对市场做了一次问卷调查，结果显示绝大部分参与者对自助购米机的认可程度比较高，并愿意接受使用自助购米设备。

由此，我们团队设计并制作了自助购米机——智能米桶（图 118），它是一款结合互联网的社区购米设备，可以为社区居民提供便利的购米服务，实现实时下单、网上付款即时出米、货仓监控、新鲜保障等一系列功能。不仅方便普通民众，对于行动不方便的人更是便利生活的福音，省去了前往商店的路途，也省去了称取排队等一系列的时间。

整套购米设备系统由四个部分组成，分别是米桶机械构造、嵌入式软硬件系统、服务器系统以及基于安卓的手机客户端。米桶机械构造是目前实现功能的一个简单物理样机，核心部件是实现出米的螺旋式结构。嵌入式系统硬件包括电机以及电机驱动、通信设备、温湿度传感器、称重传感器、显示器以及语音设备。使用 STM32 作为主控制器，搭载 uCos 系统调度各个功能模块与传感器部件协同工作，实现与服务器端的通信、驱动电机实现米桶的出米、人机交互、监测以及调节温湿度保证米的干燥新鲜，以及通过软件实现整个设备低功耗工作。服务器系统保存了客户信息以及订单数据，实时传输与反馈从终端收到的数据信息，并作为米桶终端与手机终端通信的桥梁。安卓客户端界面友好、操作简单，能够完成注册、登录、扫码解码、提交订单以及在线支付等一系列功能。

系统的工作流程是首先通过手机APP扫描二维码进入下单界面，选择大米的品种和重量，在线支付订单后服务器接收到订单信息，并将订单数据下发到购米设备终端嵌入式系统，控制设备进行出米，出米结束后会有显示器文本以及语音提示，客户此时即可取出大米。系统经过反复测试，已经具备一定的可靠性与实用性。

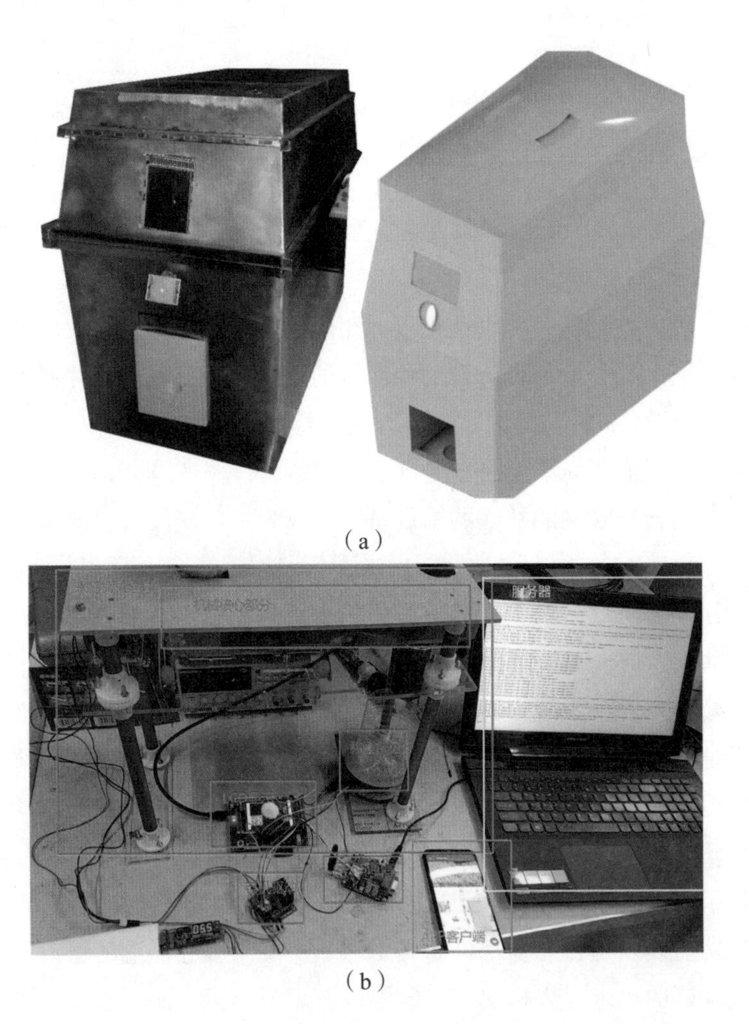

（a）

（b）

图118　智能米桶

智能陪伴监护机器人“小新”

获奖等级：入围奖
设计者：孙印博，吴英俊，王月
指导教师：油海东，王东强
青岛农业大学，青岛，266109

我们设计的智能陪伴监护机器人“小新”（图 119），利用语音识别的算法来实现一些常见的家居生活功能，如查询天气预报、播放想听的音乐、听最新的新闻，等等。

该机器人使用的处理器是树莓派，利用树莓派处理数据的功能，再加上 ReSpeaker 4-Mic 阵列语音录入模块，使得其可以在 3m 之内识别语音；通过接入百度 AI，利用百度语音开放平台来处理数据，最后通过一个小音箱将语音输出。

树莓派：它是一款基于 ARM 的微型电脑主板，以 SD/MicroSD 卡为内存硬盘，卡片主板周围有 1/2/4 个 USB 接口和一个 10/100 以太网接口（A 型没有网口），可连接键盘、鼠标和网线，同时拥有视频模拟信号的电视输出接口和 HDMI 高清视频输出接口。

ReSpeaker 4-Mic：基于树莓派的 ReSpeaker 4-Mic 阵列是一款适用于 AI 和语音应用的树莓派的四通道麦克风扩展板。该板是基于 AC108 开发的，这是一款高度集成四通道 ADC，具有用于高清晰度语音捕获，I2S / TDM 输出，拾取 3m 半径的声音的语音设备。此外，这款 4-Mics 版本提供了超酷 LED 环，其中包含 12 个 APA102 可编程 LED。就像 Amazon Echo 或 Google Assist 一样，使用 4 个麦克风和 LED 环，树莓派具有 VAD（语音活动检测）、DOA（到达方向）、KWS（关键字搜索）等功能，并可通过 LED 环显示方向灯。

百度 AI: 百度 AI 开放平台覆盖了人脸识别、语音识别、文字识别等多项技术，以及从数据、算法、计算到感知层、认知层、平台层、生态层、应用层的不同能力层面的技术布局，其中平台层对外开放，生态层对接合作伙伴、开发者，最后在应用层落地企业、行业应用。

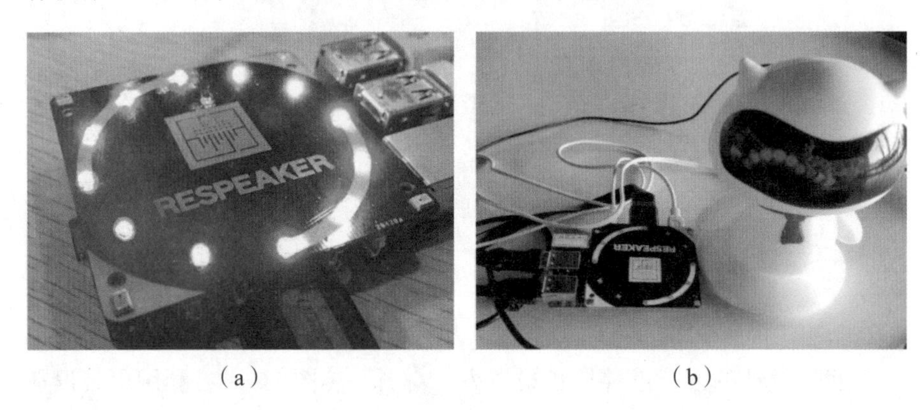

（a）　　（b）

图 119　智能陪伴监护机器人“小新”

智能刷鞋机器人

获奖等级：入围奖
设计者：朱晓辉，周昕，蒋海丞
指导教师：呼烨，呼咏
吉林大学机械与航空航天工程学院，长春，130022

设计者充分调研了目前智能刷鞋机器人的研究现状，在此基础上分析了现有自动刷鞋装置的功能组成。本项目的目标是针对现有自动刷鞋装置自身原理设计上的不足，采用最新的清洗和机构设计技术，设计一种基于手工模拟技术的全自动型智能刷鞋机器人（图 120）。

智能刷鞋机器人通过模仿人手动刷鞋的动作，对鞋子进行从外向内的全方位的清洁，改变了传统机械粗糙简陋的刷鞋方式。在调研当前已有的家用刷鞋机工作原理及市场的过程中，我们发现目前市面在售的刷鞋机普遍存在清洗效果较差、清洁不到位等问题，我们设计的智能刷鞋机器人通过与手工刷鞋类似的清洁方式和独特的机械结构，真正实现了全方位、无死角、智能化的清理。且相较于传统刷鞋机，智能刷鞋机器人的体积更小，不占用过多空间，便于家庭使用。为了更好地发挥智能刷鞋机器人的作用，我们针对不同材质的鞋子进行了不同毛刷的设计，可以更好地避免鞋子在清理过程中受损。

智能刷鞋机器人仅需人手动将需要清洗的鞋子夹到鞋夹上并打开开关，进水系统便在鞋箱底部开始注入适量肥皂水，鞋子在气缸的推动下，下降至水中浸泡；浸泡适量时间后，鞋子上升，外部大毛刷在电机的驱动下旋转，对鞋子外部进行清洗，内部小毛刷在电机的驱动下从鞋口进入，刷毛在电机的驱动下旋转，并在气缸的推动下从鞋口到鞋尖进行全面清洗；清洗完成后毛刷收回，鞋子随着上板的圆台进行离心甩干，最后经过烘干和消毒，刷鞋工作便全部完成。

智能刷鞋机器人主要包括机械控制系统、清洗剂控制系统以及干燥系统三个部分。机械控制系统和清洗剂控制系统可以保证鞋子内外同时清洁不留死角，装置各部分也不会受到清洗剂的影响，仍然能够稳定工作。其中，外气缸推动控制的毛刷负责全方位清理鞋子外部；内置的两个气缸，一个控制鞋子升降，一个控制内毛刷升降。电机驱动主丝杠和副丝杠旋转，带动鞋子沿两个方向移动。机械控制系统还可以针对不同鞋码分别控制。干燥系统可对鞋子进行甩干、烘干以及紫外光照射杀菌消毒等处理，让用户以最短的时间拿到一双处理完善的鞋。

经过三个月的设计制造，我们生产了第一台物理样机，并对其进行了试验，验证了系统的可靠性和实用性。

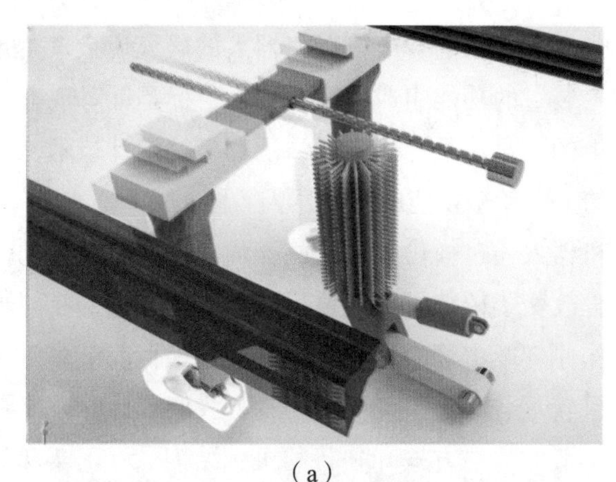

（a）

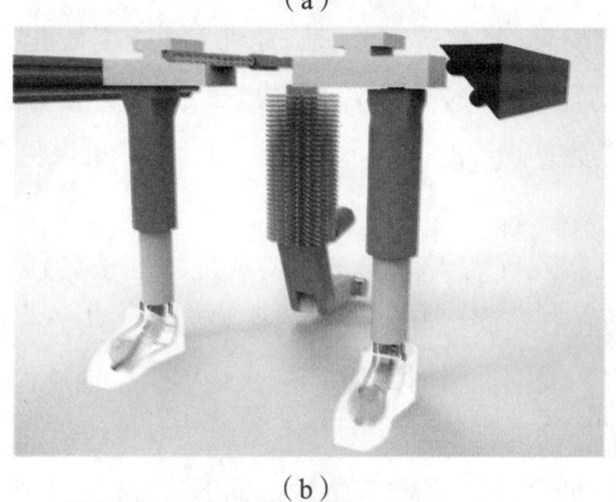

（b）

图 120　智能刷鞋机器人

智能水族箱

获奖等级：入围奖
设计者：林德峰，王明昌，欧阳洋颐
指导教师：王至秋
青岛农业大学机电工程学院，青岛，266109

设计者对目前市场上的水族设备进行了充分的调研，结果发现水族市场中的设备大多功能较单一，若饲养者需要一套完整的水族箱设备来实现水体供氧、恒温调控、自动换水等功能，往往需要购买数个不同的设备进行组装，不同产品之间通常有些功能重叠，造成资源浪费甚至相互影响，更无法完成远程控制功能。

针对以上问题，我们在现有水族箱的基础上分析了智能水族箱的功能组成，是将水族箱所有的功能集为一体，并且能够实现远程操控。因此，本项目提出了一种基于 LabVIEW 服务器的智能水族箱控制系统的设计方案，利用传感器对水族箱内环境参数进行实时监测，通过微处理器做出相应供氧、加热、换水等处理，并上传数据至服务器，服务器与微处理器协同完成工作。

该智能水族箱（图 121）将系统分为三个部分：第一部分是服务器，接收来自 Wi-Fi 模块的环境参数，将水族箱内温度和室内温度绘制成温度曲线，显示下位机上传的水族箱内图片，通过 Wi-Fi 模块发送指令至下位机，实现对下位机电气设备的远程控制。第二部分是控制器，以 STM32 单片机为核心，包含单片机、Wi-Fi 模块、摄像头模块、SD 卡模块、温度传感器、显示屏等，作为数据流的中枢，连接起整个系统，负责服务器的指令接收与下位机的参数发送。第三部分是电气设备，包含供氧泵、加热棒、抽水泵等执行部分。出于安全考虑我们没有自行制作电气设备（防止自行制作的设备不达标，出现漏电、失控等问题），而是购买市场上符合国家标准的电气设备，通过单片机连接电磁继电器对其控制。

经过四个月的时间，团队研制出了第一台智能水族箱物理样机，并通过 LabVIEW 设计了服务器，对下位机与服务器进行连接试验后发现，本设计可以实现远程操控水族箱的水体供氧、温度调控、自动换水等功能，并且能够实时查看水族箱内的画面、温度以及室内温度，推动了智能水族箱的一体化发展。

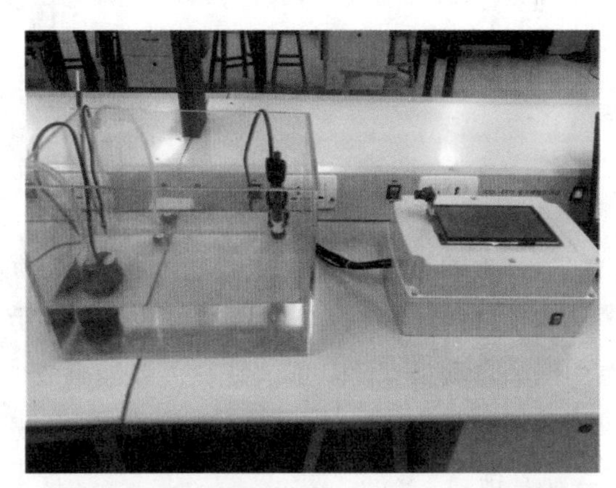

（a）

（b）

图 121　智能水族箱

智能枕头

获奖等级：入围奖
设计者：严昊，陈浩，宋思睿
指导教师：王嵘
华东理工大学，上海，200237

1. 设计思路

为了改善人在睡眠时遇到的落枕等一系列问题，本作品（图 122）意在对普通海绵枕加以改进，采用更加温和舒适的气囊，以在人睡眠、无意识的情况下，自动微调头部的左右位置和上下高度，有时若头部偏角过大，其协同底部并联机构调整头部不自然扭曲的情况，以达到防止落枕、保护颈椎的功用。同时，该枕头能每日记录个人睡眠时的头部姿势，并通过算法，较准确地判断个人睡眠情况，从而辅助改良睡眠姿势并记录睡眠时长。此外，我们赋予了枕头其他的功用，通过震动而叫醒睡眠者，在有效叫醒睡眠者的同时，做到不打扰他人睡眠。

2. 整体构造及工作原理

整体构造：海绵枕头内置压力传感器，感应检测人睡眠时头部的姿势，控制处理器接收处理数据，控制气囊连同底部并联机构协同调整人头部的位置，防止因头部不正常扭曲而造成的落枕。同时，时钟模块记录时间，辅助监测人的睡眠时间。震动器置于气囊下方，在设定的时间叫醒使用者。

工作原理：枕面上各个指定点位安置有压力传感器，负责检测头部姿势。其将各点压力数据反馈至控制器后，在控制器通过数据处理后判断出当前睡眠者的头部姿态。若姿态不佳，消音气泵将开始工作，随后不同位置的气囊将鼓起合适的高度以便逐渐地调整睡眠者的头部姿势。同时，底部并联机构对枕头各部分的高度以及倾斜角度进行调整，以达到帮助睡眠者在睡眠时保护颈部、避免落枕的目的。另外，内置的存储模块将一直存储枕头各处的压力信息，而内置的处理器可对这些数据进行分析，以向使用者反映其睡眠情况。

内置蓝牙模块，可通过蓝牙模块设置闹钟。时钟模块计时，在到达指定时间点后，微型震动器震动，多个气囊往复鼓起，通过不断地扰动将睡眠者唤醒，而全过程噪声极低，故还起到了防止打扰他人的作用。

3. 主要创新点

（1）自主设计气囊，可控性良好，气密性高，舒适度良好。

（2）结合分布式压力传感器数据，利用 Arduino 开源平台分析头部姿态，数据较准确。

（3）分布式气囊同步微调头部位置，提升睡眠舒适度。

（4）利用并联机构调整头部位置，增强调整性能，实现有效可靠的头部姿势调节。

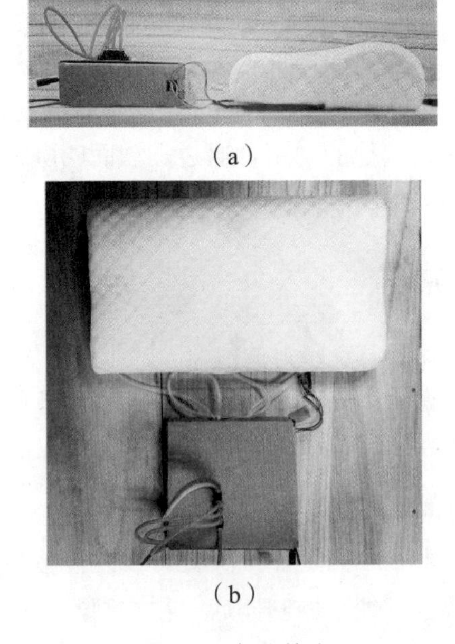

（a）

（b）

图 122　智能枕头

智能花盆

获奖等级：入围奖
设计者：徐婉婉，赖伟彬，朱锦波
指导教师：林华，萨百晟
福州大学，福州，350100

设计者充分调研了人们普遍使用的以及目前市场上售卖的花盆，在分析出市场痛点及用户需求的基础上，结合人工智能的应用现状以及智能家电的发展趋势，研究设计出一款集信息采集与处理、远程控制、植物管家服务等多种功能于一体的基于物联网的智能花盆（图 123）。

智能花盆在传统花盆的功能和廓形之上，结合物联网与互联网实现家用品的人工智能化升级。花盆周围安装由空气温湿度传感器、光敏传感器、土壤湿度传感器组成的传感系统，通过传感系统实时监测植物生长土壤、空气、光强等环境数据。选用 ARM Cortex-M3 内核的 STM32F103 单片机作为主控制器，采集和分析环境数据，以预测和检测植物的各项生长指标，生成植物生长信息。使用 ESP8266 Wi-Fi 模块实现连接至云端物联网平台，以“机智云”物联网平台构架物联网 Web 后台，信息实时上传至云端“机智云”物联网平台。除了信息采集与处理功能之外，该作品另一个特色是设置了自动补光系统、智能温湿调节系统、自动“撑伞”系统合成的全方位“智能植物管家”系统，可以根据植物生长需求提供植物的生长服务，例如浇水、补光、遮阳等智能服务，更加符合用户的需求。同时，用户可以在智能花盆对应的智能 APP 平台上选择开启或关闭“智能植物管家”，实现手动和自动管理植物的随时随地在线切换，远程控制功能作为该作品的主要功能，将为用户和植物提供更加智能化的种植管理。整个系统采用典型的物联网三角形构架——设备端、云端、用户端，给用户以智能互联的极佳的植物种植体验。

该智能花盆的设计分为产品组装搭设、硬件构架、软件调试三个方面，团队经合作在三个月的时间内已成功完成了产品的第一代初制产品以及第二代改进成品。

（a）

（b）

图 123　智能花盆

智慧队

获奖等级：入围奖
设计者：胡平，于永波，吴慧斌
指导教师：陈壮
湖南工程学院机械工程学院，湘潭，411104

设计者充分调研和分析了目前空地协同机器人的研究现状，在此基础上，本项目针对单一小车获取外界信息的有限与不足，结合无人机的协同功能，采用视觉识别技术，设计了一种基于视觉识别巡线和 AprilTag 定位的空地协同机器人——智慧队（图 124）。

地面小车设计，选用一个英特尔的 NUCi5 主机作为上位机，将获取的彩色图像信息进行处理，获得黑线的轮廓，通过计算黑线轮廓的中心点，再与图像中心进行比较得到黑线相对小车的位置。编程处理时本项目进行了坐标转换，使黑线位于小车中间，如果找不到黑线，则小车左右平移寻找黑线，直到寻找到黑线为止。视觉传感器采用 Intel D415 视觉传感摄像头，能够获取彩色图像信息和深度图像信息，类似于大脑和眼睛实现运动数据发布和外界信息感知，使小车能够完成巡线和避障。小车驱动选用麦克科技的 STM32 的控制板，优点是控制板本身支持与 ROS 串行通信，通过驱动节点的控制协议发送运动参数，使小车在避障的时候能够做横向平移，能够便捷和精准地控制小车的运动方向和速度大小，大大简化了代码。

无人机的硬件设计，上位机选用 Odroid 板，优点是价格便宜、重量轻。因为 Odroid 本身没有 Wi-Fi 模块，所以增加了一个 USB 无线网卡，用于远程启动和调试无人机。无人机采用 Pixhawk 飞行控制器，Pixhawk 采用 Ardupilot 固件，定高定点选择光流传感器，利用 Odroid 板上的 apriltags2_ros 节点，获取小车上二维码的位置并计算与图像中心的距离，得到无人机相对小车的空间位置。

经过两个月左右的团队合作，我们设计制作了第一套样机，采用了模块化设计，小车的机械系统尽量简单，采用麦轮驱动；无人机用组件组装而成，对协同系统控制方式进行了深度研究；并对其进行了调试和试验，验证了系统的可靠性和可行性。后续将对无人机的稳定性及协同精度做进一步的研究改进。

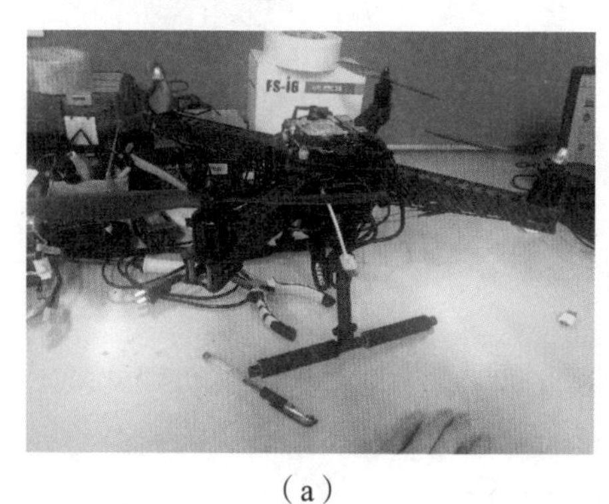

（a）

（b）

图 124　智慧队

智能时代

获奖等级：入围奖
设计者：邹文愚，张鹏，张维烈
指导教师：周春晓
西南石油大学，成都，610500

我们设计的机器人（图 125）主要由五部分构成：机械臂，控制器，深度相机，气泵，气泵转换器。

机械臂由一个底座和六个关节组成，每个关节代表一个自由度；机械臂末端有一个吸头，通过气泵转换器与气泵相连，实现对目标物体的吸取；控制器一端连接电脑，一端连接机械臂，和与电脑连接的深度相机共同作用，实现对目标物体的识别、定位及抓取。

机器人可以实现关节运动、直线运动、直线圆弧运动和笛卡尔空间运动。结合深度相机的作用，在所连接的电脑上修改相应的参数、输入相应的指令后，机械臂可以对其运动范围内的物体快速、精准地进行识别、定位及抓取。

其中涉及的主要技术如下：

1. 图像处理

（1）高斯滤波。调取的是 OpenCV 中 GaussianBlur（）API。在深度相机采集目标物图像的过程当中，往往会因为外界因素造成采集的图像有一些噪声，如不对这些噪声进行处理，就会对下一步模板特征点的匹配产生一定的影响，最终造成机械臂抓漏、抓偏。为防止出现这一现象，首先要对采集的图像进行高斯滤波。

（2）图像的色彩空间转化。调取的是 OpenCV 中的 cvtColor（）API，将深度相机采集的目标物图像进行色彩空间转化，让其变为灰度图。

（3）图像二值化处理。调取的是 OpenCV 中的 threshold（ ）API，参数为 COLOR_BGR2GRAY，将灰度图进一步转化为二值图像。

（4）轮廓检索与标识。调取的是 OpenCV 中的 findContours（ ）和 drawContours（ ）API，根据二值图像，找到目标物的最大轮廓，并在原图中标识出来。

2. 相关算法

Surf 算法（特征点检测和提取）：

（1）构造 Hessian 矩阵。

（2）构造尺度空间。

（3）精确定位特征点。

（4）选取特征点的主方向。

（5）构造 Surf 特征点的描述算子。

3. 机械臂抓取路径的规划

标定机械臂各关节（xArm 机械臂共有 6 个关节），根据相关要求和立方体的高度和宽度、视觉相机相对于机械臂末端中心的安装位置，在 Rvie 中仿真和不断地调试，再经过处理得到各个关节点在空间的笛卡尔坐标，最后根据这些位置规划机械臂的路径，然后通过不断地调试处理和调节机械臂移动的速度和加速度，进一步优化机械臂的路径和提高抓取目标物的效率。

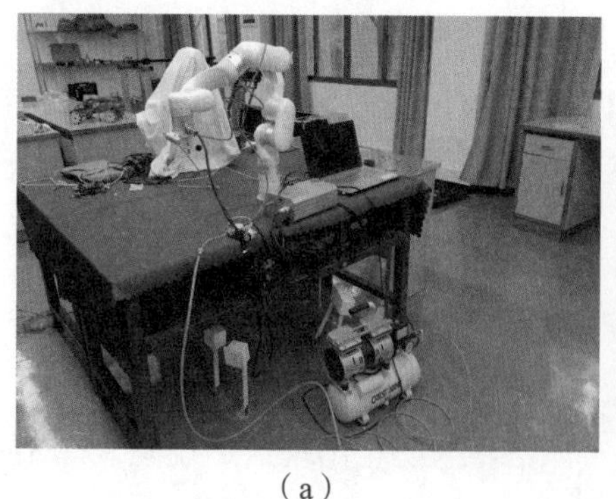

（a）

（b）

图 125　智能时代

EEA1

获奖等级：入围奖
设计者：董浩，毛艳岭，李子豪
指导教师：黄金明，滕艳
曲阜师范大学，曲阜，273100

以 xArm 机器人为平台，设计者学习了有关 xArm 机器人的相关知识，并在此基础上分析了现有机械臂的功能组成。本项目的目标是开发与利用机械臂的功能，实现精确抓取目标并放置在特定位置，用以代替人工，以便在工业生产中减少生产成本、提高生产效率。

关于硬件部分，xArm 共有 6 个自由度，拥有一体化机器人关节，使得 xArm 的关节比传统工业机器人的关节体积缩小了 30%，降低了结构的复杂性，提高了系统的可靠性。其支持真空动力吸盘和夹子等配件，并配备有一个摄像头，以实现更好的感应。相较于其他传统机械臂，xArm 抓取更精准，活动更自由，从而能更好地应对多种拾取型任务。

关于软件部分，xArm 应用 Python 语言，是一种面向对象型和解释型的计算机程序设计语言，是一种跨平台的开源编程语言，可移植、跨平台、可嵌入而且稳定成熟。图像处理的一些算法实现采用 OpenCV 跨平台计算机视觉库，OpenCV 提供的视觉处理算法非常丰富，并且它部分以 C 语言编写，加上其开源的特性，处理得当，不需要添加新的外部支持也可以完整地编译链接生成执行程序，所以可以用来做算法的移植。系统采用 Ubuntu 系统，Ubuntu 系统支持 DIY 界面，改善用户体验的同时自由度高，拥有强大的命令行，基本所有操作都可在上面执行。

xArm 机械臂机器人包括机械系统和控制系统两个部分。团队成员经过积极探讨和共同努力，基于 xArm 这个平台开发，已基本能使机械臂实现通过画面的处理来达到分拣并抓取对应的物品至指定区域（图 126）。xArm 并不仅仅是一款机器人产品，UFACTQRY 将其定义为开放的机器人平台，未来我们将会看到丰富的应用的无缝接入，使其进一步进化成为人类生活的好助手。

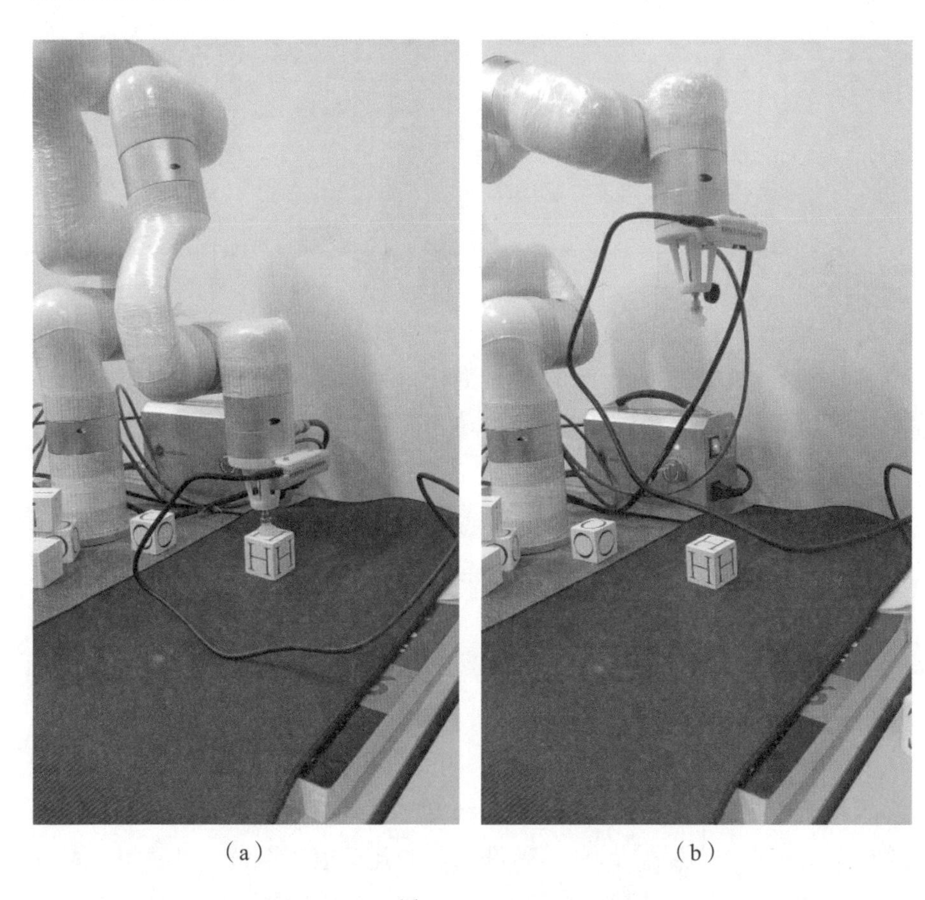

（a）　　　　（b）

图 126　EEA1

魔方机器人作品

一等奖作品

魔方机器人

获奖等级：一等奖

设计者：邱文浩，张润邦，宋雨菲

指导教师：王刚，陈静

湖南大学机械与运载工程学院，长沙，410082

设计者充分调研了目前魔方还原机器人的研究现状，在此基础上分析现有魔方还原机器人系统的功能组成。本项目的目标是针对现有魔方还原机器人还原速度不够快及装置成本偏高的不足，采用最新的机械机构和解算控制技术，设计一种基于双臂四指与机器视觉颜色识别的魔方快速还原机器人（图 127）。

机械执行机构部分：为了提高夹持魔方时高速运动的平稳性，我们设计的机械爪采用了平行四边形机构，使得爪子与魔方的两个接触面在夹紧时始终保持平行夹紧状态，从而使受力更均匀平稳，有效防止魔方滑脱。此外，作品还在与魔方接触的爪指表面处粘贴 PE 软垫，在增大摩擦的同时，提高了爪指接触面的弹性，从而进一步降低了因电机意外失步导致的魔方滑脱的风险。

控制器部分：采用了指数函数和线性函数相结合的提速曲线，在不失步的前提下，最大限度地提高步进电机的转速。

控制程序部分：运用聚类算法和平均值算法为某些难以识别的色块（如红色和橙色）提供第一、第二可能解，然后再通过魔方结构的判断逻辑算法，去除不可能存在的色块组合，在第一、第二可能解中选取正确可能性最大的解，进一步提高识别的正确率。采用 Kociemba 算法对最优魔方还原步骤进行解算，采用二叉树遍历和局部优化的算法进行最小步骤寻优，进一步缩短机械结构还原的时间。

在经过大量的重复试验后，本魔方机器人可以在6s内自动还原魔方（若含人手取放则在8s内），运行稳定，成本低廉，纯电力运行，简单方便。

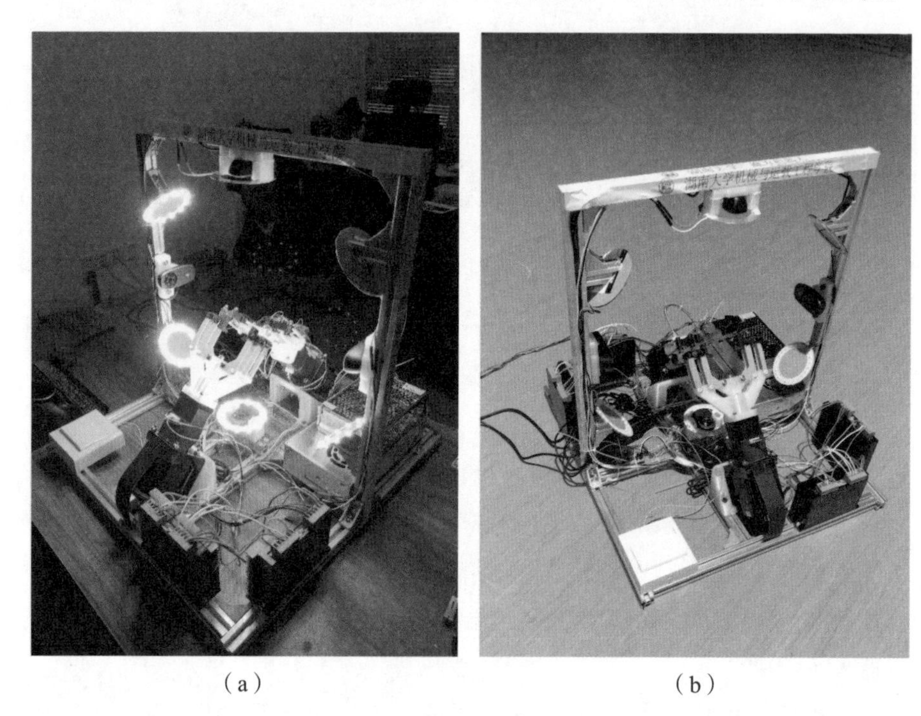

（a）　（b）

图127　魔方机器人

魔方机器人

获奖等级：一等奖
设计者：梁俊雄，管寅昕，王果
指导教师：周纯杰，王德光
华中科技大学，武汉，430074

依据赛题要求，我们制作了一款卧式双臂二指型魔方机器人（图128），可以在平均 5.5s 还原任意一个三阶魔方。机械部分整体框架用 20 × 20 的铝型材搭建。总装尺寸为 470mm × 470mm × 340mm，总重量为 7.9kg。机械臂旋转通过交流伺服电机驱动，机械爪的开合通过 MHF8-D2 平行气缸实现。总体机械执行时间平均为 4.5s。

控制上我们经过实验发现，只有恒定加速度的时候，转动或者翻转魔方时，魔方产生的晃动比较小，因此我们采用矩形加减速，通过 485 通信，给驱动器发指令驱动。我们采用矩形加减速的控制模式，经过测试，电机空转 90° 最快 32ms。提升速度的瓶颈在于翻转魔方时，魔方会由于惯性向前“甩过”，导致无法继续还原，所以在翻转魔方时，必须减速。魔方是否会“甩过”取决于加速度，而“指数加速”“S 形加速”，其加速度均会有峰值，不适合翻转动作，所以我们采用了矩形加减速来进行控制过实验发现，使用矩形加减速控制的翻转 90° 的动作耗时 127ms。

我们使用并行控制的方法，即在上一次动作执行完之前，提前开始下一次动作。比如在电机小范围整定的过程中，我们会即提前开始下一次动作。这样可以使得动作更加连贯，在不影响稳定性的同时，大大提升速度。

在视觉方面我们采用视频采集卡采集 4 个摄像头的数据，通过 SVM 算法对 54 个颜色块进行分类。考虑到 4 个摄像头的成像差别，我们针对 4 个摄像头分别采集样本，训练了 4 个分类器。同时我们在不同的光照条件下收集样本，每个颜色块的样本数量大于400，具有很高的鲁棒性。

在算法方面，我们采取URXY的坐标系，利用两阶段算法直接求取两只机械手的机械步骤，再通过算法避免气管的缠绕，计算出最终的机械步骤，通过RS232通信发送至下位机执行。统计发现，该方法得到的机械步骤大约在65步，相比六个面的还原步骤解法提升了10%。

（a）

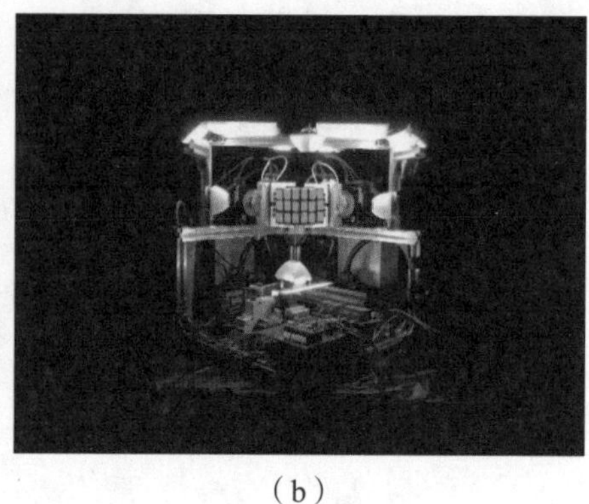

（b）

图128　魔方机器人

魔方机器人

获奖等级：一等奖
设计者：沈彤，王雷，吴端丽
指导教师：高兴华，马宇姝
北华大学机械工程学院，吉林，132013

为了满足魔方机器人更快速、更精准、更高效的设计理念与竞赛目标，我们开发了基于 ROS（机器人操作系统）的双臂二指魔方机器人（图 129）。该机器人主要由颜色识别单元、魔方解算单元、动作转换计算单元、动作执行单元组成。

颜色识别单元中，魔方色块信息由 3 台 UVC 摄像头一次性采集，每台摄像头采集魔方的 2 个面。因为多个摄像头拍摄角度不同，所以不同摄像头采集的画面亮度存在不同，难以处理。我们决定采用多个独立 LED 对魔方各个面进行亮度标定与补偿。经过处理后的摄像头画面色彩表现一致性较好。在摄像头采集到魔方色块信息后，对其采用基于 OpenCV 的 K-Means 算法进行聚类，以完成颜色分类。基于魔方本身的特性，可直接设定初始聚类中心为魔方各面中心块，并且每类成员数量为 9，这样大大缩短了聚类的运算时间。

在获得魔方状态信息后即可对其解算。魔方解算采用 Kociemba 开发的两阶段算法，该算法是目前世界最快的魔方算法，平均计算时间为 50ms，步骤约为 20 步。

在得到魔方的转动解序列后，需要将其转换成机械手臂动作。使用带时间权重的深度优先搜索算法对所有可能的动作路径进行遍历，并对其进行合理剪枝，去除大量重复路径，完成理论解到机械动作的转换与优化，实现以耗时最短为目标的最优解。

下位动作执行器采用 STM32 单片机为控制器，实现对两只手腕步进电机、两只气动手指的控制，完成复原魔方的动作。基于步进电机本身特性以及为了保证魔方还原过程中的机械稳定性，需要对电机转动过程中的加减速曲线进行控制。我们采用了正弦曲线以保证电机转动稳定性。与此同时，为了保证下位机动作的实时性，将速度曲线事先计算好存入下位机内存中，以查表的方式实现加减速曲线速控制。

另外，我们采用了 180° 开合的摆动式气缸，在任意手爪张开时两只手爪可以任意转动互不干涉。引入“时间复用”的思想，双臂双爪动作最大限度地同步执行，大大缩短了魔方还原时间。本魔方机器人完成一次魔方复原用时平均在 8s 以内。

(a)

(b)

图 129 魔方机器人

我们不会拧魔方

获奖等级：一等奖
设计者：高彪，高帆，郝文豪
指导教师：高兴华，李忠山
北华大学机械工程学院，吉林，132021

本作品为两臂二指魔方机器人（图 130）。在电机和气缸的驱动下，模拟实现人手指和手腕的动作。上位机 PC 端通过摄像头识别处理得到魔方的颜色信息、使用求解算法解出还原动作序列，在将还原动作序列转换为机械动作序列后发送给下位机。下位机根据机械动作序列控制电机的转动和手指开合实现魔方的还原。

光线对颜色识别的影响很大，当两个摄像头协同工作时，更需要均匀的光线环境。采用纯白色魔方进行补光，补光前对各个面的亮度进行采集，补光灯调整亮度到期望亮度。为了寻找最适补光期望亮度，每次补光后对固定乱序魔方进行识别，并计算不同色块的最小类间距离，当最小类间距离最大时，即为最适补光期望亮度。

摄像头拍照完毕后提取出 54 个色块的 RGB 信息，使用 K-means 聚类，簇数 K 为 6，六个中心块为初始聚类中心，经过多次迭代直到聚类中心不再变化，RGB 值被分为 6 簇，得到魔方颜色信息。将颜色信息输入到 Kociemba 算法解出人手动作序列。但机器无法像人手那样自由转动，需要将人手动作序列转化为机器动作序列。机器拧动一个面的方式有 16 种，为了得到最优的机械动作序列，对所有情况采用深度优先搜索进行遍历，但平均的还原动作数为 20 步，机器要遍历 16^{20} 种情况显然不可能，所以对搜索过程根据已设定条件进行剪枝，将相同深度下，状态相同用时较长的情况进行剪枝，同一深度下最多保留 16 种状态，将程序的时间复杂度从指数级降为线性级，并且通过用空间换取时间的方式建立搜索库，大大缩短了搜索时间。

电机高速转动时，魔方夹层会发生相对转动，为避免这种转动，对电机转动使用 S 形曲线进行平滑控制。机械手的旋转分为空转、拧动、带动三种，三种情况分别采用不同的速度曲线进行转动，提高整体的速度。

经过调试，机器人可稳定在 10s 内完成魔方复原。

（a）

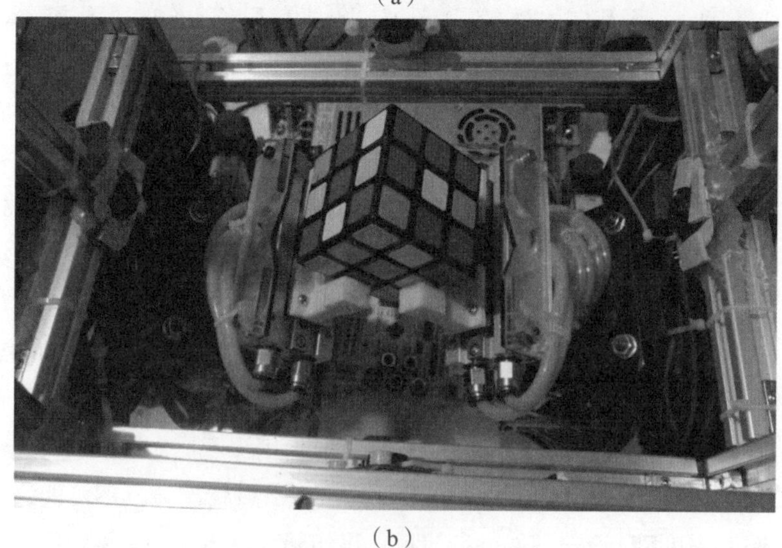

（b）

图 130　魔方机器人

解魔方机器人

获奖等级：一等奖
设计者：徐晓豪，陈俊杰，左峰峰
指导教师：韩斌，刘伦洪
华中科技大学机械科学与工程学院，武汉，430074

我们小组充分调研并分析了目前解魔方机器人的研究现状。本项目的目标是设计一种符合大赛要求且能快速稳定复原魔方的机器人。

我们设计的解魔方机器人（图131）尺寸为470mm×470mm×480mm，功率低于130W，重量低于13kg，符合相关要求。接下来，我们将按整体逻辑、视觉处理、算法控制、机械结构和创新性5个部分对该解魔方机器人进行介绍。

（1）整体逻辑。发出指令后，摄像头提取图片，视觉系统处理图片，获取色块信息。算法模块解出机械步骤，传给下位机，下位机控制电机旋转与电磁铁的开闭，以控制手臂的转动与手指的开闭，复原魔方。

（2）视觉处理。采用漫射强光补光策略。减少外界光的干扰，在增大亮度的同时减少局部光斑，提高识别准确性。同时，基于亮度标定进行亮度归一化，优化RGB空间颜色聚类的效果。

（3）算法与控制。第一，求解算法按两条线同时进行，先求得的机械步骤传递给下位机。分别为利用Cube Explorer程序结合DFS搜索算法和利用Min2phase算法。第一种方式获得的机械步骤数较为稳定。第二种算法获得的机械步骤一般更少，但有时时间会较长。综合两种算法能够在有限的时间里获得更为稳定简捷的机械步骤。拧动平均步骤为62步，平均时间约5s。第二，下位机控制。下位机选用STM32F103单片机对电机和电磁铁进行控制。在转动时，采用100° 回转10° 的方案进行控制，多一个回转动作能使转动更稳定，解决分层现象，最大化利用电机的高速转动。

（4）机械结构。手指采用平行双杆设计，利用电磁铁作为手指夹紧动力源，与气动手指、舵机及丝杆电机相比更有优势。

（5）创新性。这款解魔方机器人创新点颇多，最突出有两点：第一，电磁铁手指代替气缸手指，反应时间更短，夹持更稳定。第二，小角度过量策略。带动旋转时，有效解决了分层现象，将电机高速旋转最大化利用。

该解魔方机器人完全达到了预定目标，能出色地完成机器人大赛给出的任务。

（a）

（b）

图 131　解魔方机器人

二等奖作品

逮虾户魔方机器人

获奖等级：二等奖
设计者：欧阳昌青，刘砚子，刘政要
指导教师：方黎勇，魏明珠
电子科技大学，成都，611731

多动力式双臂五指魔方机器人以快速复原标准三阶魔方为目标而设计。设计者充分调研了常见各类型双手臂魔方复原机器人的优缺点，以克服常见魔方复原机器人速度慢、夹持松、可操作面少等问题作为首要目标，研发出了一款双臂五指魔方机器人（图 132）。

机器人使用单目 USB 摄像头，通过两只 40W 高功率 LED 灯进行补光，具有极高的抗环境光干扰能力。高效、稳定的控制算法也为魔方的快速复原打下坚实的基础。

机器人本体采用双臂、五指结构，每只手臂通过两对自行设计制作的、独立控制的高精度气动手指夹持魔方。手指顶端安装有 TPU 柔性材料制作的手指套，并缠绕特殊处理后的胶带以保证其紧密贴合魔方并有效地夹持。

除机器人的两只手臂外，机器人中部另设计有以气缸为执行元件的魔方自动安装装置，使用者仅需将魔方放置在保持架上，即可全自动地对魔方进行夹持和扫描。魔方安装装置的设计有效地提升了魔方机器人的自动化程度。

手腕的转动动力采用设计者改造之后的外转子无刷电机。具体改装方式为：拆除原装绕线后按照伺服线圈绕法自行绕线，而后在电机尾部自行搭载电容式绝对编码器，使用 24V 双路电调进行闭环伺服驱动。我们通过轨迹控制算法驱动电机。与传统控制算法相比，轨迹控制算法可在平均转动速度相同的情况下拥有更加柔和的启动与停止过程，避免出现常规情况下越快越暴力的局面，有效地将高速与柔和协调在一起。

该魔方机器人是多动力、多机构的复杂机器人，设计团队成员分工明确，以合作的方式高效率地在比赛规定时间内完成了机械搭建、电气布局、电气控制与算法优化等各个任务并成功地进行联调，保守估计比赛任务的完成时间在 25s 以内，实际待测。

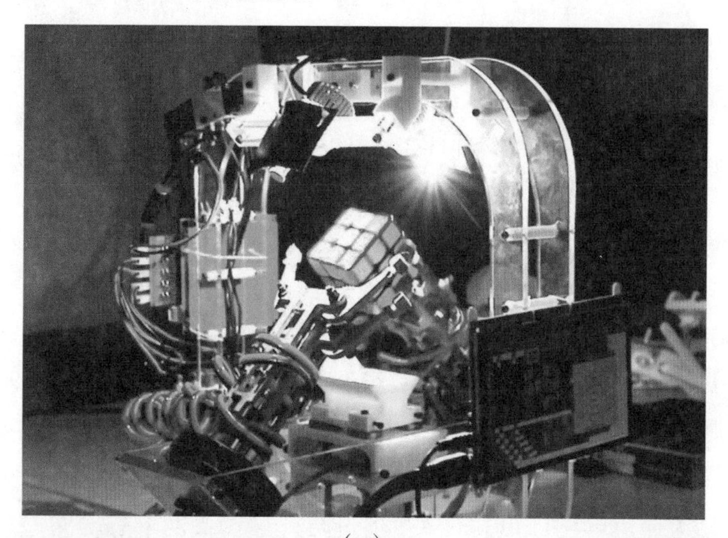

（a）

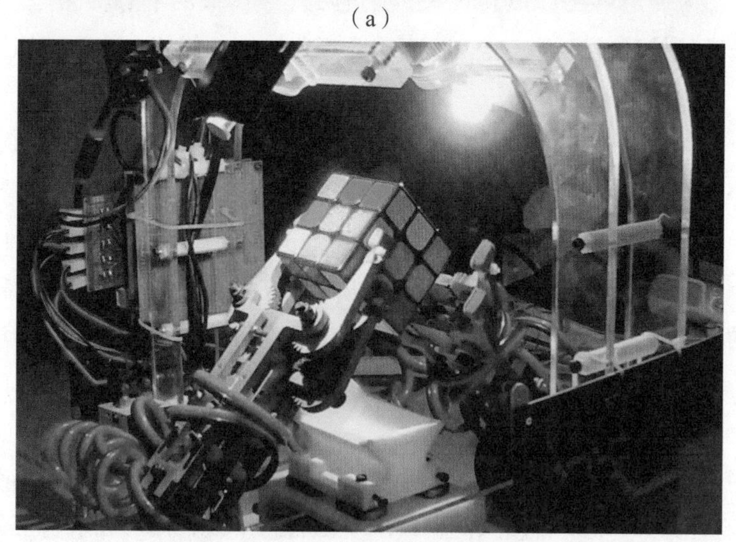

（b）

图 132　逮虾户魔方机器人

魔方机器人

获奖等级：二等奖
设计者：谭水生，陈景荣，徐建华
指导教师：孔凡国
五邑大学智能制造学部，江门，529030

解魔方机器人是一个融合了魔方复原算法、计算机视觉、机器人控制等多学科知识的机电一体化平台，实现一个复原快速、稳定性强的解魔方机器人具有很大的挑战性。本项目设计了一款可以将任意打乱的三阶魔方复原的魔方机器人（图 133）。该魔方机器人系统主要由两个部分组成：（1）上位机 PC，主要完成魔方两个面图像识别、魔方复原解算、机械执行动作转换算法；（2）下位机，由 STM32 控制器与其他电子元器件组成的机械机构和机电控制系统两个部分组成。魔方机器人的实现顺序是：摄像头获取图像进行识别、魔方复原解算、机械执行动作转换，上位机与下位机通信，将机械动作的执行代码传输至 STM32 控制器，STM32 控制器控制执行机构完成魔方还原动作。

我们设计的魔方机器人通过移植 Kociemba 的两阶段算法，极大地缩短了魔方复原的时间，并采用二叉树模型优化了复原指令。在对魔方的颜色识别中采用 KNN 分类算法，消除了光照强度对识别率的影响，颜色识别率达到了极高的精度。KNN 分类算法（又称为 K 最近邻算法）是机器学习领域中一个较为成熟的算法，其思路是：如果一个样本在特征空间中的 k 个最相似（即特征空间中最邻近）的样本中的大多数属于某一个类别，则该样本也属于这个类别。

下位机控制系统中，我们将数控系统中的脉冲增量插补的思想运用到步进电机的速度控制上，实现了步进电机的连续速度调节，使得魔方机器人在解算速度和稳定性之间达到了一个很好的平衡。

项目最后做了实验测试，测试结果显示：我们设计的魔方机器人可以在 20s 以内复原绝大部分魔方，基本达到了预期的目标，对于 Kociemba 算法得到的复原指令，我们设计的基于二叉树模型的优化算法对于复原指令的优化比例和未优化之前相比，平均优化比例达到了 23.6%，优化效果较为显著。

图 133　魔方机器人

双臂魔方机器人

获奖等级：二等奖
设计者：刘耀华，付顺发，桂永建
指导教师：王宪伦，徐俊
青岛科技大学机电工程学院，青岛，266100

设计者仔细审读了本次比赛主题，并严格以主题要求为指导，来设计和制作机器人。本项目的最初目标是在符合比赛要求的前提下，能在15s内解出一个任意打乱的三阶魔方。最终目标并不只是能圆满完成比赛，更重要的是可以通过技术迁移，提高工厂智能化水平。设计者也希望通过这一平台，综合已有技术，展现我们这一代大学生的社会责任感，展现我们致力于工业自动化、智能制造的决心，展现为提高社会生产力而做出贡献的决心。

本魔方机器人（图134）包括视觉单元、控制单元、机械本体、气源与气动执行元件等。

其中，视觉采用OpenCV for Python，该技术成熟可靠，功能强大，用于魔方颜色识别；解算算法使用Kociemba，在视觉算法之后执行。该部分输入来自上一过程视觉采集到的信息，并输出还原公式；运动控制单元采用ARM控制器STM32，用于解析电脑数据，并生成驱动信号，送给伺服驱动器及气动手功率放大器。以上，软件上具有高内聚、低耦合的优点；硬件上也具备一定水平的EMI、EMC，从而保证运行可靠。

在机械上对气动元件、电机等进行严格选型。气动执行元件使用Y型气动手指，经过加长手指长度、设计巧妙的抓取结构，使得手指开合具有较快速度。手腕驱动单元采用伺服电机，具备较高定位精度，同时可以有较高的运行速度。最初可以实现自动解出魔方，成绩是40s。后来经过对解算出来的公式映射到双臂过程中的动作序列优化，成绩得到大大提高，优化效果达到 20s 左右。不过由于驱动单元功率较大，中间出现由于装配精度不够，导致魔方拧碎的现象，为了解决这个问题也费尽脑筋。最终经过学习机械制造工艺学，调整装配，得以解决。

目前经过软硬件的优化，针对大部分随机打乱的魔方，成绩稳定在 13s 左右，达到了基本满意水平。

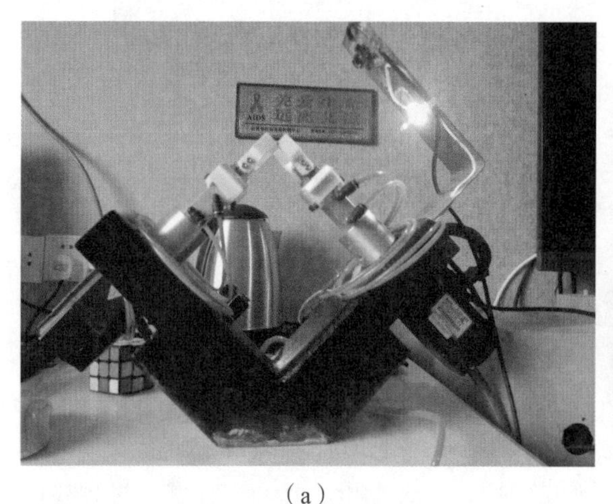

（a）

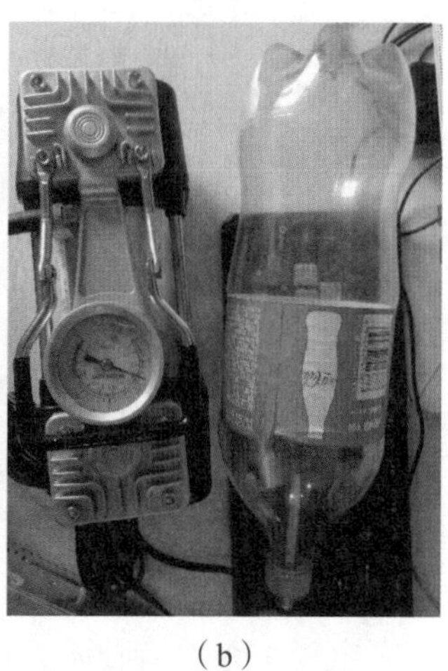

（b）

图 134　双臂魔方机器人

魔方机器人

获奖等级：二等奖
设计者：于淼，俞雅琪，杨明达
指导教师：李庆华，方涛
长春大学，长春，130022

我们设计的魔方机器人（图 135）采用双臂二指结构，铝型材搭建起整个机器人的主体，采用手指气缸作为机械的执行元件；旋转执行部件采用 57 闭环步进电机，扭矩大；采用 S 形加速曲线，可以保证手臂旋转更加平缓，防止魔方由于加速度过大而产生不规则变形。采用气垫滑环作为手指气缸和步进电机的联轴器，可以保证气缸 360° 旋转而不会发生气管缠绕的问题。本机器人采用气动控制，工作气压稳定在 5 个大气压。控制器采用 Arduino Due 32 位控制器，Arm 的架构，该控制器具有很高效的性能，且 IDE 程序的编写简单，大大缩短了机器人的制作周期。

魔方还原系统程序通过机器视觉单元捕获预处理图像存入本地，颜色识别方案进行图像处理及魔方色彩的分析；采用两个 5W 的 LED 灯板交错进行补光，大大提高了颜色识别的稳定性，识别处理结果将被编码为魔方状态数据。还原方案采用了最佳的两阶段搜索快速还原算法对魔方状态进行分析，以毫秒级的速度计算出解决方案；将解决方案编码为能被识别的指令数据，通过标准的 Serial 与 Arduino 单片机进行指令数据的通信，分别指挥两只机械臂听从指令完成翻转、拧动、松紧等动作，依据计算出的最佳解决步骤达到快速还原的目的。魔方还原系统程序从易用性、稳定性、实用性等角度做出了一定的改进，与机械结构和控制系统能够更加契合。该魔方机器人经过测试，魔方的还原平均时间为 24s。

（a）

（b）

图 135　魔方机器人

基于人工视觉的三阶魔方复原机器人

获奖等级：二等奖

设计者：吴孟桦，彭正超，江代渝

指导教师：孙雁，向海

四川大学制造科学与工程学院，成都，610065

1. 总体介绍

我们设计的基于人工视觉的三阶魔方复原机器人（图 136）利用机器视觉技术提取随机被打乱的魔方初始 6 个面的状态；使用智能魔方解算方法高效推算出将魔方 6 个面还原的最快步骤；单片机将解算的步骤获取，控制机械装置精确运动，将魔方快速还原。整个机械结构尺寸为 45cm × 45cm × 40cm，总重量为 15.8kg。

2. 图像获取

使用 USB 摄像头（罗技品牌，参数 720P, 图像像素 640 × 480) 获取魔方的图像，将摄像头正对魔方的棱边，一次采集两个彩色面。因此，需要拍摄 3 次才能将魔方的 6 个面全部采集完毕，此过程需要与双关节机械手配合完成，旋转一次拍摄一次，直至完全采集。硬件系统除 USB 摄像头外，还需计算机，在 Visual Studio 环境中配置 OpenCV 图像处理工具包，通过图像采集模块将获得的图像放置在寄存器中。

3. 颜色提取

颜色提取算法当中使用了 RGB 空间和 HSV 空间协同工作，更高效更准确地提取了魔方的六种颜色及其绝对位置。其中红色、绿色、蓝色、黄色、白色在 RGB 空间中提取，橘色在 HSV 空间中识别并提取。

4. 智能算法简述

首先对魔方的状态进行编码。算法分为 2 个阶段，第一阶段先寻找方法将上层和下层的所有棱块归位，每次旋转后，魔方的状态坐标由 (x1,y1,z1) 转为 (x2,y2,z2)，当所有的状态都达到理想状态时，第一阶段结束。本过程采用 IDA 算法，启发函数首先估算获得目标状态所需要的步数，然后再在已经得到的步骤序列中进行修剪。

第二阶段，将魔方的 8 个角块和 8 个棱块，中间层的 4 个棱块还原。同样使用搜索算法完成。若第一个完整解法包括第一阶段的 10 步，及第二阶段的 12 步；第二个完整解法可能包括第一阶段的 11 步，及第二阶段的 5 步。第一阶段的解法步数在增加，第二阶段在减小。当第二阶段的步数达到 0 时，完整解法便是最少步解法，算法至此停止运行。

5. 数据通信

当计算机系统将所有的解算步骤解算完毕以后，计算机通过串口与执行运动控制的单片机进行数据通信，将所有解算好的运动步骤序列发送给单片机。设置通信波特率为 9600，数据位为 8，停止位为 1，无奇偶校验位。通过字符串的方式将所有命令发送出去。

6. 运动控制

硬件：Arduino Mega2560 单片机、继电器、二位五通电磁换向阀、闭环 57 步进电机驱动器。

运动算法：需对步进电机进行加减速运动。使用分段 PID 算法：当距离目标位置较远时，高速旋转；随着目标越来越近，速度逐渐降低；距离目标位置仅有 5° 时，以低速度运动，保证运动过程中不过冲。

电机旋转时要检测位置状态，防止两夹爪同在 90° 位置时，垂直相交发生干涉。结合干涉情况与 6 个控制运动指令对应夹爪与电机动作分配。

（a）

（b）

图 136　基于人工视觉的三阶魔方复原机器人

魔方机器人

获奖等级：二等奖
设计者：张旭，王泽，李沛松
指导教师：马世强，刘刚
长春大学，长春，130022

我们设计的魔方机器人（图 137）采用双臂二指结构，手指部分采用手指气缸作为执行元件，机器人主体采用铝型材搭建，旋转执行部件采用 57 闭环步进电机，扭矩大，不容易丢步。手指和电机连接处采用滑环作为连接件，可以保证气缸 360° 旋转而不会发生气管缠绕的问题。工作气压稳定在 5 个大气压，步进电机的旋转控制采用 S 形加速曲线，可以保证手臂旋转更加平缓，防止魔方由于加速度过大发生不规则变形，导致魔方被崩坏。控制器采用 Arduino Due 32 位控制器，Arm 的架构，该控制器具有很高效的性能，且 IDE 程序的编写简单，大大缩短了机器人的制作周期。

魔方还原系统程序通过机器视觉图像捕获单元，快速捕获预处理图像存入本地，颜色识别方案进行图像处理及魔方色彩的分析；采用两个 5W 的 LED 灯板交错进行补光，大大提高了颜色识别的稳定性，识别处理结果将被编码为魔方状态数据。还原方案采用了最佳的两阶段搜索快速还原算法对魔方状态进行分析，以毫秒级的速度计算出解决方案；将解决方案编码为能被识别的指令数据，通过标准的 Serial 与 Arduino 单片机进行指令数据的通信，分别指挥两只机械臂听从指令完成翻转、拧动、松紧等动作，依据计算出的最佳解决步骤达到快速还原的目的。魔方还原系统程序从易用性、稳定性、实用性等角度做出了一定的改进，与机械结构和控制系统能够更加契合。该魔方机器人经过测试，魔方的还原平均时间为 21s。

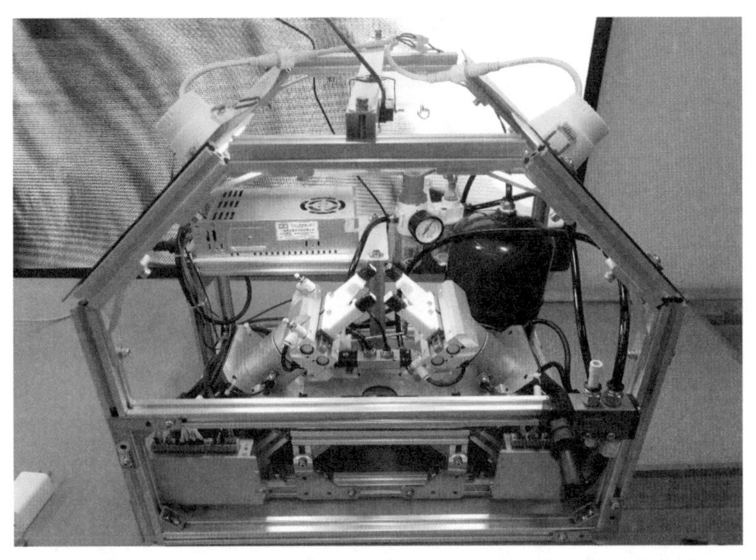

（a）

（b）

图 137　魔方机器人

二爪魔方机器人

获奖等级：二等奖

设计者：吕镇峰，张嘉宁，张博伦

指导教师：高宇，王庆九

浙江大学，杭州，310027

设计者团队充分调研了目前魔方复原机器人的现有实现方案，并在此基础上分析了魔方复原机器人系统的功能组成。本项目的目标是针对已有魔方复原机器人的不足，优化识别、解算策略，改进机械结构，设计一个能够快速识别、解算并复原魔方的机器人（图 138）。

机器人机械部分核心为旋转中心线互相垂直并相交于魔方中心的机械爪。机械爪具有张合、旋转两个自由度。根据对多次测试情况的分析，机械爪的提速方案只能是加快开合。旋转速度已经到达极限，如果再加快旋转速度，魔方会在复原过程中出现惯性转动，有很大的不稳定性。为此，我们设计了气动开合方案，改变了原来的电机驱动开合的结构，以加快机械爪开合速度。

控制系统以 PLC 单片机为核心，解析串口收到的数据。根据指令内容控制输出口信号，进而控制电机的开启、关闭和电磁阀转换，实现机械爪的旋转、张合控制。

PC 上位机控制摄像头进行拍照、识别和解算步骤，得到双机械爪的操作步骤并依次通过串口发送到 PLC 控制系统，由后者直接控制机械爪完成复原。识别算法基于 OpenCV 库获取采样数据的 HSV 颜色模型数据，以此为根据判别魔方色块颜色。解算算法基于开源算法 Kociemba，将识别序列作为输入即可得到魔方通用复原公式。最终在充分分析、模拟的前提下完成了将魔方通用复原公式转换为二爪操作序列的算法。上位机实现了良好的图形交互界面，满足各项参数的快速调试需求，具有良好的用户体验。

采用 3030 型材搭建整体框架结构，垂直固定环氧树脂板作为固定机械爪的背板。并利用型材安装右前方、左后方和正下方三个摄像头进行采样，满足识别需求。

该魔方机器人包括机械结构、单片机控制系统和 PC 上位机三个部分。团队经过明确分工，分别设计了魔方复原机器人的机械结构、PLC 控制系统以及 PC 端上位机。经过三个月的设计、制造（编程），我们生产了第一台物理样机，并对其进行测试、完善，验证了系统的可靠性和实用性。

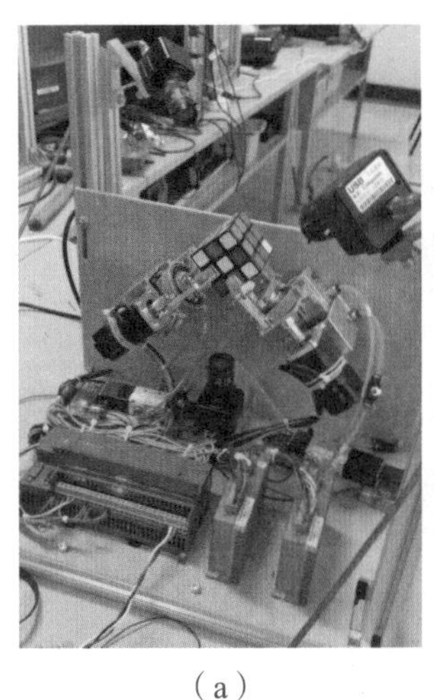

（a）

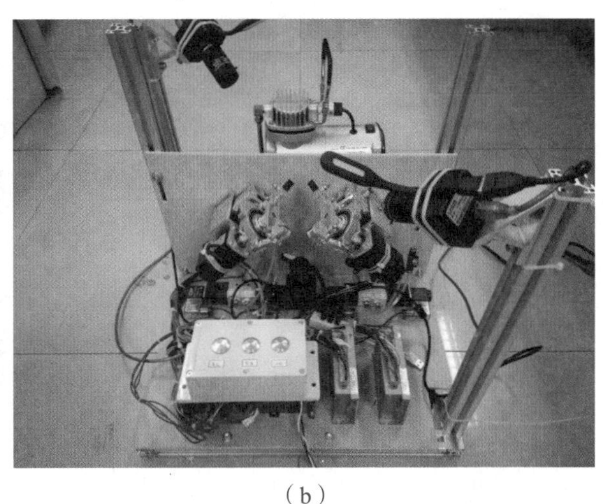

（b）

图 138　二爪魔方机器人

魔方崛起

获奖等级：二等奖
设计者：张建新，贾子伟，范雄
指导教师：刘建生，仝迪
西南石油大学，成都，610500

智能机器人逐渐走进人类的日常生产生活，解魔方机器人也因为它的趣味性和炫酷的交互性，正成为人工智能的研究热点。由于解魔方机器人融合了计算机视觉、图像处理、机器人控制技术、算法设计和机械结构设计等多学科知识，因此，制作出一个快速、稳定的解魔方机器人具有很大的挑战性。

本作品（图 139）的设计主要由机械结构设计、控制系统设计、算法设计三个部分组成。通过双臂二指、上位机（PC）、下位机（STM32）之间的相互协调配合，最终可以快速地解出任意一个打乱的魔方。

机械结构方面，采用工业铝型材 2020 作为整体框架；机械臂由转动精度高、扭矩大、转速快的伺服电机、高转速的气动滑环以及薄型气爪组成，并采用倾斜 45° 安装；为消除电机转轴与滑环径向不共轴的影响，创新性地采用小巧的防震动联轴器连接这两个部件。

魔方机器人的算法实现：系统采用两个摄像头，上位机调用摄像头使用 OpenCV 采用 SVM 分类训练（对魔方的 6 种颜色进行采样，然后将样本每个像素点的 BGR 值提取出来，作为 SVM 分类器的训练数据，训练后将会产生 6 个不同的已经事先规定好的分类标签，分别对应魔方的 6 种颜色）的方法采集魔方各个面颜色，然后使用 Kociemba 算法解算得出魔方转动的步骤(以字符串表示)，通过串口发送步骤给下位机，下位机收到字符串后对字符串逐个解析，每两个字符对应一次魔方面的转动，每转动一次后，魔方六个面的坐标更新一次，通过赋值的方式，将未执行的后续步骤更新一次，如此循环直到魔方复原时结束。

本作品具有以下创新点与优点：（1）采用一体化设计，在规定范围内，增加重量、降低重心，可降低双机械臂高速运行产生的机械抖动。（2）采用弹性联轴器连接电机与滑环，消除了因电机转轴与滑环径向不共轴的影响。（3）采用坐标变换实时更新坐标的方式解魔方，能够极大减少步骤转换带来的冗余动作。（4）采用双摄像头，魔方顶部与底部各一个，减少了机械步骤，避免了摄像头的冗余。

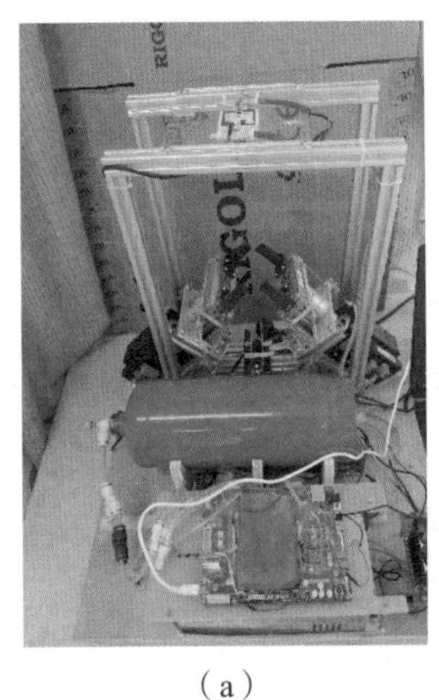

（a）

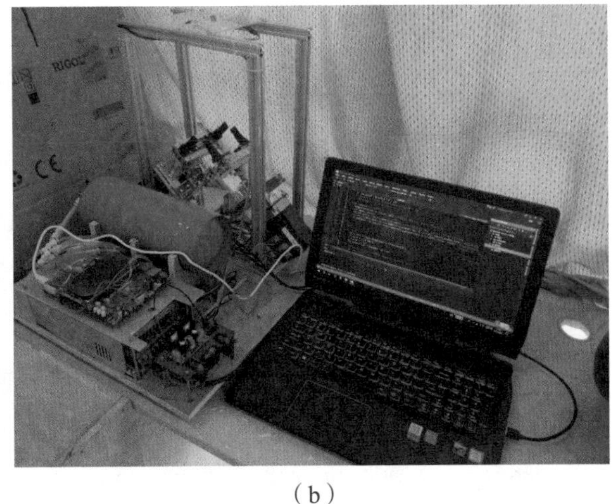

（b）

图 139　魔方崛起

双臂魔方机器人

获奖等级：二等奖

设计者：邓鑫，黄元辉，巩代金

指导教师：龚迪琛，李勍

成都理工大学核技术与自动化工程学院，成都，610059

1. 机械结构设计

手臂手指方案设计：比赛规则规定解魔方机器人必须为双臂二指或双臂五指结构，为了设计及安装方便，同时减小误差，本组选用双臂二指结构。双臂二指即手臂提供拧转力矩，手指张合用以夹持魔方。

考虑到比赛有体积要求，于是估算力矩后选取同时满足力矩富裕和体积适宜的闭环步进电机型号。计算后我们选用57HBS45的全闭环步进电机作为手臂转动的原动件，力矩为4.5N·m。

手指张合原动件选择：经分析，手指需要能够精确地夹紧和张开，满足翻转的需求。所以原动件必须是直线型的，并且行程必须大于魔方翻转时的最大尺寸。

直线型原动件方案选择：直线型可以采用曲柄滑块机构和电动机搭配，齿轮齿条副和电动机搭配，或者直接采用直线型气缸。采用直线型气缸最为简单，并且在高速工作状态下极大程度地减小零件损坏，方便安装和维修。

尺寸选择：在翻转魔方时，手指最大张开距离必须大于魔方表面的对角线长度。标准魔方对角线长度约为80.61mm，所以手指张合原动件行程必须大于23.16mm，查阅各个型号气缸参数后，选择MHF2-16D1型的气缸。

整体框架：机器人框架用来作为机械结构的机架，材料为型铝，型号为欧标 2020。总装尺寸为 480mm × 480mm × 480mm，总重量为 18.8kg。

2. 视觉系统设计

摄像头方案选择：因为摄像头数量不限，所以尽量选择能一次采集所有色块的方案。实践发现，4 枚摄像头就能够采集完 6 个面的图像。所以为了简化机构，采取 4 个摄像头的结构，4 个摄像头分布在魔方的上下左右 4 个方位，其中上下两个摄像头可分别同时采集两个面的信息，左右两个摄像头一次只采集一个面的信息。但是始终有 4 个手指挡住 4 个色块。由于未找到合适材料在保证刚度和强度的同时，能够保证不影响颜色识别，所以，最终采用一次扫描后，翻转再次扫描的方案，通过建立两次图像的位置映射关系，来完成所有色块的颜色信息采集。

3. 控制策略

解算法：本组采用 Herbert Kociemba 的两阶段算法，这是目前计算机解步数最少的解算法。平均人工步骤为 18.5 步，用时约 50ms。本组采用基于此算法的 Cube Explore 5.00 软件来求解魔方步骤。算法转换采用深度搜索算法，平均机械步骤为 75 步，用时约 300ms。

算法转换：本组采用通过以耗时最短为目标的深度优先搜索算法，计算机求得一个动作序列，然后转换为机械步骤。

4. 控制界面编辑

按照比赛要求，需要记录步数和时间。我们设计了一款单击“开始”即开始计时，同时开始解魔方的控制界面；完成解魔方后，自动结束计时，并将所耗时间与总步骤显示在界面上。

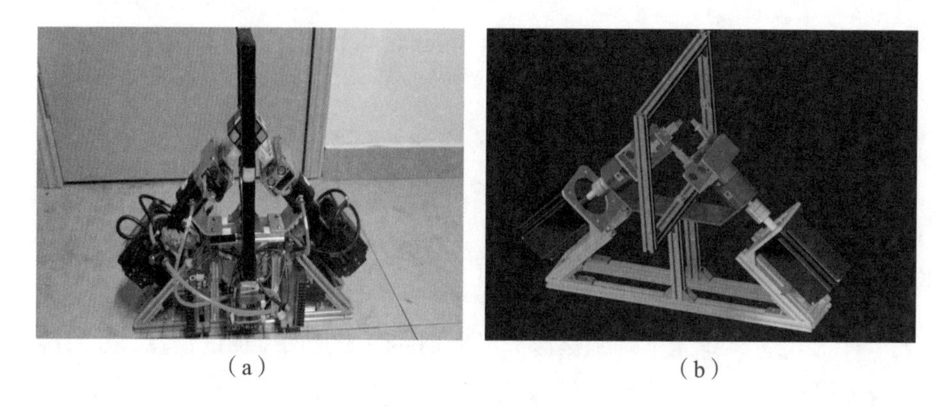

（a）　　（b）

图 140　双臂魔方机器人

“蓝色方阵”魔方机器人

获奖等级：二等奖
设计者：李烁颖，张芳健，陈凯璇
指导教师：武瑾，崔良中
海军工程大学电气工程学院，武汉，430032

本项目设计了一款可以快速还原任意打乱魔方的双臂式魔方机器人（图141），通过对机器人结构、算法等的优化，目前还原一个打乱魔方的平均时间是 10s，且成功率可达 90% 以上。

机械结构：机器人共有两个手臂，每个手臂上有两个手指，由气缸控制开合，手臂旋转由 57 步进电机驱动，总体框架由铝型材搭建，总装尺寸约为 465 mm × 450 mm × 420mm, 总重量约为 16kg。机器人手指采用中间镂空设计，以便摄像头一次性拍下魔方信息。手指处有导块，有效防止了拧动过程中魔方位置歪斜的问题。手腕处使用气滑环，可解决气管的缠绕问题，提高转动效率，简化程序。步进电机、气滑环、气缸由自行设计的轴、联轴器、垫板进行固定和传递转矩。

颜色识别：利用 4 个 FPV 可调焦高清摄像头拍照，OpenCV 库函数获取图片，再利用其中的 Roberts 边缘检测函数去掉多余信息，然后将截取到的色块数据进行滤波、K-mean 聚类，得到魔方信息; 4 个环形高亮 LED 灯，外接一个可调降压源，能够通过调压的方式改变 LED 灯的亮度，降低外界光源对摄像头的影响。

还原算法：为了获得魔方的还原序列，我们利用 Kociemba 的两阶段算法来求解魔方的还原步骤，并且有相对应的软件 Cube Explore 5.00，将获得的魔方信息重新编排后，输入软件即可获得解魔法的步骤。

转换算法：为使下位机能够顺利还原魔方，还需将魔方还原步骤转成机械步骤。在定义步进电机的正方向、左右手之后，能够将理论步骤和机械步骤联系起来，并通过深度优先搜索算法，搜索出最少的转动步骤。

下位机控制系统：在上位机搜索出用时最少的转动步骤之后，通过串口通信，先将数据打包然后再发给下位机，下位机采用的是STM32F103C8T6的最小系统，在将打包好的数据解码之后，通过I/O口发出控制脉冲，进而控制步进电机和气缸；步进电机的加速采用正弦曲线，为了提高转动魔方时的稳定性，采用了空转时加速、带动魔方转动时减速的控制策略。

（a）

（b）

图141 “蓝色方阵”魔方机器人

三等奖作品

麒麟臂

获奖等级：三等奖
设计者：吴华阳，徐仲光，蒋儒翔
指导教师：王勤湧，许明海
温州商学院，温州，325035

近年来，智能机器人逐渐走进人类的日常生产和生活，而解魔方机器人因其无与伦比的趣味性和炫酷的交互性，正成为人工智能的研究热点。由于解魔方机器人融合了多学科知识，因此实现一个快速、稳定的解魔方机器人具有很大的挑战性。

本项目设计了一种可以将任意打乱的三阶魔方复原的魔方机器人——麒麟臂（图142）。机器人使用PC和STM32作为控制器，进行魔方色块识别、魔方求解、复原指令优化、电机和气缸驱动。在机械结构方面，采用双步进电机与气缸的仿生设计方案，稳定性佳；在关键的软件设计上，通过优化 Kociemba 算法和优化从 Kociemba 算法得到的复原指令，让电机的求解和动作时间达到了理论上的最短。项目最后做了实验测试，测试结果显示：我们设计的魔方机器人可以在 10s 以内复原绝大部分三阶魔方，基本达到了预期的目标。

相比于以往的解魔方机器人，本项目在以下几个方面做了创新的优化设计：

（1）传统的魔方机器人使用阈值法识别魔方颜色状态，颜色识别率较低，识别率极容易受到光照强度的影响，鲁棒性较差。本项目采用了机器学习领域中一个较为成熟的 KNN 分类算法，消除了光照强度对颜色识别的影响，魔方的颜色识别基本不会出错，极大地提高了整个系统的工作稳定性。

（2）本项目采用以耗时最短为目标的深度优先搜索算法优化了从 Kociemba 算法得到的复原指令，测试结果显示优化效果非常显著，进一步缩短了魔方复原的时间。

（3）本项目采用气爪气缸加步进电机作为机器人复原魔方的驱动部件，利用合理的梯形加速曲线优化步进电机的加速过程，使得魔方机器人在速度和稳定性之间达到了一个很好的平衡。在防止绕线的思路上，气滑环可以让气路不断的同时，不会产生绕线，简化了程序设计。

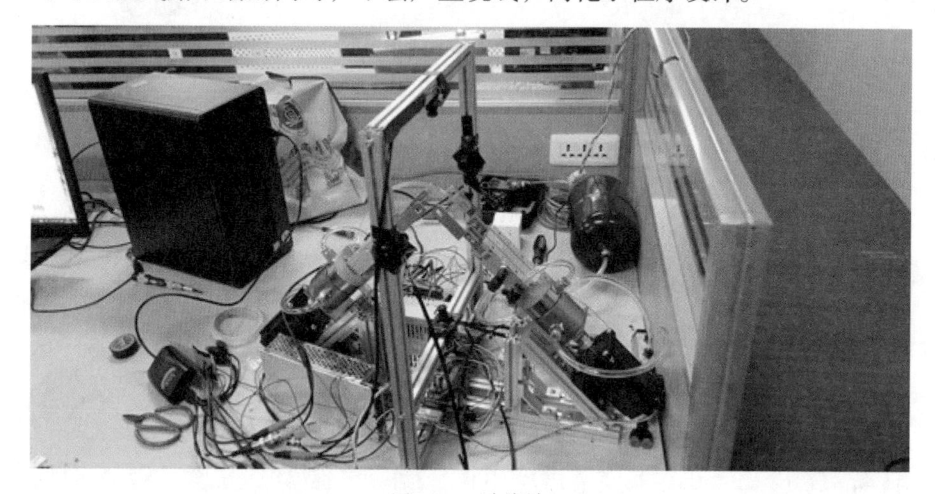

图 142　麒麟臂

奇点

获奖等级：三等奖
设计者：周兴宇，黄月鑫，常小宝
指导教师：孙志辉，陈兵
北京科技大学机械工程学院，北京，100083

设计者充分调研了目前国内外解魔方机器人的研究现状与进展，在此基础上分析了现有解魔方机器人系统的功能组成。本项目的目标是在大赛规则的允许范围内，设计制作一款可以完成解魔方动作的双臂二指机器人（图 143）。

机械结构方面，本魔方机器人为双臂二指型机器人。手指采用气缸驱动，手指的开合为平动。手腕的转动由电机驱动，气缸和电机使机器人的手指拥有两个自由度。机器人整体为铝框搭建，重量在 11kg 左右。

在求解算法上，采用 Herbert Kociemba 的两阶段算法，求解得到的理论步骤为 20 步左右，通过深度优先算法将理论步骤转换为机器手指的机械步骤，机械步骤平均为 80 步左右。

魔方状态采集传感器采用四个 FPV 摄像头，通过采集卡将魔方四个方向上的图像传输到计算机，经滤波等处理后，采用 K-means 聚类算法进行聚类与分割。

控制方面，下位机为 STM32F103C8T6 控制板。上位机将求解出的机械步骤传输给下位机，下位机控制电机和气缸工作，使机器完成复原动作。电机转动的加减速均由正弦曲线控制。

团队经过三个月的时间，完成了机器人的设计与制作。实验证明，机器人基本可以完成既定任务。

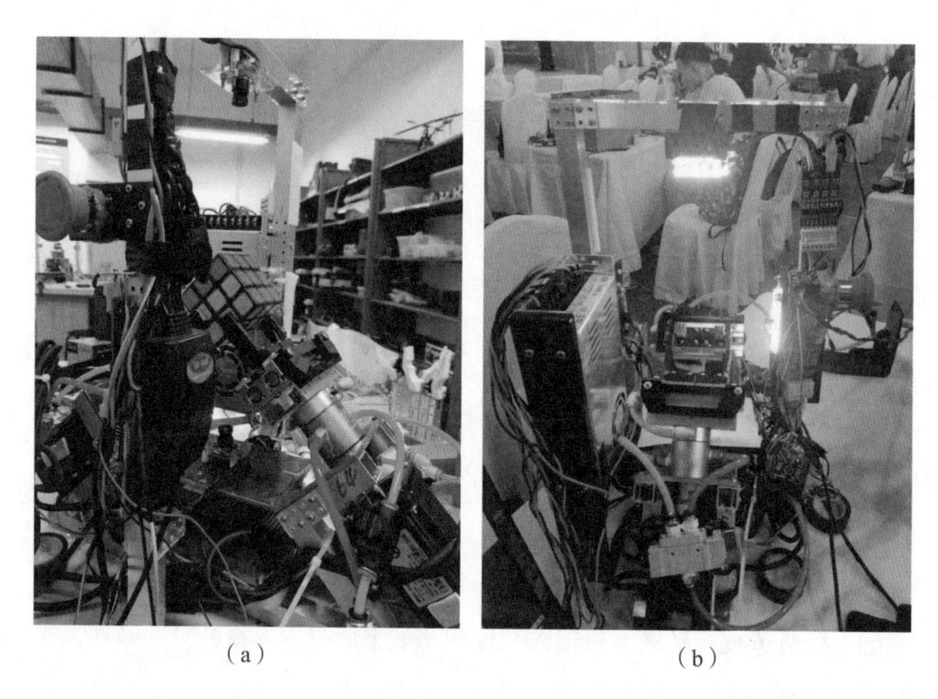

（a）　　（b）

图 143　奇点

魔杰座解魔方机器人

获奖等级：三等奖
设计者：程开，罗泽奇，温开旺
指导教师：卢桂萍
北京理工大学珠海学院工业自动化学院，珠海，519088

团队对现有的解魔方机器人的搭建案例进行了资料收集与分析，发现大多数解魔方机器人是六轴环绕式快速旋转标准三阶魔方的六面，或是以摇杆带动标准三阶魔方翻转，同时进行单轴旋转标准三阶魔方的一面（如：乐高的 EV3 平台搭建的魔方机器人）。结合大赛对固定双臂以及二指或五指的要求，我们总结设计出了以左侧和下方双臂带动实现标准三阶魔方的左下两面的旋转以及魔方整体翻转的解魔方机器人“魔杰座”（图 144）。通过我们自己建立的相对转换坐标系，通过软件程序将解法程序输出的基于绝对坐标的魔方解法转化为左下两面的单面旋转以及魔方整体翻转，再通过我们团队自行编写的电机动作指令转换表，将单面旋转或整体翻转动作转化为对应的电机指令，经由 STM32 串口通信，发送给 STM32 单片机，使其调用电机控制程序相应的电机动作函数，最终实现魔方的快速还原。我们的作品由三大部分组成：

（1）识别运算部分，由自动对焦摄像头以及基于 OpenCV 3.0 的视觉识别程序以及最优还原步骤算法程序组成。利用成熟的形状识别视觉库，准确辨识图像内出现的符合条件的魔方矩形诸元或者指定特定不规则的几何区域，同时获取矩形内图像的 HSV 颜色参数，通过团队自行改良的比例因子参数判断提高了颜色识别的精度，降低了错判率，能准确识别出诸如红色和橙色这样的易错判的颜色。采用了较为成熟的 Kociemba 两个阶段还原步骤搜索算法，平均步数只有 21 步，解算时间为毫秒级，同时团队使用深度优化搜索算法对复原指令进行了优化处理，缩短了整体复原时间。

（2）机械臂部分，由两台86步混合式步进电机、薄型平行气爪、机械手、联轴器以及自行设计的连接件组成。由步进电机带动机械臂旋转，薄型平行气爪带动机械手指夹紧或松开魔方。

（3）电机控制部分，由STM32单片机控制板、电机控制程序以及串口通信界面组成。通过STM32的定时器定时中断产生有效的脉宽调制波驱动电机按预设角度旋转。利用串口通信将前面转换生成的完整电机指令发送给单片机，使其依次驱动相应电机运转。

该双臂解魔方机器人在经过三个月的设计、制造以及调试后，已能够稳定还原标准三阶魔方，验证了设计方案的可行性与可靠性。

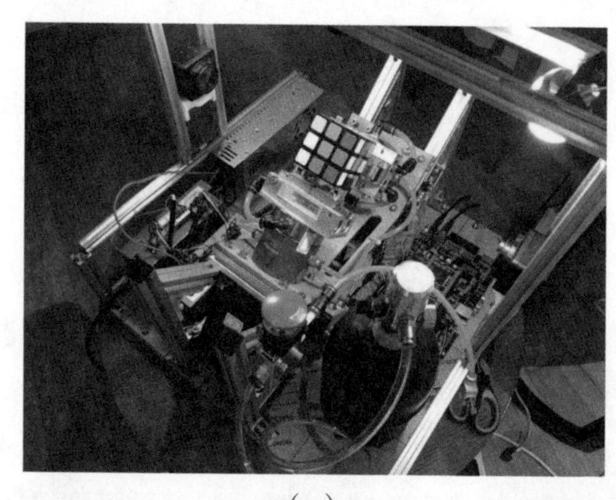

（a）

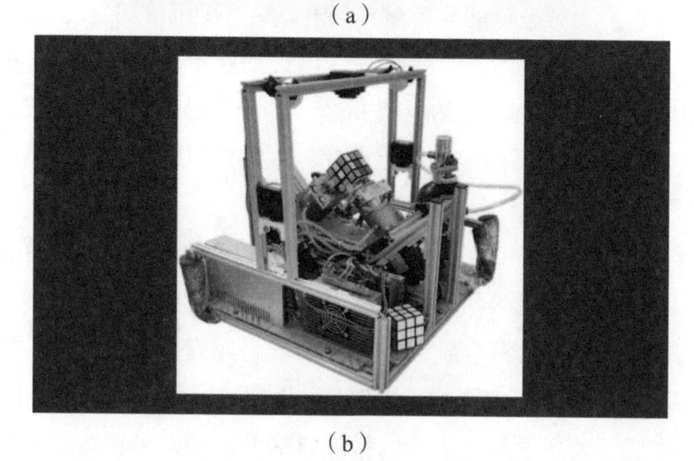

（b）

图144　魔杰座解魔方机器人

Bohemians

获奖等级：三等奖
设计者：刘睿，陈鑫饶，常涛
指导教师：马莹，魏博
重庆邮电大学先进制造工程学院，重庆，400065

本项目设计的魔方机器人（图 145），能够结合计算机视觉技术识别出魔方的状态，面对不同的情况做出最优的决策，通过两只机械手协调运行解出魔方。

本项目涉及的技术有双手协调技术、机械臂运动规划技术、机械设计、3D 打印、电机控制技术、图像的识别与处理技术、机器学习技术、串口通信技术等多项创新技术。我们对本作品进行了功能性需求分析，从软件、硬件两方面进行了模块设计，并在关键问题上进行了着重的分析和设计。

在硬件方面，机械结构我们采用了 SolidWorks 仿真，最终决定用两个与平面成 45° 角的钢板作为支架，两边各有两个铝合金三角支架支撑钢板的结构。我们在 SolidWorks 上对钢板以及整体结构进行了设计，这种结构十分简洁并且稳定。夹取魔方的手指根据人类手指在 SolidWorks 上设计，随后通过 3D 打印技术打印出，增加了夹取的稳定性。手指由数字舵机进行驱动，数字舵机反应时间短，扭矩大，精准，可以使手指有效地完成对魔方的抓取。手指的翻转我们采用了步进电机驱动，不但速度快，并且精度高。

在软件方面，整个项目建立在 C/C++ 语言的基础上，调用 C++ 的 OpenCV 库，来实现对魔方色块 RGB 值的采集与分析，并设计了颜色修补算法，大大提高了对色块颜色识别的准确性。经过一系列图像处理技术处理之后，运用机器学习中的 SVM（支持向量机）算法实现不同光照环境下超平面的精准分类，从而得出精准的颜色判断。而后比对多种解魔方算法，得出 Kociemba 算法相对 CFOP 算法和角先法的复原步数少、转化容易，相对适用于本项目的机器人。在由 Kociemba 算法得到解魔方步骤后，我们对机械步骤求出了最短步骤，并在每一次魔方的翻转后更新魔方的状态。随即通过串口通信使步进电机、舵机得到运动的指令以解出魔方。

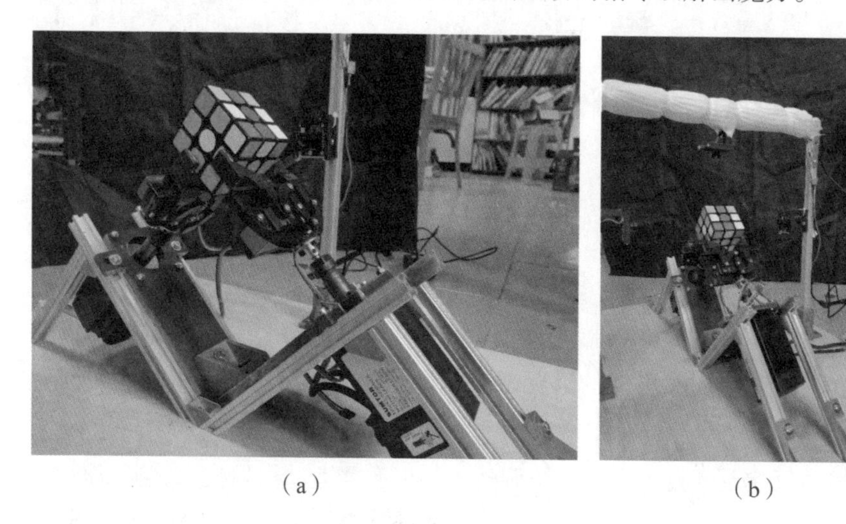

（a）　　　　（b）

图 145　Bohemians

指尖传奇

获奖等级：三等奖
设计者：徐铭骏，俞晨，任迪梦
指导教师：董桂丽，陈正伟
浙江科技学院，杭州，310027

本项目设计并制作了一款可以高速复原任意打乱的三阶魔方的气动魔方机器人——指尖传奇（图146），该机器人以Windows作为主要处理系统，以Java平台写成的上位机和以STM32为下位机的单片机通过串口协议进行通信，实现对步进电机的控制。

因为机械机构上是以45°角来抓取魔方的，所以在魔方解算过程中，夹紧魔方的力度和转动时的摩擦力都有一定的要求。我们的手爪经过多次设计和改变，前端采用弯形结构，使其抓取更牢靠；3D打印保持其结构稳定、强度大等性能，且不会影响到摄像头识别魔方色块，留足一次识别魔方色块的空间。为了方便且合理地利用资源，我们自行设计了一块以STM32ZET6为控制芯片的电路板，大小适中，功能专一且齐全。用学生电源及断路器保证了电压的稳定、电路的稳定及安全。

选择HBS57式步进伺服电机，即一种带有编码器的闭环步进电机，在速度和扭矩上有一定的提升。同时增加了S形曲线控制对电机的加减速做了优化。

颜色识别方面我们进行了动态识别和定点识别的比对。定点识别速度快，算法简单。使用放魔方的工具，我们基本可以保证魔方位置的准确性。而动态识别算法复杂，也有失败的可能性。最终我们选择了普通的定点方式采点提取。应用4个USB免驱摄像头采集RGB图像，一次显示6个面，运用OpenCV，把RGB图像转化为HSV图像，因为HSV图像可以通过调整 V 空间减少外界环境光照对颜色采集的影响。然后，根据 H、S、V 空间的各颜色的差异，运用 KNN 分类算法，通过分析 H、S、V 三个值来划分和确认色彩区域。

魔方复原采用了复原步数更少、效果更好的 Kociemba 解算算法，且采用二叉树模型优化了从 Kociemba 算法得到的复原指令，测试结果良好，进一步减少了解算步骤，从而从程序上缩短了复原时间，一般只需要 25~30 步。

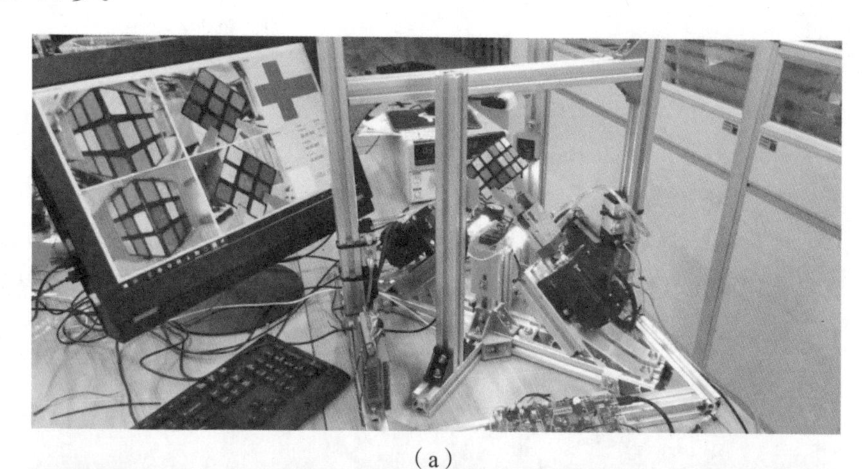

（a）

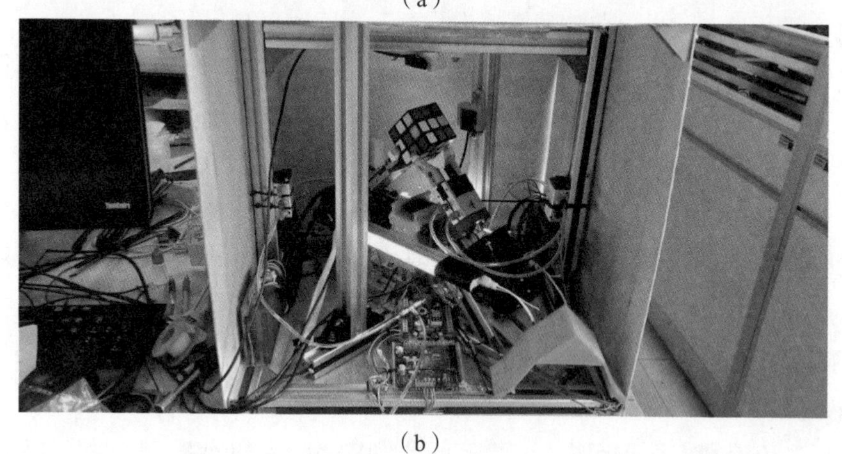

（b）

图 146　指尖传奇

快速自动解魔方机器人

获奖等级：三等奖
设计者：余世政，李泽峰，徐晨阳
指导教师：王飞龙，刘胜蓝
大连理工大学创新创业学院，大连，116024

1. 主体结构设计

（1）解魔方机构设计

①夹持部分设计，采用仿人手指的机械结构对魔方的两个相对面进行抓握，按照规则使用两臂结构对称放置，并采用二指结构进行魔方的变换。在进行应力分析的基础上，爪子部分采用 PLA 材料的 40% 填充比例进行 3D 打印制作。

②气动滑轨设计，本设计创新性地采用气动滑轨带动夹持部分对魔方进行夹持，利用气动自带的缓冲功能，可以很好地减少对魔方的冲击，防止损坏魔方的同时，可以更快地实现夹持和松开两种状态的转换。

（2）伺服直流电机部分

为实现魔方快速而且精准的旋转从而实现魔方的变换，选用伺服直流电机，并调至位置模式，实现爪子的精准转动。选用 51 的减速比，增大其扭矩。

（3）控制部分

①采用树莓派进行采集图像的识别，同时形成完整的 6 个面的图像，便于后期调试。

②直接控制部分采用 STM32 进行控制，对树莓派接收到的信号进行处理，并控制电机驱动和电磁换向阀，从而控制手爪的位置和手爪的张合。

2. 控制部分设计

（1）树莓派部分功能

①首先通过摄像头，采集魔方当前各面的色块的排布状况，然后负责处理摄像头采集的图片信息，并解算出变换步骤，还原过程采用 Kociemba 算法。Kociemba 算法是当今世界上复原魔方步数最少的算法，最长步数只有 21 步，并且其解算时间为毫秒级。对来自 Kociemba 算法的复原指令进行了优化处理，使用深度优化搜索算法，优化率达 23%，缩短了整体复原时间。

②基于 Kociemba 算法，形成解魔方的各个步骤，通过串口将指令输出给 STM32，从而实现对电机和舵机的控制。

（2）STM32 和电机驱动部分

处理器选用 STM32 作为控制器，实现对电机和电磁换向阀的控制。STM32 通过对继电器的通断控制，实现对电磁继电器的控制，使得气动滑轨具有水平的位移，从而实现对魔方的准确抓取和释放电磁换向阀。

3. 创新点

（1）本系统创新性地设计了人机交互的框定界面，初始化过程需要由操作人员使用鼠标进行识别两面的边角标定，将待识别的魔方更加准确地放在摄像头的整个界面内，下次使用的时候，可以直接使用上次的标定。

（2）采用气动滑轨带动夹持爪子来进行魔方的抓持，气动装置结构简单、轻便、安装维护简单。

（a）

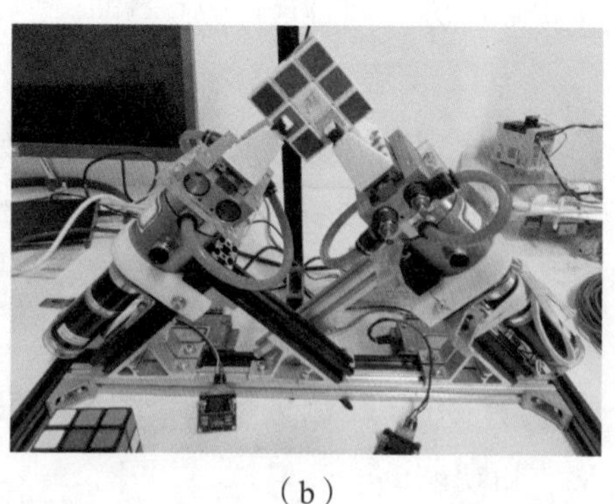

（b）

图 147　快速自动解魔方机器人

魔方机器人

获奖等级：三等奖
设计者：付强，董瀚泳，康佳
指导教师：高宇
浙江大学机械工程学院，杭州，310027

以实现魔方的自动复原为目的，我们小组设计了一款魔方机器人（图148），采用了双手臂、手腕转动的机械结构，可以对任意打乱的三阶魔方进行视觉识别、解算并通过机械手爪的运动进行复原。

该魔方机器人的机械部分主要实现了双手爪的旋转及开合运动。采用双手臂、手腕转动的形式，控制指令通过底部步进电机和丝杠的转动使得推板轴向运动一定距离，使手爪能处于开、半开和闭合三个状态，从而对魔方进行夹持和放松。魔方手爪旋转轴通过联轴器与另一步进电机电机轴相连，在解魔方指令控制下，电机带动魔方手爪进行旋转，从而实现魔方一个面的旋转。魔方机器人采用标准铝件作为支架，数控加工件作为电机和魔方手爪的支撑件，精度较高。

该魔方机器人的颜色识别部分分为采集和识别两部分。采集部分通过带偏振镜滤光的三个摄像机各拍摄两面，在程序调试中标定点位进行采集，同时使用台灯进行打光以避免环境光照变化带来的影响。识别部分采用阈值法以及 KNN 算法相结合的算法，先在 HSV 空间及 RGB 空间通过阈值法初步识别后，再通过 KNN 算法进行调整，以此结合两者分别在速度和准确性上的优势。

该魔方机器人的魔方复原算法分两套指令，第一套是使用 Kociemba 算法的复原指令，这套指令是针对可以直接操作六个面的六爪机器人的复原指令。而本魔方机器人用的是两爪，因此需要将这套算法的结果转为两爪的操作指令，因此使用第二套指令，用来进行魔方的整体翻转，这样可以改变各面的位置。两套指令结合以及六面转两面的换算，使得我们能在两爪上实现魔方复原。

经团队协作我们成功地制作出了样机并验证了其可行性与可靠性。该魔方机器人具有足够的稳定性与准确性，速度也达到了较快的水平。

（a）

（b）

图 148　魔方机器人

SUSE-TRY

获奖等级：三等奖
设计者：赵云亮，练洪，罗祥斌
指导教师：黄波，廖映华
四川轻化工大学机械工程学院，自贡，643000

本项目设计了一种基于魔方复原的智能魔方机器人（图 149），它结合了现在正流行的 AI 的特点，只需要把魔方放上去，魔方机器人自动识别魔方块的颜色，并做出相应的翻转操作，实现魔方复原。魔方机器人主要部分介绍如下。

1. 图像识别

采用开源的计算机视觉库 OpenCV，通过标定魔方的位置提取 ROI 区域，对 ROI 区域做高斯模糊，调节对比度和亮度之后，利用颜色识别算法识别颜色，生成颜色数据。

2. 上位机

上位机整体使用 MFC 框架。通信采用 PCOMM 库，实现高效的上、下位机串口信号通信。利用定时器，记录从点击开始按钮到魔方还原完成的时间。解法部分通过调用一个两阶段桥式算法程序实现魔方还原解法的求解。

3. 单片机

采用 STM32F407ZGT6 作为控制器，利用 USART 传输串口数据，单片机对得到的解法数据进行拆分，通过调用对应的算法把魔方解法转化成电机与爪子执行的先后顺序、开合时间、旋转角度、旋转方向，并生成单片机解法去还原魔方。同时，单片机程序中实现了一个自主进行魔方面变换的算法，电机与爪子运动前会自动搜索当前面所在位置，自主优化当前的单片机解法，运动后都会对魔方每个面的编号自主更新，以便减少电机与爪子运动次数进而减少还原时间。

4. 机械机构

（1）底箱：为使机器人外观美化及装载电机驱动、单片机 STM32 核心板、电源及电磁阀驱动板等物件而设计。

（2）电机底座：为保证两电机的轴在同一平面内，采用 3D 打印使其固定在一块底座上，在有限的资金下创造较高精度的条件。

（3）电机：为有较大力矩及保证步数角度的精确，采用了 57 式 2.3N·m 的步进电机。

（4）气缸与爪子：为使爪子的开合速度较快，采用气动式爪子。

（5）摄像头支架：机器人识别采用的是 USB 摄像头，为保证其视野，将摄像头固定在了魔方每一面的正上方。为了减少由于转动时引起的抖动影响摄像头的识别，设计了支架的固定。

（6）固定及遮光：为保证摄像头识别时不受到外界环境的影响，在魔方上方设计了一块遮光板的固定架，其同时起到了固定摄像头支架的作用。

（a）

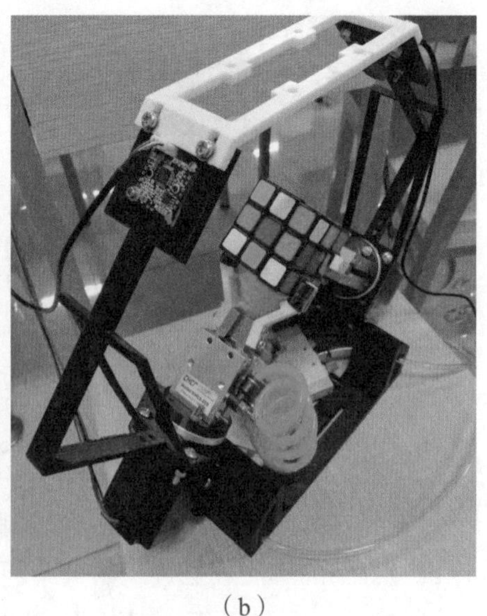
（b）

图 149　SUSE-TRY

999 号

获奖等级：三等奖

设计者：刘博，李明睿，韩子瑞

指导教师：蒋朝根，邹喜华

西南交通大学信息科学与技术学院，成都，611756

我们设计的解魔方机器人（图 150）采用大赛要求的双臂二指机械结构，其中以手臂固定、手指可夹住和松开魔方的方式来实现魔方的换面和旋转魔方；手臂以 42 型步进电机作为动力源，手指以舵机作为动力源；机械结构和电路设计均通过自主设计，使用实验室 3D 打印机或网上加工进行制作。

机械结构设计部分：解魔方机器人的双臂为前手和左手，两手之间的位置正好成 90°，可夹住魔方的两个面；步进电机通过底座固定在支架上，并且电机轴通过法兰盘连接舵机实现舵机任意方向旋转；舵机通过拉杆连接手指，对舵机的输入信号可实现对魔方的加紧或者放松。因为魔方表面比较滑，在魔方的手指处采用了橡胶材料来增大摩擦力，以减小魔方的掉落速度；但结构材料均采用 PLA 材料线，包括舵机手指、手指拉杆、舵机安装座、电机安装座。

控制部分：控制部分软件设计在 STM32F407 上实现，包括步进电机和舵机的驱动部分，主要是利用单片机生成 PWM 波控制舵机，利用单片机 GPIO 口模拟步进电机时序，控制步进电机进行转动。魔方要进行某面转动，但该面不在前手位置或者左手位置时，需要进行换面操作。每次换面后需重新对魔方位置进行记录，以保证得到魔方各面中心点的位置。机械运动装置在运动过程中采用加减速的方式，增加旋转的稳定性。细分每步动作进行不同延时，在电机启动或停止时较慢，在中途运行过程较快，选用不同的平缓程度，不仅使系统稳定同时也提高速度。

图像采集及还原算法部分：图像采集和解魔方算法在树莓派上实现，通过 OpenCV 控制摄像头采集图像并对图像做滤波处理，将图像由 RGB 转换为 HSV，取特殊点进行颜色判断，用 Kociemba 限制性降群剪枝搜索算法解析魔方序列（这是魔方步数最少的算法之一，最长步数只有 21 步，并且其解算时间为毫秒级），解出魔方序列发送给控制器。

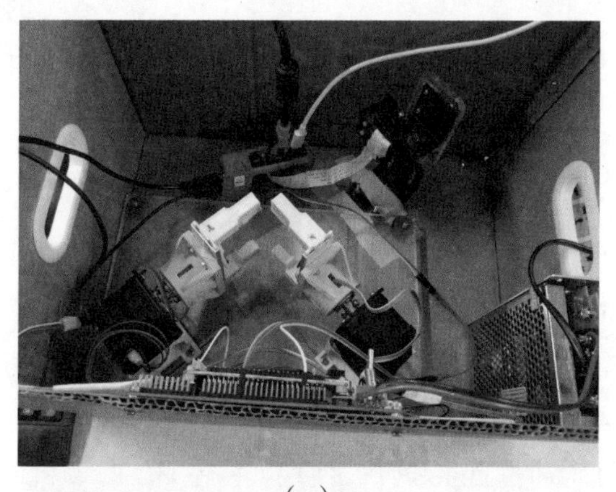

（a）

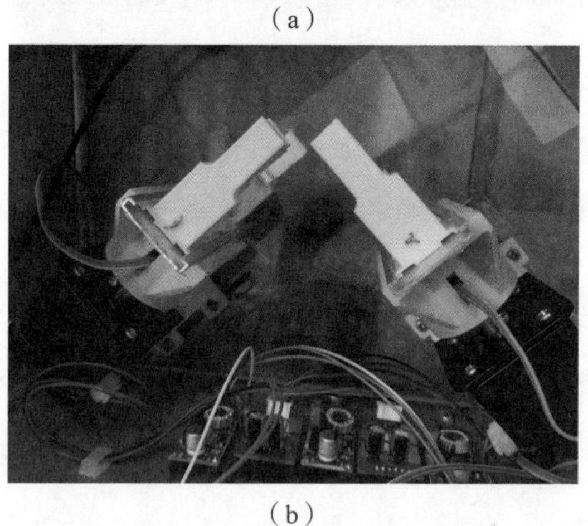

（b）

图 150 999 号

Cuber

获奖等级：三等奖

设计者：杨凯明，张新宇，连艺渊

指导教师：林华，林枞

福州大学，福州，350116

本项目设计了一款可以将任意打乱的三阶魔方复原的魔方机器人（图151）。该机器人使用 NanopiT4 作为主控制器，运行 Linux 系统，STM32 单片机作为辅助控制器。通过自主设计的机械结构实现魔方的翻转与复原。

（1）识别与解算：我们通过形态学预处理找到魔方的面中心，取其中五个点滤波之后作为该方块的数据样本。通过基于欧拉距离的 KNN 算法对采集的数据样本进行处理，由此得到魔方状态。求得魔方状态之后，我们通过加权搜索的 Kociemba 算法对魔方进行还原解算。

（2）步骤优化：我们采用由下至上优化的策略，先将步骤解构，然后使用记忆动态规划对实际执行步骤进行优化。

（3）执行：我们使用 STM32 对舵机与步进直接进行控制，步进采用了霍尔传感器进行反馈，辅以 PID 控制，以达到防止失步的目的。

（4）手臂结构：我们的魔方机器人采用了二指双手斜 45° 的方案来还原魔方。每个爪子有两个自由度，要让这两个自由度有足够的控制精度和运行速度，我们设计了非常独特和轻巧的气动系统来控制手指，同时设计了稳定的机身，可以精确地定位两个爪的位置。手指和手掌间使用直线滑轨滑块，气缸通过连杆和一个可以自身旋转的滑块（螃蟹爪）将普通笔形气缸的直线运动转换为二指的开合。直线导轨和气动系统配合，使得手指的精度和速度都同时达到了最优，在此基础上，手指接触面增加了独特材料的胶垫，可以降低对魔方的冲击，让夹持更加温和。

（5）光学结构：眼睛部分使用了双摄像头的设计，并适当进行遮光补光处理，提高了系统鲁棒性，节约了魔方识别的时间。

在经过视觉、控制、结构的多次相互配合调整后，我们的魔方机器人逐渐成长为一个较为健壮稳定的系统，经统计，在室内环境下复原魔方的成功率接近 100%，基本达到预期要求。

（a）

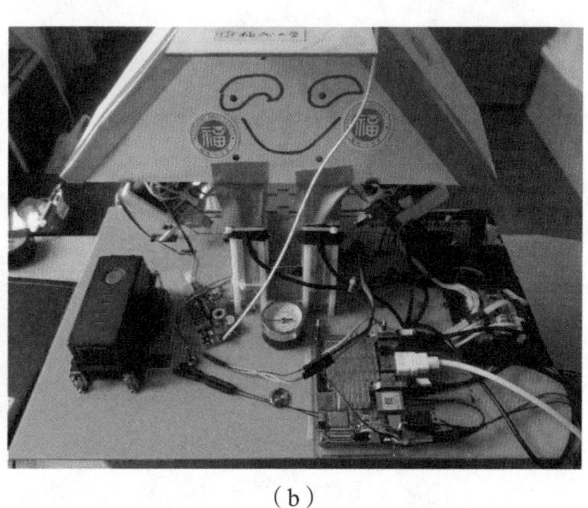

（b）

图 151　Cuber

入围奖作品

魔方机器人

获奖等级：入围奖
设计者：崔英杰，王子腾，肖卓
指导教师：梁建宏，刘荣
北京航空航天大学机械工程及其自动化学院，北京，100191

经过近两个月的设计、制作和调试，我们终于完成了魔方机器人作品（图 152）。我们的魔方机器人以铝方管为骨架，中间支撑板为木质结构，整体尺寸为 460mm × 460mm × 350mm，整个魔方机器人组成了一个气动、电动、机械一体化并由 ROS 统一管理的系统。

1. 机械结构

我们采用了双机械臂正交且平行于底座的结构，魔方位于机械臂中轴线的交点处。腕部使用伺服电机，加上导气滑环结构，手指部分直接由手指气缸组成。

腕部使用的电机为闭环 57HB250 步进电机。该款步进电机在后端加入光电编码器，电机驱动器为 HB808C 伺服驱动器。

导气滑环是可以传导环形气路的元件。其静止端和机架连在一起，接入气源的空气；运动端和旋转轴固连在一起，输出空气到工作元件，两部分通过导气滑环的环形气缸进行连接。

手指气缸可以进行 30° 开合，我们使用了其中了 20° 的行程，剩余的行程则转化为手指对魔方的预紧力。

2. 下位机部分

下位机采用 STM32F103ZET 作为 MCU。规定了 10 个基本动作，然后编成了一套有12个指令的指令集，每一个指令表示对魔方进行一次操作。而下位机只需要建立一个命令队列，再依次从队列中读出命令并执行即可完成解魔方。

3. 上位机部分

上位机是电脑。电脑作为系统的控制和计算中枢，一方面读入摄像头的颜色信息，进行解算；另一方面要向下位机中写入命令，使其做指定的动作。

视觉采用了点提取颜色的方法。每个点取一个15×15的像素圈，求其中颜色信息的平均值作为该点的颜色；我们采用HSV的颜色编码，从而减小了光线的影响。

上、下位机的通信采用串口通信，由ROS进行管理。我们将上位机解算出的命令放入一个节点中，然后下位机定期查询该节点读取这些命令，进行上、下位机之间的信息交换。

4. 总结

经过实验，以上的方案和设计在我们的机器人中得到了很好的实现，我们能够较好地完成解魔方任务。

（a）

（b）

图152　魔方机器人

魔方机器人

获奖等级：入围奖
设计者：牛彦童，林明辉，陆计合
指导教师：缪存孝，韩天
北京科技大学机械工程学院，100083

1. 作品简介

魔方机器人（图153）采用双臂二指的形式，外廓尺寸不超过480mm × 480mm × 480mm，总重量不超过20kg。

魔方机器人使有用罗技USB免驱摄像头对魔方表面颜色进行检测，并外加光源提高检测正确率，在Surface上利用OpenCV对摄像头采集到的图像进行处理，处理完毕后将信息通过蓝牙发送给单片机。单片机采用STM32F103ZET6，在接收到Surface对图像处理后的信息后，采用Kociemba算法处理所采集到的信息，并控制电机操纵手腕手指来进行魔方还原。

2. 机械

机械部分采用异形铝进行结构搭建，手指采用二指的形式，手臂固定，支架和连接件采用3D打印制作，采用57步进电机和二位五通电磁阀来实现机械手臂的转动和机械手指的闭合。

3. 视觉

图像处理：利用OpenCV进行读取图片、颜色空间转换（BGR-HSV）、确定魔方外轮廓（若魔方和摄像头是固定的，可不确定）、分析魔方单面的9个色块的颜色并记录。

大体上可以使用两种类型的处理方式：

（1）调节各颜色对应颜色空间的阈值（如 HSV），取在阈值内的块作为该块的状态。（优点：简单易懂。缺点：对光照的适应性很差。）

（2）K-mean 均值聚类，不直接对块是什么颜色进行研究，而是把魔方 54 个块分为同一颜色空间下的 6 组，利用 K-mean 算法分别计算出颜色最接近的 9 个块作为一组，共 6 组，即为需要的状态。此方法能够较好地适应不同光照条件下的影响。

4. 解法

贪心算法：根据需求，需要用两只手臂对机器人进行操作，依靠手指的夹持、手腕的旋转实现魔方 6 个面的顺逆时针旋转。初步的模型建立如下：①旋转单面：A 手臂夹持固定，B 手臂夹持旋转；②调整旋转面：此过程其实是整个魔方的翻转。A 手臂放开，B 手臂夹持旋转，可使得 A 手臂可以实现①中的四个单面的旋转。此时换由 A 手臂夹持旋转，B 手臂放开，又可以实现剩下的两个面的旋转。此过程中会出现干涉问题，可以通过避让的动作避免所有干涉（尽管所用时间会加长）。

此处要注意的是，旋转单面的过程一定是两个手臂都处于夹持状态，其中一个手臂旋转；调整旋转面的过程一定是一个手臂完全放开，另一个手臂夹持旋转。若违背上述原则，会出现严重的干涉问题。

5. 控制

机器人采用 STM32ZET6 单片机作为主控，电脑求解出算法后，通过串口发送给单片机，单片机将收到的数据解包校验后，按照顺序依次执行接收到的指令，控制步进电机的转动和电磁阀的闭合来实现魔方的还原。

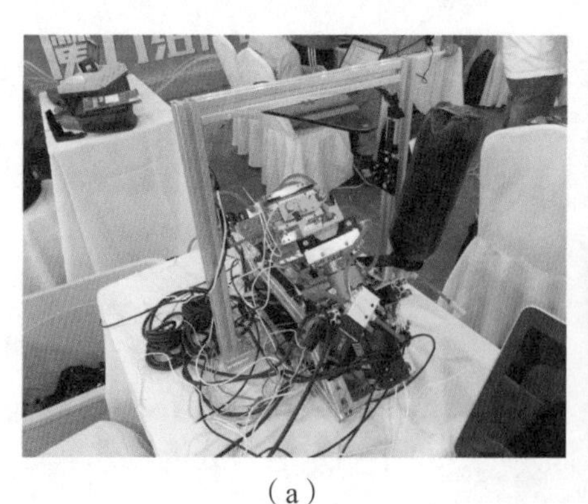
（a）

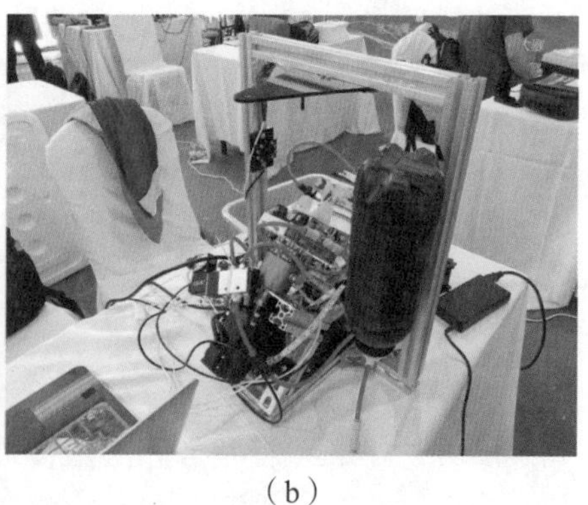
（b）

图 153　魔方机器人

快手魔方机器人

获奖等级：入围奖

设计者：唐建福，钟杰，辛浪

指导教师：杨健，郝兴安

成都理工大学核技术与自动化学院，成都，610051

本项目在充分调研国内外解魔方机器人现状的基础上，深入研究解魔方机器人的系统功能原理及关键技术问题，采用气、电结合的控制方式，研制出了一种高速、稳定还原魔方的解魔方机器人（图 154）。

机械结构上，此解魔方机器人采用了双臂二指模型，机器人的每个手臂分别具有两个自由度：其中一个自由度用来完成机械手末端手指的夹紧和松开动作，采用 MHL2-16D 型双动式气缸作为夹紧动力装置，模仿人类手指的张合来夹持魔方；另一个自由度完成对魔方的旋转动作，使用一对 BS57HB84-03 型步进电机，模仿人类手腕进行旋转。整体架构采用铝合金材质，部分非结构件采用 PLA 材料 3D 打印，并在手腕关节处设计有圆形气管罩，使气管有序地绕在罩中，防止气管缠绕。

视觉上，通过 4 个摄像头采集色块信息，将采集到的图像在 HALCON 软件中进行图像处理，包括图像的预处理、图像的分割、图像的描述与特征提取，最后通过训练特征、识别完整魔方图像，并以矩阵数组的形式保存，提取出 54 个颜色信息。

算法上，选择 Kociemba 算法对魔方还原步骤进行输出，并编写转换算法，对魔方的机械结构进行控制。

控制方面，下位机采用 STM32F103ZET6 单片机，同时负责与上位机通信以及控制电磁阀和步进电机。上位机 PC 负责调用色块处理信息，并与下位机进行串口通信，与实时反馈信息相结合，得出还原程序，控制魔方还原。

团队经过三个月的努力，成功研制出第一台物理样机，并对其进行了反复试验。大量实验数据表明，此解魔方机器人还原魔方动作快速、精准、可靠性高。

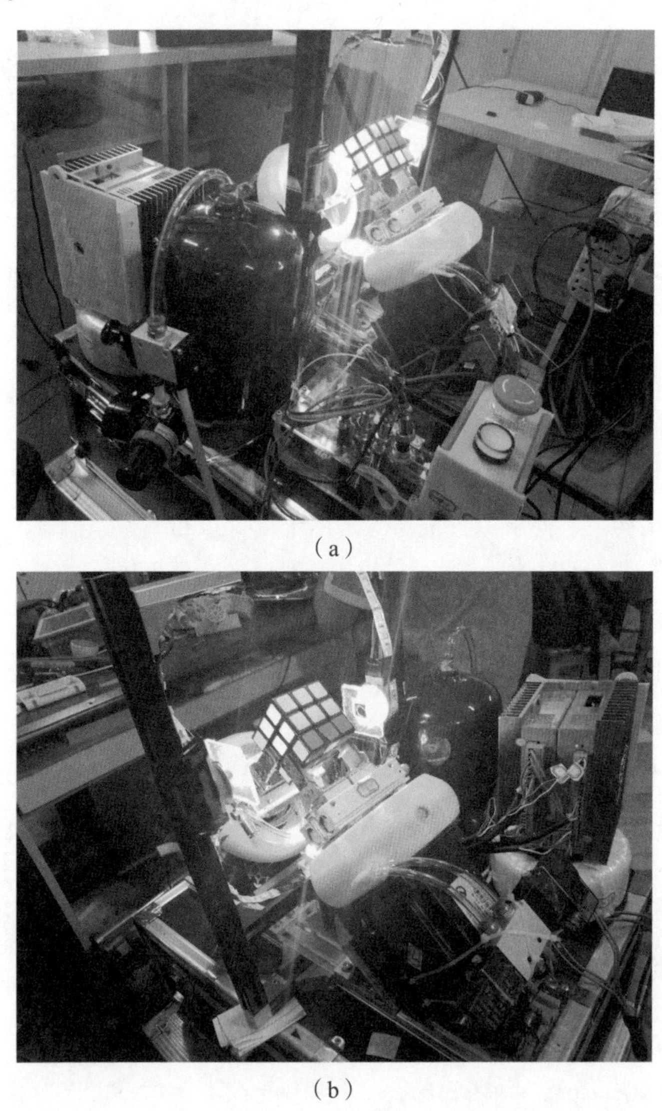

（a）

（b）

图 154　快手魔方机器人

魔方机器人

获奖等级：入围奖
设计者：李澜，何佳伟，张杰
指导教师：刘鹏
成都信息工程大学，成都，610225

我们设计的双臂魔方机器人（图 155）是一个能够将任意打乱的三阶魔方快速还原的机器人。本项目涉及魔方色块数据采集、魔方还原步骤解算、机械手控制系统以及手臂旋转系统设计等。

1. 整体结构设计

该机器人还原魔方的过程是通过两只机械手臂配合完成的，机械手臂通过电机架安装在固定底座上，模拟人手腕和手指动作。舵机驱动机械手指直线运动，实现对魔方的夹紧与松开；步进电机做回转运动，实现魔方的回转。

（1）机械臂结构设计

机械臂主要由伺服电机、电机支座、编码器等部件组成。电机支座与固定底座之间为螺栓连接，保证机械手臂在运行过程中的稳定性。单片机输出指定数目脉冲给驱动器，使电机转动角度。

（2）机械手结构设计

机械手主要由机械手指、导轨、连杆、舵机、舵机固定座等部件组成。通过曲柄连杆 机构使机械手指在导轨上做直线运动，动力由舵机供给。

2. 电气系统设计

魔方机器人的电气控制系统主要包括控制中心、颜色识别模块、电机驱动模块。

（1）控制中心

本作品中的主控芯片选用的是意法半导体公司的 STM32F103ZET6，具有多路 PWM、ADC、UART 等，最高 72MHz 工作频率。魔方机器人需要两路 PWM 控制舵机，通过 UART 将上位机与单片机通信，满足魔方机器人的运动控制的需要。

（2）颜色识别模块

为了高效完成颜色数据采集，选用 OpenMV 摄像头模块。OpenMV 上的机器视觉算法包括寻找色块，满足本作品中对魔方颜色信息的采集，能将采集到的颜色数据高效地处理。

（3）手臂模块

电机选用 57 步进电机，输出力矩为 1.2N·m。驱动器型号为 TB6600，细分数为 6400，有过流、过压保护，可以有效驱动电机转动精准步数。

3. 魔方颜色识别与解算

通过颜色识别模块对魔方六个面进行拍照，提取出 54 个颜色信息，采用 Kociemba 算法，通过上位机解算，完成解算后通过串口发送给 STM32 控制中心。其中上位机是 C# 编写开发的，有串口通信、接收魔方状态和发送魔方解算的机械可执行步骤等功能。

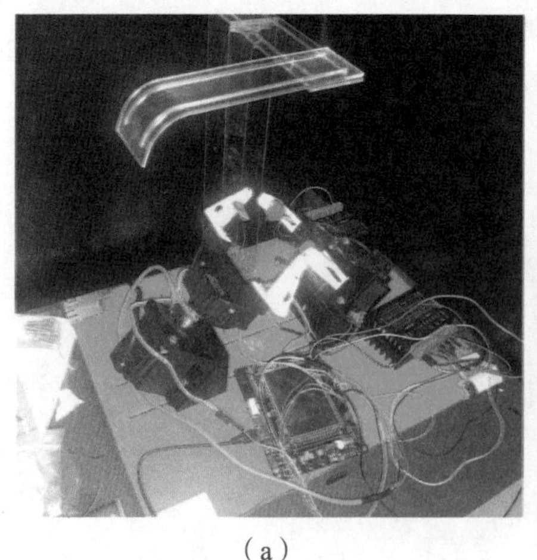

（a）

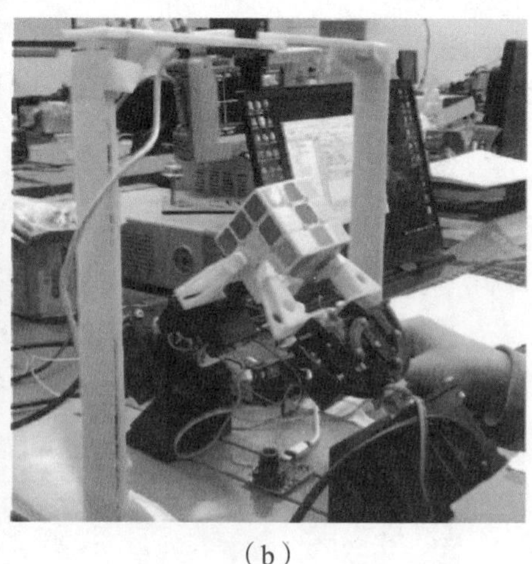

（b）

图 155　魔方机器人

一种基于 STM32 的双臂解魔方机器人

获奖等级：入围奖
设计者：刘爽，杨浩，董欣然
指导教师：房立金，楚好
东北大学机器人科学与工程学院，沈阳，110169

设计者充分调研了目前魔方机器人的研究现状，在此基础上分析了现有魔方机器人的结构设计。本项目的目标是制造一个可以将任意打乱的三阶魔方快速还原的机器人（图 156），在制作过程中涉及魔方色块数据的采集、魔方还原步骤的结算，以及机械手控制系统和手臂旋转系统设计等。

该机器人通过两只机械手配合完成解算过程，机械手通过支撑结构组合成 90° 的状态，然后通过直流无刷电机驱动机械臂旋转，同时带动机械手旋转；在机械手部分用舵机驱动手指开合，来模拟人的手腕和手指动作，实现对魔方的夹紧和松开。

1. 机械臂结构设计

机械臂主要由无刷直流电机、电机支座、联轴器和机械手等部分组成。电机支座采用玻纤板，在满足支撑的前提下可以减轻整体重量。

机械手部分，由舵机驱动四杆机构实现开合，机械手指部分由 3D 打印而成，手指在导轨上面滑动来夹取魔方。

2. 控制系统设计

魔方机器人的控制系统主要由主控板、电机驱动模块和通信模块几个部分组成。

主控板由 STM32F407 处理器充当。魔方机器人需要两路 PWM 控制舵机，两路 CAN 通信与电机进行通信，从而传递给电机运动信息。除此之外，通过单片机上的 UART 串口与上位机通信，来接收上位机解算出来的步骤信息。

3. 魔方视觉子系统设计

视觉子系统采用单目的形式，使用普通摄像头作为识别相机，通过下位机控制电机旋转，分别采集魔方六个面的信息，然后通过上位机算法，识别出颜色信息。将颜色信息输入算法中，可以得出解魔方的解算步骤，将步骤通过串口通信传递给下位机，下位机接收到解算步骤后，控制电机进行解算。

视觉系统内部采用机器学习算法，解算魔方的算法选用Kociemba算法，魔方的颜色分类通过 HSV 模型中的 H 分量进行区分。

经过三个月的设计制造，我们生产了第一台物理样机，并对其进行了试验，验证了机器人的可靠性。

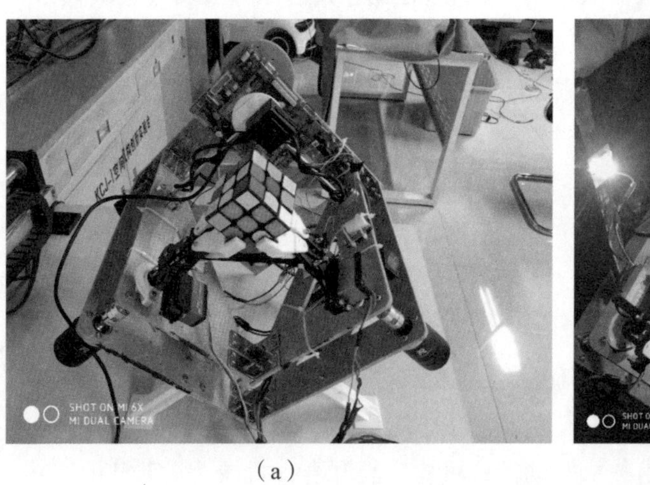

（a）

（b）

图 156　一种基于 STM32 的双臂解魔方机器人

Cube-master

获奖等级：入围奖
设计者：王斯民，叶静雯，汪志强
指导教师：林华，卢杰
福州大学物信学院，福州，350116

本项目设计了一款可以将任意打乱的三阶魔方复原的魔方机器人（图157）。该机器人使用 Nanopi 作为主控制器，运行 Linux 系统，以 STM32 单片机作为辅助控制器，通过自主设计的机械结构实现魔方的翻转与复原。

（1）识别与解算：我们通过霍夫变换找到魔方的矩形区域，取其中五个点滤波之后作为该方块的数据样本。通过改良 KNN 算法对采集的数据样本进行处理，由此得到魔方状态。求得魔方状态之后，我们通过加权搜索的 Kociemba 算法对魔方进行还原解算。

（2）步骤优化：我们采用由下至上优化的策略，先将步骤解构，然后使用记忆动态规划对实际执行步骤进行优化；由于存在线的缠绕，我们在步骤方面又进行了优化，使其能自行解开缠绕，避免出错。

（3）执行：我们使用 STM32 对舵机与步进电机直接进行控制，通过调节步进电机与舵机的速度，令其达到稳定并且快速运行的目的。

（4）手臂结构：魔方机器人采用了二指双手斜 45° 的方案。使用车胎橡胶覆盖在手指表面，增加了手指的动摩擦因数。手掌部分采用了平行式夹取的方案。平行式夹取可以在容错设计下将原有的微小误差修正。我们改造了原有的方方正正的手指，设计带有底部斜度的手爪，原有的支撑魔方的平面改造成了斜面，以达到修正误差的目的。

（5）光学结构：眼睛部分使用了单摄像头的设计，并且一次识别双面，使用 Nanopi 进行图像处理，将其展开并且进行识别，节约了因为识别 6 个面魔方转动的时间。为了使“眼睛”的视野更加明亮，我们在魔方外围安放了 LED 灯带，魔方在灯带的作用下受光均匀。为了提高系统的稳定性，我们选择了平时生活中随处可见的廉价的纸板箱进行遮光，简单、高效、容易固定而且方便折叠。

经过多次修正错误后，我们的魔方机器人逐渐成长为一个较为健壮稳定的系统。经统计，在室内环境下机器人复原魔方的成功率接近 80%，时间平均为 60s，基本达到预期要求。

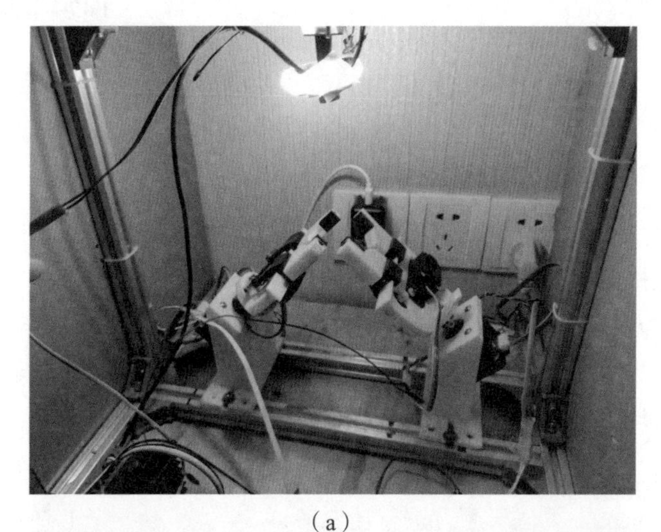

（a）

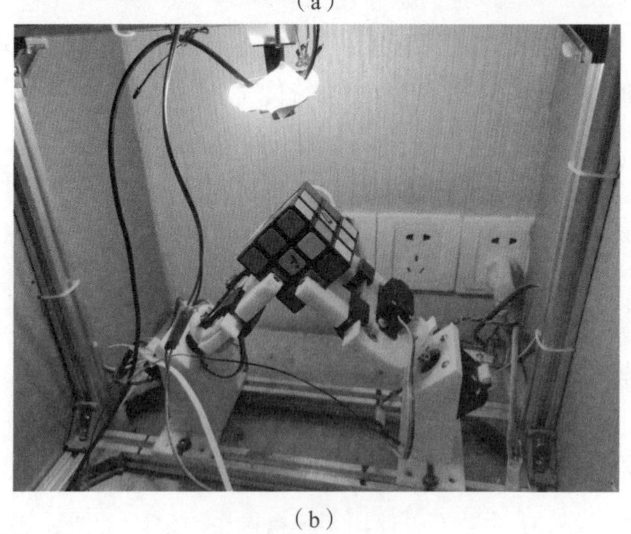

（b）

图 157 Cube-master

“蓝色旋风”魔方机器人

获奖等级：入围奖
设计者：陈佳威，陈忠楷，楼平和
指导教师：周钢，彭丹
海军工程大学信息安全系，武汉，430030

根据大赛要求，我们分析了现有解魔方机器人的系统组成，综合运用机械、电子、信息和自然科学知识，设计制作了一款双臂二指型解魔方机器人（图 158），能将任意打乱的三阶魔方自动快速还原，并能适应于不同光照环境的复杂场景。

该作品整体采用铝结构，在手腕处采用气滑环防止线路缠绕，两个手臂有一定的转动和开合自由度。设计方案重点包括图像采集、算法策略、控制驱动 3 个部分，下面将逐一进行简介。

1. 图像采集

我们同时使用 3 个 fpv 摄像头 , 对魔方信息进行采集，获取魔方的完整信息。由于该机器主要的传感设备为摄像头，而视觉设备对于外界光照环境的敏感度非常大，因此一个好的视觉环境对于颜色识别极为重要，若魔方处于强光直射或者光照昏暗条件下，都会影响颜色的识别。为解决上述光照条件问题，解魔方机器人采用自适应 LED 补光灯进行补光，当机器人被搬动或者所处环境光照条件有较大变化时，调用自适应补光算法对补光灯的亮度重新调整。

2. 算法策略

采用 Herbert Kociemba 的两阶段算法，平均理论步骤为 19 步， 在一台 4G 内存的 Win10 虚拟机上用时约 800ms。使用深度优先搜索算法，将两阶段算法的理论步骤转换为机械结构可执行的机械步骤，大大缩短了转换后动作序列的动作数目。

3. 控制驱动

控制系统通过 RS232 接口与计算机通信，传输解法动作信息和采集图像动作信息；通过 I/O 口的上下拉来控制步进电机的旋转方向；通过 I/O 口输出脉冲控制步进电机的转速与距离；通过 I/O 来控制电磁阀的开合；通过 PWM 输出控制 LED 补光灯的亮灭。

简单来说，解一个魔方将经历如下过程：

（1）软件开启，各模块初始化；

（2）图像采集程序获取图像；

（3）图像处理程序读取图像并聚类；

（4）获取拧动序列；

（5）算法转换程序将拧动序列转换成动作序列；

（6）主控程序发送动作序列指令；

（7）下位机根据动作序列拧动魔方并完成复原。

经多次测试，我们设计的魔方机器人可在 10s 以内完整还原魔方，还原成功率接近 100%。

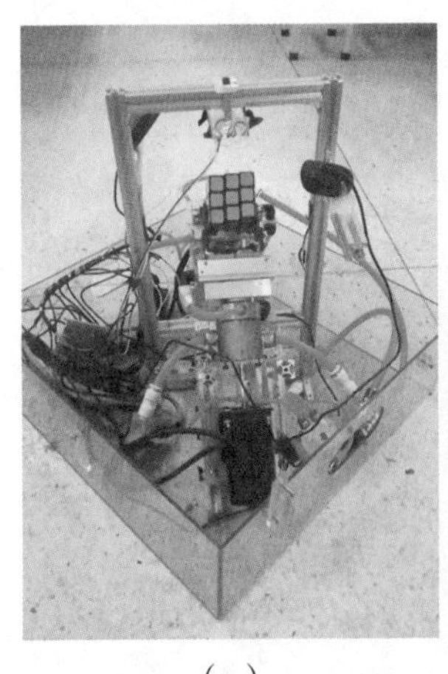

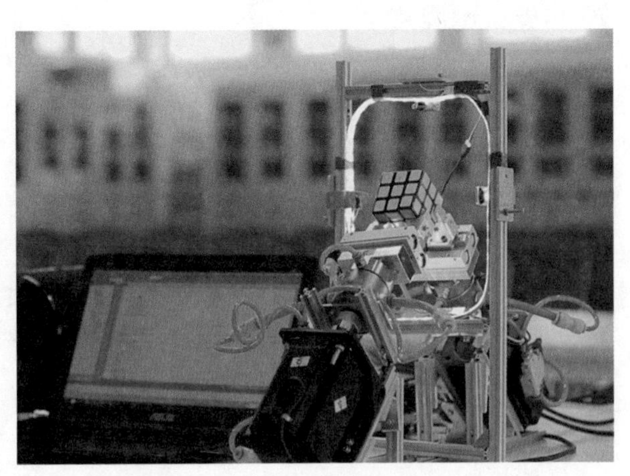

（a）　（b）

图 158　“蓝色旋风”魔方机器人

解魔方机器人

获奖等级：入围奖
设计者：陈小龙，李帅凯
指导教师：黄康，熊杨寿
合肥工业大学机械工程学院，合肥，230009

设计者充分调研了目前国内外解魔方机器人的研究现状与进展，在此基础上分析了现有解魔方机器人系统的功能组成。本项目的目标是针对大赛要求，设计并制作一款可以求解魔方的解魔方机器人（图 159）。

1. 执行结构

此魔方机器人为双臂两指形式，机器人有两个手臂，每个手臂都由一台步进电机和一个气缸驱动。因此，每个手臂有两个自由度，分别是步进电机驱动手腕旋转的自由度和气缸驱动手指开合的自由度。步进电机安装在一个有 45° 三角块的底座上，底座为铝合金型材，两边结构对称，从而保证左右机械手的中轴线呈 90° 夹角，确保魔方在转动时不会发生偏心。步进电机和气缸的配合要实现六个基本的动作，左手左转 90° 、左手右转 90° 、左手右转 180° 、右手左转 90° 、右手右转 90° 、右手右转 180° ，从而可以转动魔方的任意面，实现复原魔方的目标。机器人的整体尺寸符合要求，重量在 17kg 左右。

2. 算法处理

使用视频采集卡，将魔方六个面的信息通过 OpenCV 处理得到颜色信息。上位机软件将图像数据代入 Kociemba 算法，就会计算出魔方还原步骤字符串并显示在软件主窗口，上位机解算软件和 Arduino 控制板通信，将还原代码发送到 Arduino 控制板。

3. 控制上

下位机控制板采用 Arduino 控制板，当主板收到上位机的解算代码之后，开始控制步进电机和气缸的动作，以完成魔方的复原。

经过三个月的设计制造，我们生产了第一台物理样机，并对其进行了试验，验证了系统的可靠性和实用性。

（a）

（b）

图 159　解魔方机器人

魔方机器人

获奖等级：入围奖
设计者：安希旭，韩宗霖，陈明伟
指导教师：万琴，吴迪
湖南工程学院，湘潭，411104

设计者充分调研了目前魔方机器人的研究现状，了解了目前魔方机器人的发展趋势以及当前存在的不足。本项目的目标是针对目前魔方机器人自身原理设计上的不足，采用 K-means 聚类算法和前沿的机械设计方法，设计一种基于机器视觉识别技术的高速且性能稳定的魔方机器人（图 160）。

本项目设计的魔方机器人主要由两个机械手臂组成，通过电机支座将两个手臂固定在底座上，在电机和舵机的分别驱动下，模拟实现人手部和腕部的动作。舵机带动连杆转动，进而驱动两根机械手指在导轨上滑动，实现机械手指的夹紧和松开动作；伺服电机带动支撑板转动，实现机械手腕部转动。摄像头把魔方照片发送给主控处理、识别颜色，之后主控将魔方状态序列发送给上位机解算。主控板通过伺服驱动器控制直流伺服电机转动。魔方机器人根据上位机传回的指令还原魔方。

魔方机器人的电器控制系统主要包括控制中心、颜色识别模块、电机驱动模块。本作品中的主控芯片采用自行设计的 STM32F103 功能板，板上集成 XL4015 稳压系统，芯片采用 STM32F103VET6，足以胜任控制任务。功能板通过集成串口与 PC 端进行通信，并且我们设计了 4 个舵机快捷接口以及两个步进电机快捷接口，方便插拔。同时板上预留 OLED 插口，我们通过此接口使 OLED 显示单片机的状态，使调试更加方便。为了高效完成颜色数据采集，采用 Matlab 作为主要的算法载体，利用 HSV 色彩空间以及 Canny 边缘检测提取魔方的状态并存成字符的形式，通过 Python 发送到单片机上。

经过三个月的设计制造，我们生产了第一台实物模型，并对其进行了试验，验证了设计的可靠性和实用性。

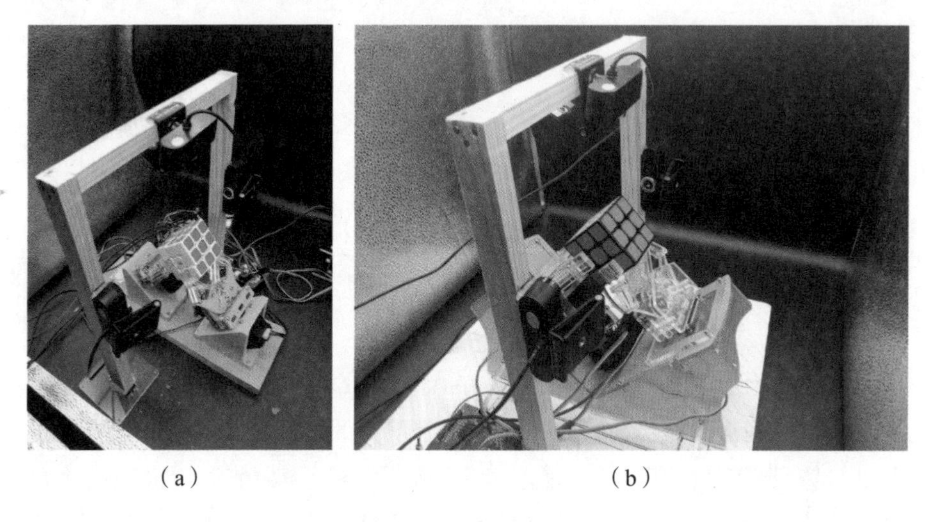

（a）　（b）

图 160　魔方机器人

魔方机器人

获奖等级：入围奖
设计者：曾飞，王乔，李莉莉
指导教师：吴清，夏春玥
华东理工大学机械工程学院，上海，201499

设计者充分查阅了目前创意魔方机器人的相关资料，在此基础上分析了现有解算系统的算法组成。本项目的目标是独立原创地设计出一款魔方解算机器人，借鉴开源的 Kociemba 算法，设计一种基于串口通信技术的舵机加电机控制的创意魔方机器人（图 161）。

1. 机械结构

总体结构为由铝制型材搭建的双手结构，双手均为二指结构。左手直接利用步进电机坐卧式固定底座与铝制型材相连接。底座固定四二步进电机，电机的轴通过轴套与左手连接；右手由亚克力板经过激光切割成型，固定的二指结构负责固定并整体旋转魔方，以及左右两面的单独旋转。

2. 颜色识别与存储

通过型材上搭载的摄像头在魔方相对的对角块进行拍摄，选取每一个面对应色块的 400 个像素点，进行像素点在 HSV 色域的颜色识别。将识别之后的颜色转为字符数组并存储。

3. 解算并复原

魔方状态输入完成后，采用 Kociemba 算法，分两阶段解出还原步骤。第一阶段，试图使角块旋转到正确的位置，中间块位置不变；第二阶段，通过不同面旋转 180° 来使魔方每个棱块回到正确位置。把解出的还原步骤发送给单片机。单片机读取发送来的字符串，这些字符串以 ASCII 码的形式发送给单片机。

我们使用的驱动舵机与电机的硬件为六路舵机控制板，控制板可以同时控制步进电机与舵机。控制板会提前将程序烧录进去，在供电之后，会先将左手张开然后捏紧，确保程序正常。在接收到串口发送的解码字符串之后，会将其存储到相应的字符数组中，然后一一识别，做出判断执行所对应的动作。

经过三个月的设计制造，我们生产了第一台物理样机，并对其进行了试验，验证了系统的可靠性和实用性。

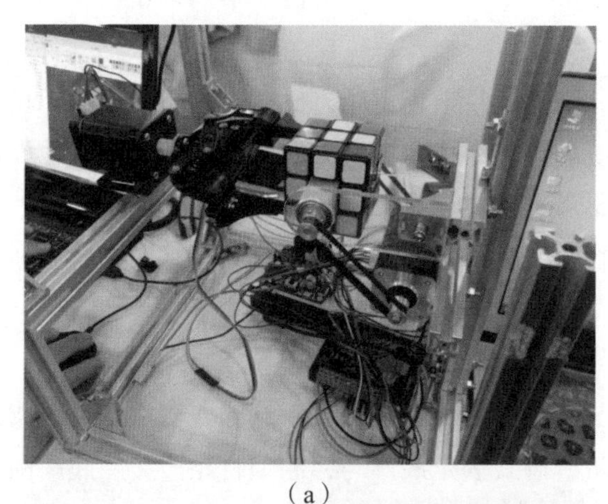

（a）

（b）

图 161　魔方机器人

GoWin 解魔方机器人

获奖等级：入围奖
设计者：别桐，曾昆，吴亦鸣
指导教师：陈安，邓晓燕
华南理工大学，广州，510006

1. 机械结构

GoWin 魔方机器人（图 162）是一个双臂机器人，两个机械臂由两个电机来驱动。电机采用松下 A6 伺服电机，主控采用 PC 机，PC 机与电机之间通过一个以太网四轴运动控制卡（实际上只用到两个轴）进行通信，IO 卡与以太网运动控制卡收到 PC 机下发的指令之后，通过电平的变化等控制电机进行转动，每个电机带动一个机械臂转动。机械臂的开合由 IO 采集卡与电磁阀控制，IO 采集卡收到 PC 机下发的指令后，电平发生相应的跳变，电磁阀就可以让机械臂实现开合动作。

2. 解魔方流程

放入打乱的魔方—摄像头进行颜色识别—解魔方算法求解还原步骤—还原步骤转换为对应的机械步骤—机械步骤转换为电机指令—指令下发至电机—电机进行相应的运动。

3. 开发环境

操作系统：Windows10；
开发工具：Visual Studio 2017；
函数库：OpenCV、以太网四轴控制卡提供的函数库。

4. 视觉部分程序设计

视觉部分采用了 4 个摄像头进行魔方状态的拍摄，布局是上下各一个摄像头，左右各一个摄像头。上下两个摄像头各拍魔方的两个面的色块分布，左右两个摄像头各拍魔方一个面的色块分布，这样就得到了魔方六个面的状态。由于摄像头已经固定，位置不会随意更改，用预先写好的程序调用固定好的摄像头可以得到每个色块所在的像素点坐标区间，可以精确地取到需要的点，既解决了夹子的遮挡问题，又对周围的噪声具有一定的抗性。取点后，对每个色块的多个像素点各自取平均值，在程序中算出每个色块的 HSV 分量。通过对 S 分量设定阈值可以区分出白色与其他颜色；通过对 H 分量设定阈值可以将白色以外其他颜色进行分类，最后得到魔方六个面每个位置色块的颜色信息。按照算法部分采用的两阶段算法的存储规则，将色块信息按序存放于数组中，供算法部分调用。到此，识别部分就结束了。

5. 解魔方算法部分程序设计

解魔方算法采用 Kociemba 的两阶段算法。利用两阶段算法，通过读取视觉部分储存好的颜色信息，可以解出针对当前魔方状态的还原算法，然后转换为对应的机械步骤，供电机部分使用。

6. 电机部分程序设计

得到了解魔方算法部分提供的机械步骤，运用 C++ 中的 switch-case 条件语句，可以得到每一个机械步骤对应的预设定好的电机动作（高低电平或是脉冲正反、数量等），然后将指令下发给电机，电机就可以按照得到的还原步骤正确地运动，最终能够将一个打乱的魔方还原。

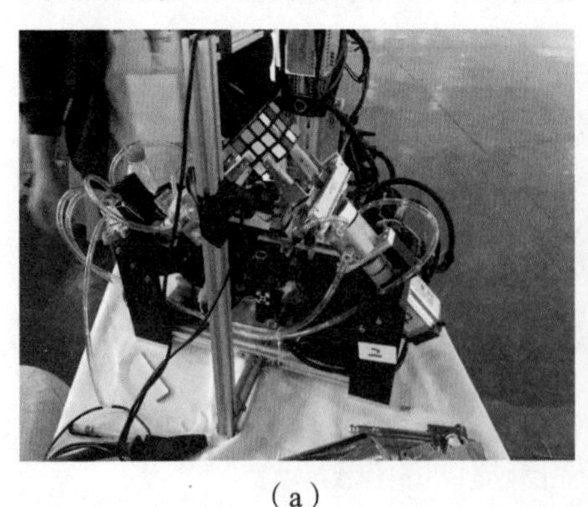

（a）

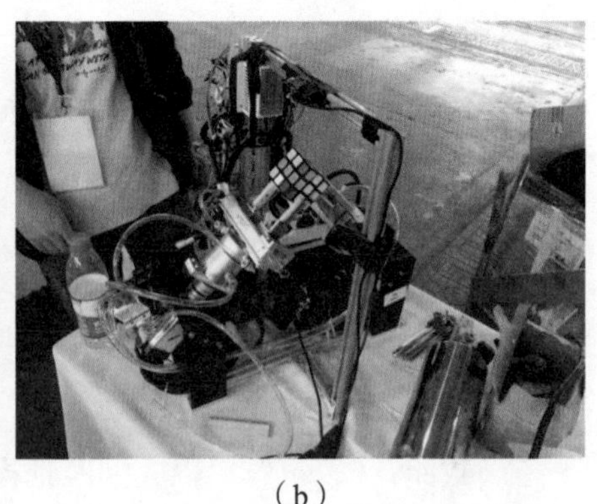

（b）

图 162　GoWin 解魔方机器人

魔方原形

获奖等级：入围奖
设计者：张光辉，任宣宇，张昆明
指导教师：唐日成，宋伟
南通理工学院，南通，226002

1. 设计分析

最初构想采用层先法作为还原算法，但在实际操作过程中步骤过多，耗时较长，而且机械臂的稳定性还有待提高，过长的还原步骤容易导致还原失败；后期选择更优化的 Kociemba 算法作为还原算法。图像识别初步预设 9 个像素点，由于硬件的不稳定性，后改为采用多像素点的方式，提高了识别精度，同时对光线的要求更高。在 Ardunio IDE 中为机械臂设置初始状态，魔方拍摄的旋转动作，以及魔方各个面所需要顺时针旋转 90° 、逆时针旋转 90° 、顺时针旋转 180° 的动作过程，以摄像头等图像传感器作为识别工具，如用 USB 摄像头拍摄魔方的六个面，依次识别每个面。得出六个面的信息后通过解魔方算法处理分析得到魔方还原序列，将还原序列从串口发送给 Ardunio Uno 主控板，通过 Ardunio Uno 主控板控制两个机械臂和两个机械爪来实现魔方的翻转和旋转，实现魔方还原。

2. 硬件、软件基础分析

本设计选用的是 Arduino Uno 主控板，相对于其他主控板，Arduino Uno 价格低廉，运算速度适中，有较大的自由度和很好的扩展性，完全能够满足解魔方机器人的需要。把 Arduino Uno 主控板固定在机械架上，通过端口连接线与 PC 端相连，魔方还原步骤通过 PC 端传到 Arduino Uno 主控板。主控板相当于整个设备的神经中枢，发送指令，通过气缸提供动力控制机械臂和机械爪运转。

回转气缸主要由导气头、缸体、活塞及活塞杆组成。回转气缸工作时，外力带动缸体、缸盖及导气头回转，而活塞及活塞杆只能做往复的直线运动，并且导气头体外接管路，固定不动。其构造是将 2 个回转气缸的动作结合为一，叶片型摇动驱动器可做 2 段式与 3 段式的转动。在我们的设计中，共用到了 6 个回旋气缸，每只手臂用到 3 个。其一用于机械爪的抓取，另外两个用于机械臂的旋转操作。我们定制了机械爪以及气缸之间的连接件用以实现这些操作。

3. 由算法到机械动作的转换

得到魔方还原序列之后，手动输入 Arduino Uno 上位机，通过端口传给 Arduino Uno 主控板。因为在还原过程中魔方一次只有两个面可以被操作，需要在有限步骤内把需要旋转的面通过机械臂转移到操作面。对操作面可以进行顺时针 90°、逆时针 90°、顺时针 180° 的旋转，在每一面旋转之后不需要让魔方重新回到初始位置，可以继续往下执行，有效地减少了多余的步骤，提高了还原的速度。

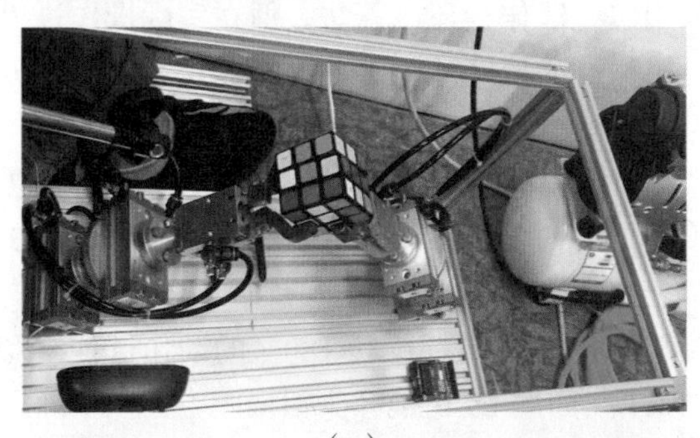

（a）

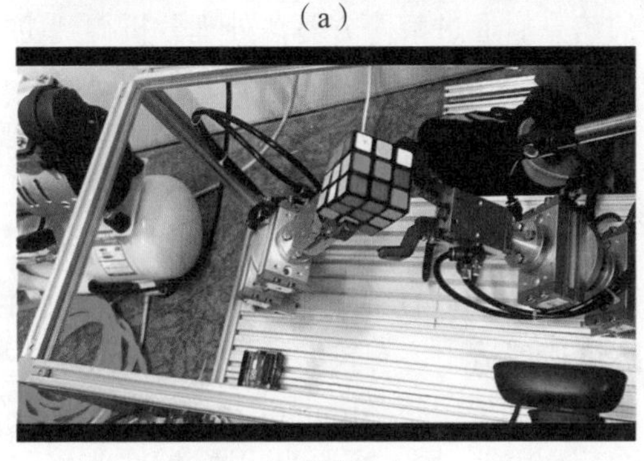

（b）

图 163　魔方原形

魔方还原机器人

获奖等级：入围奖
设计者：刘兴东，李润泽，高涛
指导教师：王宪伦，崔玉霞
青岛科技大学自动化与电子工程学院，青岛，266061

随着电子技术、计算机控制技术以及传感技术的不断发展，魔方还原机器人具有了制造的条件和基础。为了顺应科学技术高速发展的趋势和响应“中国制造 2025”的国家战略，我们本着“科学为本，努力创新，追求进步”的原则，努力将自己所学到的课本上的知识变成实物，实干兴邦！

机器人正在逐渐走进我们的生活，魔方机器人因为其具有独特的观赏性和科学性也逐渐成为热点，利用机器人去还原一个复杂的三阶魔方是一件很“酷”的事情。

我们设计的魔方还原机器人（图 164）通过双摄像头进行魔方色块颜色信息的采集，用 Python 的 OpenCV 库完成色块的颜色读取，并将采集到的数据储存到数组中，然后输入到 Kociemba 算法中。Kociemba 算法是魔方界已知的步骤最少的三阶魔方还原算法，程序的运算时间在毫秒级别。我们通过调用 Python 中 Kociemba 算法的封装库，输出魔方的还原公式。通过双臂协调算法进行优化，将符合人手的解法进行动作上的解析和调整，变成机械手的指令，最终得到优化后的步骤。因此，在识别完成后，我们就可以对识别的魔方进行计算以确定解法了，然后将结果通过串行口通信送给下位机。下位机控制执行机构：由 Arduino 板控制电动的执行机构，Arduino 板将控制信号传给执行机构，执行机构响应动作，由 Arduino 单片机控制电控系统的气爪和电机等气动执行机构和电动执行机构，然后通过机械硬件的动作使魔方被还原。气爪使用电磁阀进行控制，电机使用

TB6600 型编码器进行控制，使其能够准确地达到相应的角度。

将机械制造、电子技术、信息技术、自动控制、传感器、网络通信、声音识别、图像处理和人工智能等先进技术进行融合，我们制造了这款魔方还原机器人。该机器人运用了多学科交叉的控制方式，同时具有很大的教学价值、可靠性和创新性。

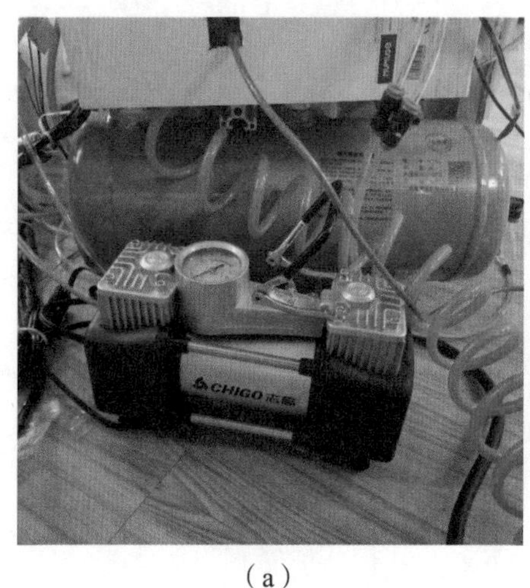

（a）

（b）

图 164　魔方还原机器人

X-max 魔方机器人

获奖等级：入围奖
设计者：孙伟伦，陈杰，龚磊
指导教师：刘宜成，涂海燕
四川大学，成都，610065

1. 原理

本作品是基于机器视觉并结合单片机微控制器为平台搭建的智能魔方机器人（图 165）。使用单片机作为控制器，气泵以及机械爪等作为执行器，结合机器视觉，利用摄像头采集魔方的图像信息传输给上位机（电脑），再利用上位机进行图像识别处理，利用上位机进行解魔方计算，上位机与单片机通信，将解魔方的算法返回给单片机，单片机控制相应的步进电机和机械爪等，实现对魔方的还原。

2. 机器人组件介绍

（1）单片机

本作品采用正点原子系列 STM32F103ZET6 开发板作为控制器，通过编写相应的程序，使得单片机控制整套机器人系统的运动。通过串口与上位机进行通信，利用上位机快速计算的能力，得到魔方的解法，上位机将魔方解法传给单片机，单片机便发出相应的指令控制步进电机和机械爪等。

（2）步进电机

本作品使用 57 高速闭环步进电机，将电机与机械爪相连接，采用 24V 直流供电，通过单片机控制电机的转向，实现对魔方的翻转。

（3）气动滑台机械爪

本作品使用MHF2-8D薄型气爪平行气动手指气缸滑台导轨型作为机械爪，并通过自主设计的手指模块与滑台连接，构成气动滑台机械爪，采用外部气源供气，在单片机的控制下，实现对机械爪的开关和闭合。通过自主设计的连接件，将机械爪与步进电机相连接，通过电机的转动和机械爪的开闭，实现对魔方的旋转和拧动。

（4）空压机

本作品采用奥突斯小型空气压缩机作为气动机械爪的气源，搭配相应的电磁阀控制气体的流向，实现对机械爪的供气和排气，从而实现机械爪的张开和闭合。

（5）解魔方算法

将摄像头采集到的图像传回电脑，在PyCharm编写Python图像识别程序，对摄像头传回的每个面进行图像识别，得到每个面的颜色分布并存入列表中，再执行解魔方算法，得到解法后通过串口传输给单片机，由单片机控制电机等实现魔方的还原。

（a）

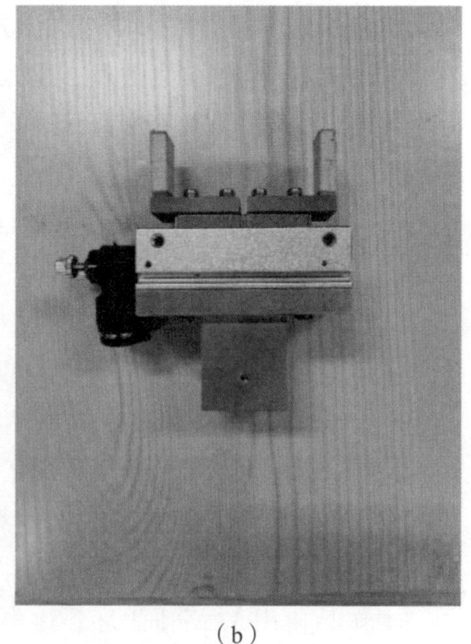

（b）

图165　X-max魔方机器人

三阶魔方机器人

获奖等级：入围奖

设计者：王乐凯，李文博，谭圣哲

指导教师：赵地，杜玉红

天津工业大学机械工程学院，天津，300000

《每日邮报》曾报道，美国两名电脑软件发烧友设计了一种新型魔方机器人，仅用 0.38s 就复原了三阶魔方。设计者对国内外魔方机器人进行了大量调研，发现目前的解魔方机器人不是成本较高，就是体积较大，制作困难。针对这些问题，我们设计天工大魔方机器人（图 166），其特点是小型、简单、成本低。

天工大魔方机器人主要由机械系统、控制系统、颜色识别系统构成。以颜色传感器作为颜色识别装置，将识别的信息进行采集，输入计算机中，相应的算法生成数据，通过舵机控制板控制舵机，调用相应的舵机动作组，采用机械臂实现魔方各面的翻转、旋转或整体旋转。控制系统采用单片机控制驱动电机，通过算法控制，实现动作与机械动作的结合。魔方机器人精确控制机械结构、精准定位是实现魔方还原的关键，控制的速度则是还原效率的重要指标，本作品从这两个方面开展了算法研究。

天工大魔方机器人通过两只由舵机控制的机械手臂相互合作，完成魔方的旋转与翻转等一系列动作。通过颜色传感器进行颜色识别，结合一系列算法，完成智能控制。为了提高效率，在控制精确的前提下提高控制的速度，实现魔方在较短的时间内完成复位。

经过两周的设计制造，期间经过无数次的调试，我们终于制造出了天工大魔方机器人。天工大魔方机器人有精确的机械臂，准确可靠的算法，较好地解决了魔方复原时的精确度和速度问题，而且不断在缩短魔方复位时间上有所突破，验证了系统的可靠性和实用性。

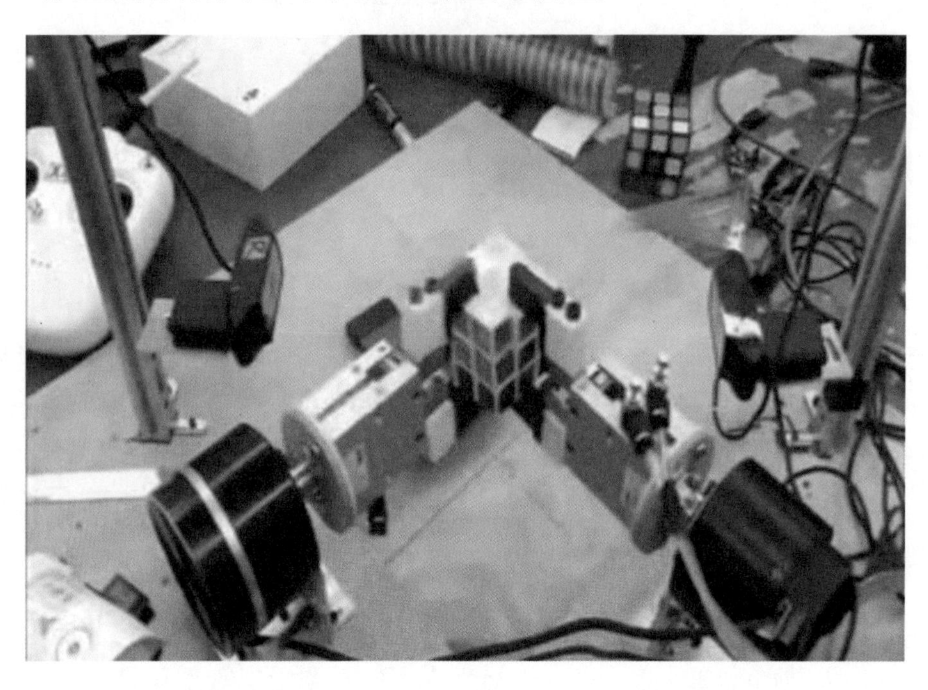

图 166　天工大机器人

魔方机器人

获奖等级：入围奖

设计者：张宇骞，张艺洋，裴旭东

指导教师：王保健，李晶

西安交通大学机械工程学院，西安，710054

根据参赛要求以及团队自身想法，我们设计出了这款魔方机器人（图167）。在设计之前，我们参照了各类魔方机器人设计，综合考虑、选用实现方式以及上位机和下位机平台。最终，我们选择了PC机作为上位机，Arduino单片机作为下位机，配合各种传感器与机械零件，初步实现了魔方机器人的搭建。

考虑到我们组内的同学均为大二同学，在部分知识与技能上尚存在诸多不足，我们设计的出发点定位为极高的可调试性。整体框架，我们采用了可自由组合的铝合金框架，保证尺寸可调；魔方动力部分，我们采用了步进电机和舵机组合，步进电机负责控制转动，舵机负责控制开合。这样，同时保证了旋转的灵活性与夹持的灵活性，而且这部分的动作速度与幅度均可精准调整，让我们有了极高的灵活性。另外，我们选用的Arduino平台入门简单，语法和标准C语言相似度极高，适合我们这类有基础的同学使用。

从2019年1月12日开始，我们着手于此项目，克服了许多困难。我们在设计过程中碰到的问题主要有：（1）组装误差的影响，由于魔方的尺寸较小，加上我们的组装形式，导致组装中出现了许多问题，魔方的夹持并不精准，转动过程中出现碰撞。（2）单片机和PC机的通信问题，串口通信并不是十分方便。（3）颜色识别，不同的灯光下准确性相差很远。

最终，在2019年4月初，我们完成了样机的制作，以上的问题均得到了不同程度的解决，样机的表现虽然并不完美，但是已经超过了我们之前的预想。在迭代过程中，我们通过使用更高级的加工方式、更精准的装配方法，以及反复的实验，提高了整个系统的可靠性和容错率。

（a）

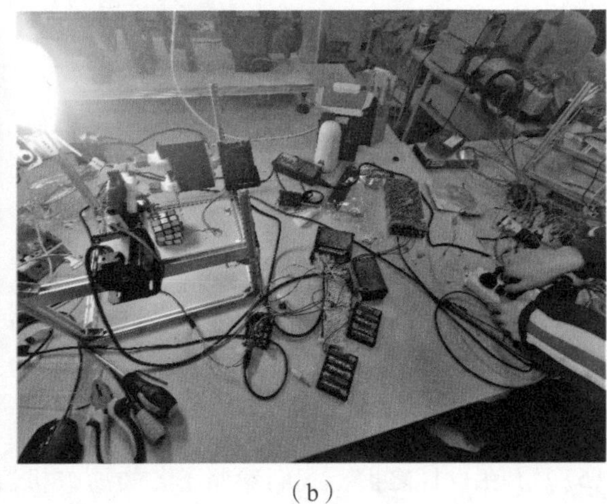
（b）

图 167　魔方机器人

魔方机器人

获奖等级：入围奖
设计者：陈屹晖，江峰，赵嘉墀
指导教师：史豪斌
西北工业大学，西安，710129

此款全自主魔方机器人（图 168）可以在将魔方放置在机器人机械手上之后，全自主地完成颜色识别，魔方解算，动作规划，上、下位机通信，自主复原等工作。该机器人拥有上、下位机。其中上位机使用树莓派 3b+，负责进行图像处理、魔方解算、动作规划等步骤。下位机采用 STM32 作为最小系统板，负责对上位机发来的动作序列进行译码，并对步进电机和舵机进行控制。

（1）软件部分。软件部分主要是树莓派的上位机开发工作。软件的工作又分为视觉部分，还原步骤解算，动作规划，上、下位机通信四个部分。其中，视觉部分识别魔方颜色得到魔方状态。我们采取的总体技术路线为 Python+OpenCV+Sklearn+Kmeans。魔方还原步骤解算我们采用的算法为 min2phase 算法，用来寻找 20 步左右的还原算法，我们在这个部分使用的编程语言为 Java。动作规划部分的技术路线为 C++ 语言 +dfs+ 剪枝 + 面向对象 + 接口。通信方面我们设计了一套基于串口通信的通信协议来传输上位机处理好的动作序列，按照“执行器 + 对应操作”的模式压缩数据，使一字节数据可以表示两个动作，并在设计中加入了无用操作和校验来确保通信的准确性，在 transform 封装了包装串口信息的对应方法。

（2）硬件部分。魔方手部的控制主要分为手臂的转动与爪子的开合，其中转动主要由 57 步进电机完成，爪子的运动由数码防烧舵机完成，底层控制器是 STM32F103C8T6。

（3）机械部分。魔方机器人主体由铝型材搭建而成，左右两边各由一个3D打印件固定电机，电机通过联轴器延长旋转轴，通过电气滑环保证其连接电线不会由于旋转而缠绕。

（a）

（b）

图168　魔方机器人

魅力魔方

获奖等级：入围奖
设计者：玉健鸿，冯俊青，彭治骞
指导教师：史颖刚
西北农林科技大学机械与电子工程学院，杨凌，712100

设计者充分调研了目前魔方机器人的研究现状，在此基础上分析了现有魔方机器人系统的功能组成与还原算法。本项目的目标是针对现有魔方机器人自身原理设计上的不足，采用最新的算法和机构设计技术，设计一种基于 STM32 的魔方机器人（图 169）。

本作品主要由三大系统组成：视觉识别系统，单片机 (STM32) 控制系统，机械执行系统。三个系统协同工作，完成对一个错乱魔方的还原。

整体支架由铝方管搭建，使用多根不同长度的铝方管搭建支撑平台，在支撑平台上搭建 45° 斜角平台，用于放置机械执行系统、单片机和电源。

视觉识别系统采用单目识别。分别在放置魔方的平台上、下，及侧面棱边放置 USB 摄像头，拍摄采集魔方各个面的图像，并将采集到的信息发送到电脑，由程序经过灰度化、二值化、均匀光照、去除噪点、滤波处理、图像增强、图像分割、形态学处理等步骤后，生成魔方的色块分布排列。最后把排列发送给单片机。

单片机（STM32）控制系统接收到由电脑传输过来的信息后，根据事先在单片机中烧录好的程序，将魔方的排列信息转换为可执行的控制语句后执行这些控制语句，对机械执行系统发出执行指令。

机械执行系统由旋转气缸、57 步进电机、气滑环、继电器、气泵等器件组成。在接收到单片机发出的执行命令后，继电器控制气路换通和步进电机的转动角度，实现对魔方的夹取和旋转。

经过三个月的设计制造，我们生产了第一台物理样机，并对其进行了试验，验证了系统的可靠性和实用性。

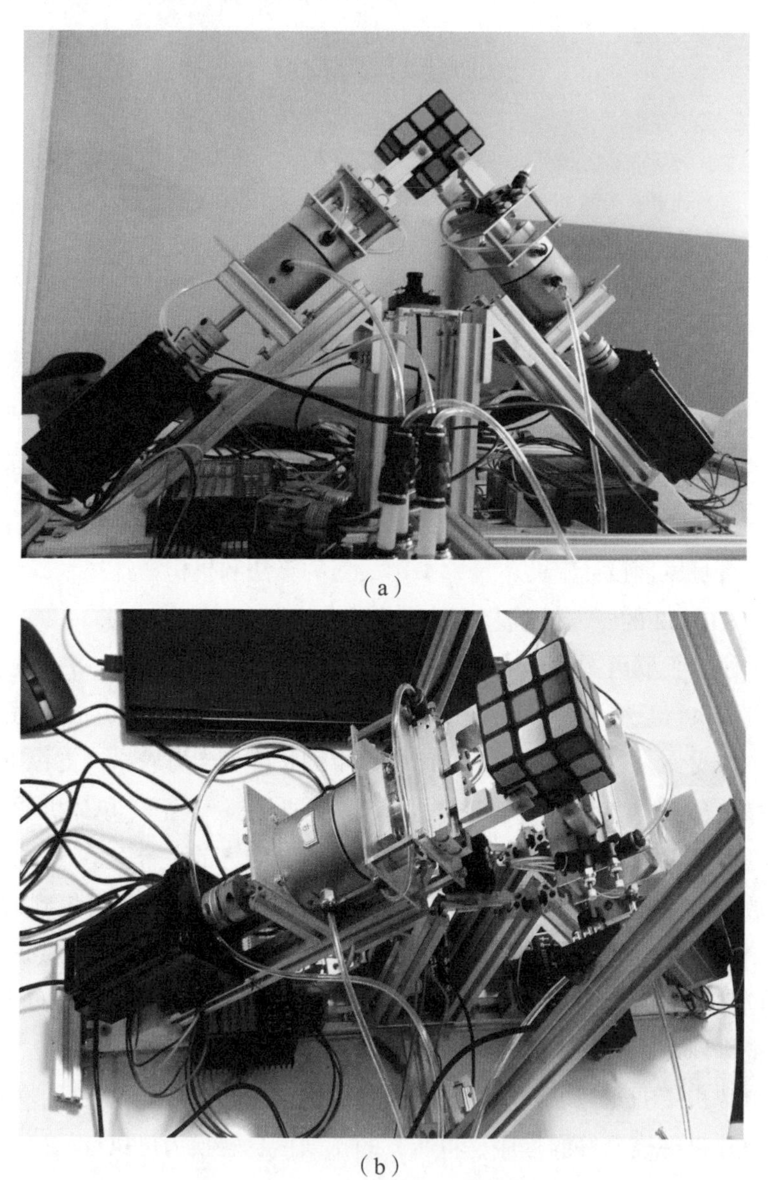

（a）

（b）

图 169　魅力魔方

两点

获奖等级：入围奖
设计者：王帮灿，方名文，杨文权
指导教师：邹喜华，蒋朝根
西南交通大学信息科学与技术学院，成都，611756

两点是一个基于两指、两臂，利用电机、舵机进行驱动的具有两个自由度的解魔方机器人（图 170）。机械部分自主设计，使用碳纤维材料在实验室的 3D 打印机进行打印，经济环保；电路部分自主设计成一体化，使机器人在整体架构上更加产品化；软件部分颜色识别基于 HSV 色彩空间进行识别，并开发颜色修复功能、再次识别功能，还原算法则采用基于群论思想的 Kociemba 算法。

（1）设计思路：主控芯片为 STM32，与树莓派进行实时通信，控制树莓派上的 CSI 摄像头进行图像采集识别。树莓派得到颜色序列后，先进行颜色修复，再通过魔方还原算法生成还原序列，与 STM32 进行通信传递还原序列信息。STM32 接收到还原序列后进行序列解析，控制电机和舵机协调工作，进行魔方还原。

（2）机械部分：机械手指呈 L 形结构，其中部有一托台协助夹持魔方；两个手指的底面长度不同，使得两指的中心刚好在小舵机的输出轴中心。手指拉杆两端分别与机械手指底部、舵机输出轴的转盘相连，舵机轴转动时通过推拉的方式带动手指进行放开和夹紧的操作。

（3）硬件部分：步进电机采用 S 形曲线加减速，减少步进电机带动魔方转动时的惯性。针对单手带魔方旋转、两手夹紧旋转两种情况，设计不同平缓程度的 S 形曲线加减速，使得魔方在转动过程中更加高效、稳定。

（4）软件部分：针对红橙、白黄两种易识别混的颜色，结合魔方还原算法开发颜色修复功能。为了消除环境光的因素，设计了一种基于初始状态旋转的颜色值的 HSV 字典。

（5）创新点：手指拉杆的设计、动作控制、动作细分、颜色修复功能、3D 打印机械臂。

经过反复测试与不断优化，机器人性能逐渐稳定。机械、硬件和软件三大部分各自形成模块，使得在零部件损坏的情况下易于查错并纠正。我们进行了为期两周的连调测试，验证了该机器人的可靠性与可行性。

（a）

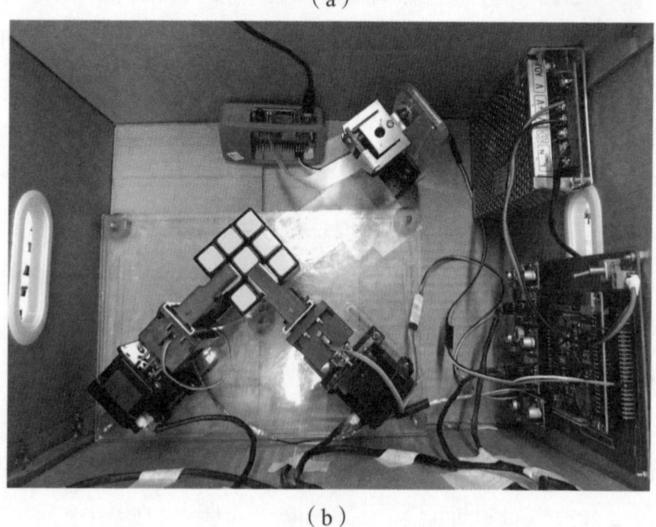

（b）

图 170　两点

“魔术手”双臂二指魔方机器人

获奖等级：入围奖
设计者：黄江龙，李道然，李花荣
指导教师：邓婷婷
西南林业大学机械与交通学院，盘龙区，650200

本项目设计了一款基于 Arduino 的双臂二指魔方机器人（图 171），它利用 Arduino 作为主控系统。机器人主体由两个臂组成，每个臂带有可活动的两个指，运用四个电机，实现指“张开”与“闭合”的动作和腕“转动”的功能。以摄像头采集魔方各面的图样，导入程序中，通过计算机计算得出解魔方步骤，再将步骤传输给控制电机的单片机，通过对应的程序，控制机械臂来实现魔方的还原。

机器人要实现识别图像、计算还原方式及按步骤转动魔方的功能。机器人主要包括以下五个部分：机械爪部分、控制器部分、电源部分、图像采集部分、还原步骤计算部分。

各部分实现的功能如下：

(1) 机械爪部分：作为机器人的执行机构，负责夹持和转动魔方。

(2) 控制器部分：是机器人的核心部分，担负着控制和协调的关键作用。控制器部分及时处理传感器的信息后，准确地将处理结果送到机械爪执行。

(3) 电源部分：电源部分不仅要实现给控制器提供稳定电压的功能，还要为执行机构提供足够的电能，以确保整个系统正常稳定地工作。

(4) 图像采集部分：要实现的是机器人的图像采集功能，即识别魔方。机械爪将魔方的六个面按一定顺序逐个展示给摄像头，摄像头将读取到的信息传输到计算机。

(5) 还原步骤计算部分：通过控制进程，运行计算机上的 Cube Explorer

程序，将魔方图像信息进行处理，得出最简捷的还原方法，以字符串方式输出。

元件组成：ABS 平行机械爪 2 个、Arduino UNOR3 单片机一块、LM2596 多路电源一个、11.1V 直流电源一个、20kg 扭矩舵机四个、USB 摄像头一个。

机器人的工作流程：

(1) 将打乱的魔方放到机械爪位置，打开电源开关，魔方被夹紧；

(2) 机械爪将魔方的六个面按照后、左、前、右、上、下的顺序，逐个展示给摄像头，摄像头采集图像信息；

(3) 摄像头将采集到的图像信息传输至计算机；

(4) 通过控制进程运行 Cube Explorer 程序计算出最简还原方法，并输出为字符串；

(5) 运用控制进程，通过数据线把字符串传输到单片机；

(6) 单片机接收到信息后，控制四个舵机，按照步骤还原魔方。

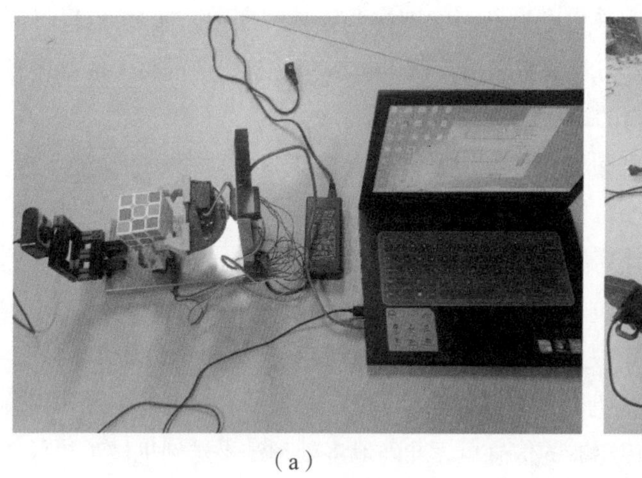

（a）

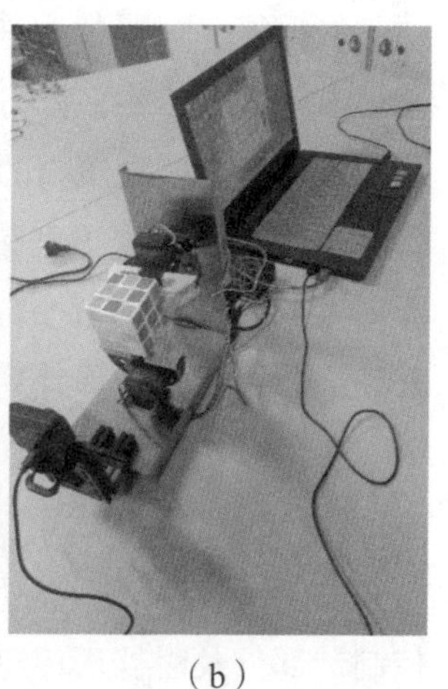

（b）

图 171 “魔术手”双臂二指魔方机器人

魔方机器人

获奖等级：入围奖
设计者：杨沛衡，封正龙，安杰
指导教师：陈昊，高凤水
西南石油大学，成都，610500

设计者充分调研了目前魔方机器人的研究现状，在此基础上分析了现有魔方机器人的结构和功能组成。本项目的目标是针对现有魔方机器人自身原理设计上的不足，采用较灵活的控制方法和机械结构，设计一种创新灵活的魔方机器人（图 172）。

依照解魔方的习惯、灵活度以及市场调研情况，我们决定采用双臂二指型结构，这样既符合常规的对称体系又便于找到魔方受力的平衡点，减少研究难度，便于两臂的协调配合。机械机构主要用型材搭建基本框架，解决底部固定、摄像头安放以及补光等需求。电机、气滑环、滑台气缸和机械手臂均以 45° 倾斜夹持魔方，气缸连接体、机械手指和其他零散部件均采用 3D 打印件。通过巧妙的机械结构连接，使机械手指做到开合并夹紧魔方，且通过不断调整摄像头的位置找到摄取信息的最佳视角，方便采集颜色信息。电机和压缩气体的动力使手指可按照程序规定的要求自由旋转，实现魔方复原的效果。两指上均有缓冲垫片，避免冲击过大而损坏魔方；以 2020 型材作为机械结构的支撑。运动控制是通过 CPU 对电磁阀和步进电机的控制来实现机械臂稳定、快速的转动及手指的张闭；两个机械臂负责执行解魔方过程中的各种动作；摄像头负责采集魔方当前状态信息以及实时更新追踪，摄像头摄取得到魔方的初始状态后，上位机通过运行 IDA 算法和 BFS 算法求得魔方的原始解法。IDA 算法构建了魔方的一般树模型并通过 Kociemba 算法（俗称两阶段算法）和步骤的可叠加性来对一般树模型进行剪枝，从而得到剪枝表并以此来求解，寻求较优路径。

经过三个月的设计制造，我们生产了第一台物理样机，并对其进行了试验，验证了系统的可靠性和实用性。

（a）

（b）

图 172　魔方机器人

创客大魔方

获奖等级：入围奖
设计者：胡锦鸿，张续赟，庞云峰
指导教师：王晔
许昌学院电气机电工程学院，许昌，461000

我们设计的基于 Arduino 的双臂魔方机器人（图 173）能够将任意打乱的三阶魔方快速还原。在研究各种魔方机器人机构的基础上，我们设计了一种体积小、速度快、性能稳定的机械结构，能使魔方机器人适应不同环境。该魔方机器人的两指机械手臂主要由两个手指、五连杆机构、舵机所组成。五连杆机构可使机械臂做一个固定角度范围内的运动，两指扣住魔方，随着手臂运动的同时使其实现反转。机械手臂的动力来源于舵机，我们使用了 TBSN-K15 耐烧电机，保证有足够的力度翻转魔方。为了使魔方在识别过程中不出现误差，我们设计了一个固定的光照环境，通过 LED 灯带和底部的一个 Arduino 板控制实现。这样，摄像头就不会受外界环境所影响，避免发生拍摄到的照片识别不了等问题。在 Arduino 主控板的技术上设计并完成了整个魔方机器人，研究其机械结构、颜色识别等。最后通过算法设计得到魔方还原平均步数为 20 步，机器人能够在平均一分钟内自动解算并还原魔方。该机器人成本低、体积小、性能稳定、普及性强，对环境有很强的适应性。

智能机器人在当今社会变得越来越重要，越来越多的领域和岗位都需要智能机器人参与，这使得智能机器人的研究水平也越来越高。在不久的将来，随着智能机器人技术的不断发展和成熟，智能机器人必将走进千家万户，更好地服务人们的生活，让人们的生活更加舒适和健康。

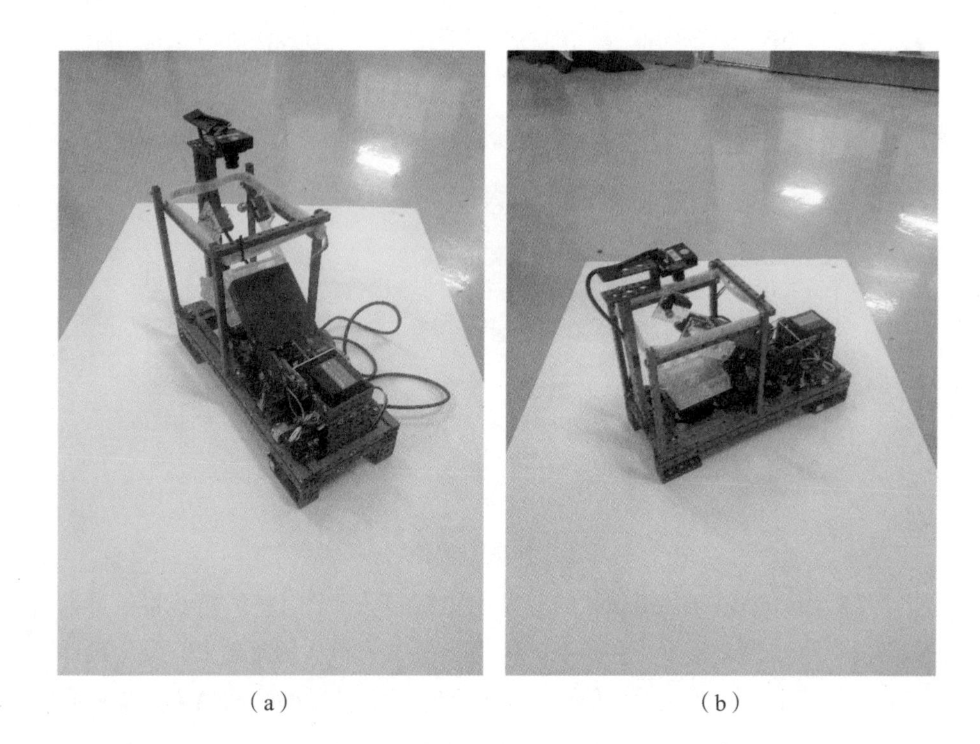

（a）　（b）

图 173　创客大魔方

魔方机器人

获奖等级：入围奖
设计者：贺骏明，王定飞，陈安
指导教师：陈磊，陈卫峰
扬州大学，扬州，225009

1. 作品简介

本作品（图 174）由机械结构、OpenMV 摄像头和上位机三部分组成。上位机由 Python 语言编写，使用两阶段算法进行还原步骤解算。机械部分采用双臂二指结构，每个机械臂包含一个步进电机和一个数字舵机。通过步进电机实现魔方转动，通过舵机实现手指开闭。机器人通过 OpenMV 摄像头获取初始魔方的色块分布，并将颜色数组发送给上位机端进行解算，得到还原步骤后通过串口发送给单片机。最后，单片机控制机械部分实现魔方还原。

2. 开发工具及运行环境

开发软件：VS Code、Keil 5、OpenMV。
开发语言：Python 3.7、C 语言。
硬件外设：STC8A8K64S4A12、TB6560、步进电机、SPT6410 舵机。

3. 技术方案

（1）机械结构：采用双臂二指形式，双臂采用步进电机进行旋转，二指通过舵机控制其闭合。

（2）电路：整体电路设计由步进电机、舵机、LED 阵列、摄像头、TB6560 驱动组成。

（3）OpenMV 摄像头：OpenMV 是一个非常易用的机器视觉开发组

件。该固件可以通过编程调用图像处理的算法来进行开发。在此我们使用OpenMV 摄像头来进行魔方色块识别。

（4）上位机：上位机由 Python 编写，使用两阶段算法进行原始还原步骤解算，接着使用自编算法转化到机械臂解算动作，并生成字符串通过串口发送给下位机，控制机械臂进行魔方还原。

4. 设计总结

解魔方机器人是以 STC8 单片机为核心控制装置，以摄像头和上位机作为颜色判断装置，机械手作为执行装置设计的。其中，OpenMV 用来实现颜色识别，上位机进行还原步骤解算，整体的系统运作由 STC8 核心控制装置控制，魔方复原通过控制机械手进行。基于 STC8 的解魔方机器人的研究，体现了对机器人要求的高精度性和高智能性。

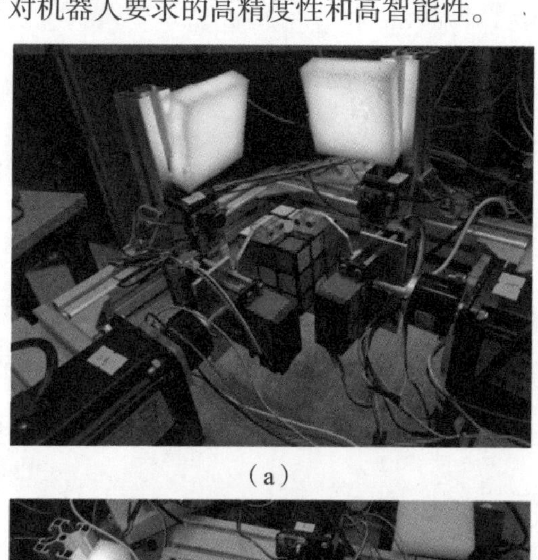

（a）

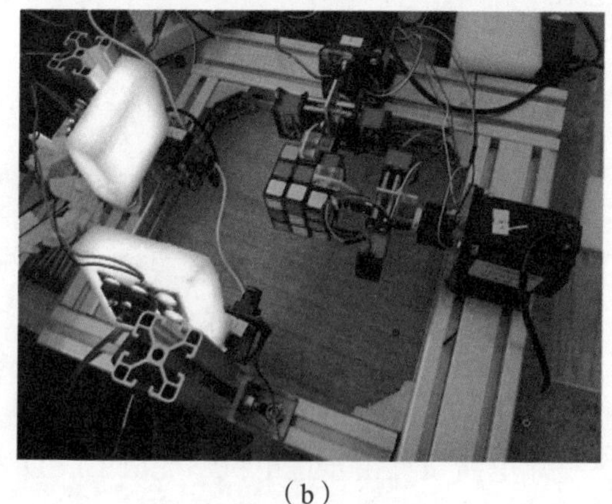

（b）

图 174　魔方机器人

一目了然解魔方机器人

获奖等级：入围奖
设计者：徐想想，陈风龙，朱旭
指导教师：张茂云，唐晨
长春理工大学，长春，130022

1. 机械结构部分

我们团队研制的解魔方机器人（图 175），结构上采用的是双臂二指结构，机械臂和旋转底盘能产生拉动和旋转两个动作，转动魔方用的是 57 闭环步进电机，扭矩为 4N·m。利用正弦加速曲线驱动步进电机，使其快速而稳定地运转。

2. 视觉部分和控制部分

上位机由 Python 编写，易于维护，下位机由 STM32 编写，上位机和下位机之间由串口进行通信。上位机接有两个 800 万像素的摄像头来采集魔方色块信息，下位机根据接收的数据来控制步进电机和舵机。视觉方面，我们用两个摄像头对准魔方的棱边，利用 OpenCV 里的透视变换可以一次读取多个面，大大减少识别时间。

3. 魔方复原算法

魔方比赛中，主流的魔方解法，无论是入门的层先法，还是进阶的 CFOP、桥式乃至盲拧法，都是从部分到整体的思路，逐块还原魔方。这类方法之所以能在速拧比赛中广泛应用，依赖于人眼与人脑快速反应的结合，但其并不适合于计算机。机器的优势在于广度搜索与深度搜索能力，因此解魔方算法采用 Kociemba 算法，通过降低魔方的混乱程度，达到复原的效果。魔方的六个面分别被称作 U、D、R、L、F、B。例如 U 表示向上面顺时针转动 90°，U2 表示顺时针 180° 转动，U′ 表示逆时针 90° 转动。如果你打乱一个标准状态的魔方而不用到 R、R′、L、L′、F、F′、B、B′ 这些基本操作，那你只会得到魔方所有状态的一个子集。这个子集被称作 G1=<U, D, R2, L2, F2, B2>。在这个子集中，角块或边块的朝向在一个特定的位置是不会改变的。而且中间层的四个块总被保持在该层内。第一阶段，算法会寻找一个能够将打乱的魔方转成 G1 状态的序列，即角块和边块的朝向将会被限制到符合 G1，原本中间层的边块也会被转到这一层。在这么一个抽象的空间内，一次移动仅仅是将一个坐标转换成另一个坐标。G1 内所有的状态都有相同的坐标，这就是一阶段算法的目标状态。要找到这么一个目标状态，程序使用一个带有下界的启发函数 h1。该函数为每一个魔方状态评估要达到目标状态所需要的步数，利用 Cube Explorer 所存储的剪枝表，预先采用 12 步优化。第二阶段，算法将复原在子集 G1 内的魔方实例，仅仅使用 G1 规定的基本移动（U, D, R2， L2, F2, B2）。它将复原八个角块排列。这里的启发函数 h2 需要估算达到目标状态所需要的步骤。h2 找到一个解后并不马上停止，而是继续搜寻更少的转动步数，这是依靠在第一阶段算法得到的次优解的基础上执行第二阶段算法。随着第一阶段序列的长度的增长，第二阶段的步数就变短。如果第二阶段的步数为零，则得到的解是最优的，算法便停止。

图 175　一目了然解魔方机器人

知行二队魔方机器人

获奖等级：入围奖
设计者：徐毓辰，王纪新，张天雨
指导教师：梁志剑，张斌
中北大学，太原，030051

1. 机械结构

结构总体框架采用 20×20 型铝搭建。总装尺寸为 480mm×480mm×450mm, 总重量为 19kg。机器人具有两个手臂，每个手臂有两个手指。手臂旋转采用 86 框步进电机（8.5N·m 型）驱动， 手指开合采用 MHF12-D2 气缸控制。步进电机采用 60V 交流供电（含 220V 转 60V 变压器），最大扭矩为 8.5N·m。气缸内径为 16mm，驱动气压为 5 个大气压，经实测，单次开合需要约 100ms。手指处有导块，在每次夹合时都调整一次魔方位置，有效防止了拧动过程中魔方夹歪的问题。手腕处使用气滑环，有效解决了气路的缠绕问题。

2. 算法

采用 Herbert Kociemba 的两阶段算法，其平均理论步骤为 20 步。 使用深度优先搜索算法，将两阶段的理论步骤转换为机械结构可执行的机械步骤。该深度优先搜索算法有以下特点：

（1）采用空间换时间的策略，在搜索前建立搜索库，任意一步理论步骤都有 16 种（经证明最多只有 16 种）执行策略，因此总搜索空间大小约为 20^{16}。

（2）由于不同的机械步骤用时不同，所以算法考虑机械步骤的执行时间，而不是机械步骤的步骤数目。

（3）对于每个节点，综合考虑已用时间、未执行理论步骤、当前机器人手指状态，进行剪枝。

（4）对于理论步骤 <R2 D2 F1 D2 R3 B1 B1 D1 L1 U3 F2 R2 B1 F1 L1 R3 B1 B1 D1 L1>， 搜索总用时为 255ms（含建立搜索库时间），机械步骤步数为 79 步。

（5）从获取魔方完整信息，到算法解算完成并发送给下位机，用时约 1s。

3. 视觉

通过视频采集卡，机器人使用上下左右 4 个摄像头对魔方进行扫描，可一次性扫描魔方 6 个面 54 个色块中的 50 个色块（有 4 个色块由于被手指遮挡无法识别），随后转动魔方，扫描剩余 4 个色块，以此获取完整的魔方。 由于魔方具有总共有 6 种颜色的特点，因此采用 K-means 聚类算法对待处理图像进行聚类，对 54 个色块的颜色进行滤波、聚类后，可以准确判断 54 个色块的颜色。该视觉系统有如下特点：

（1）通过全方位扫描以及一次移动，仅需 2s 就可获取完整魔方信息。

（2）采用 K-mean 算法进行聚类，极大减少了失误率。

（3）使用补光灯，可以适应不同的光照环境。

4. 控制

步进电机采用正弦函数曲线进行加减速，由于每个脉冲时间间隔很短，STM32F103 单片机无法完成正弦函数的积分运算，因此采用空间换时间的策略，将加速过程中每一个脉冲的周期通过上位机计算后， 生成数组保存在下位机中，每次运动直接调用。

（a）

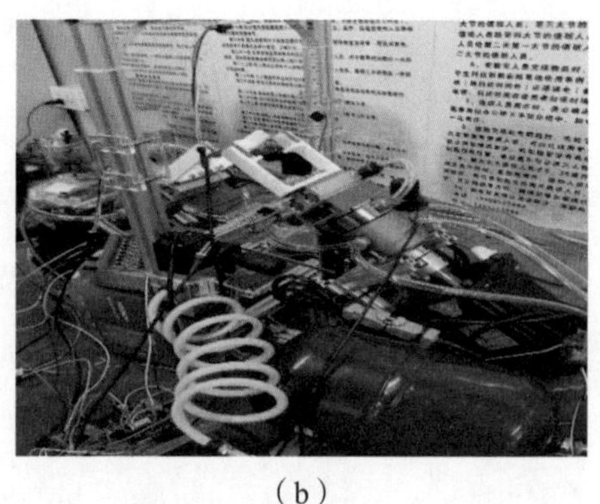

（b）

图 176　知行二队魔方机器人

CUGB9

获奖等级：入围奖
设计者：陈俊，刘晨欣，王博
指导教师：杜刚，杨运强
中国地质大学（北京）信息工程学院，北京，100083

本项目针对随意打乱的三阶魔方，采用气动与单片机结合的技术，设计一种两指自动解魔方机器人（图 177）。参照人类魔方竞速规则，该机器人能够实现比人“计算”更快、“翻动”更加灵活的目标，并更快地解开魔方。

该魔方机器人的设计主要包括结构和控制两个部分。

1. 结构设计

采用直线气缸和旋转气缸一体的气缸作为主要执行部件。采用气缸的原因是：

（1）气缸的结构紧凑且简便；

（2）气缸的控制计较简单方便，只需要通过三位五通的电磁阀的开合即可控制气缸的旋转和开合；

（3）气缸的体积较小，气缸重量总共才不到 2kg；

（4）气缸的扭矩大，而且转动惯量小，运行稳定。

其次在气爪的加持的部分主要通过 3D 打印技术来制作。解魔方机器人的夹持部分，根据魔方的具体尺寸进行了二次加工。为了更好地夹持魔方，单独设计专用夹持手指，使用 3D 打印技术进行加工。为了使两只机械手的夹角为 90°，并在气缸运动过程中保持底座的平稳，减少晃动，使用高强度树脂材料 3D 打印机械手的底座。

2. 控制方面

采用三位五通的电磁阀控制气路的开合来控制气缸的旋转和开合。

构建了上、下位机的形式来进行算法的计算。上位机采用 C#，下位机采用 Arduino 控制，通过构建一个平台实现 PC 机、Cube Explorer 和 Arduino 三者之间的通信。并且可在 PC 机上实时监控解魔方的状态，并记录所用时长。

利用 I/O 口输出高、低电平触发继电器，使继电器输出 00、01、10、11 四种状态，从而实现对电磁阀的控制，达到使气缸旋转和气爪开闭的目的，从而解出魔方。

解魔方机器人的主要动力来源是气动和电动。这里主要利用气泵给气瓶充气，然后以气瓶作为动力源。把两个机械手臂固定在用 30mm × 30mm 的型材搭建的框架上面，型材有强度高、重量小、方便加工等优点，这样做出来的框架不仅稳定且重量小。解魔方机器人的整体重量在 10kg 左右，整体尺寸为 370 mm × 300 mm × 400mm（包括框架）。

（a）

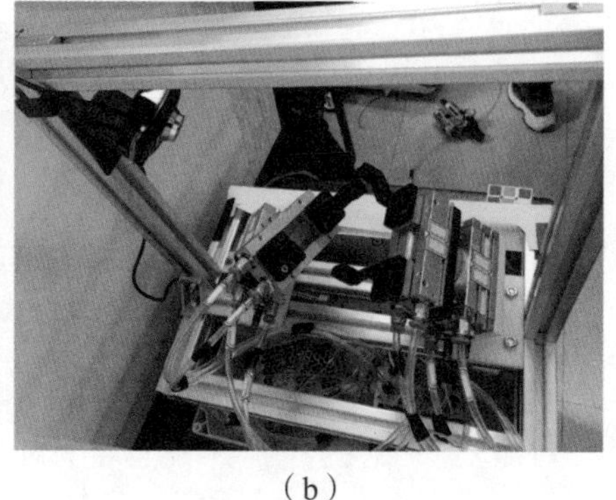

（b）

图 177　CUGB9

CUGB10

获奖等级：入围奖
设计者：时连辉，孙陶然，李文明
指导教师：杜刚，杨运强
中国地质大学（北京）信息工程学院，北京，100083

设计者充分调研目前解魔方机器人的研究现状，并依据前期的经验积累，分析和设计了解魔方机器人的系统功能组成。本项目的目标是针对随意打乱的三阶魔方，采用气动与单片机结合的技术，设计一种自动解魔方机器人（图 178）。

为了更快地解魔方，实现机械手臂动作的快速响应、手臂迅速地旋转 90° 和手指的开合，要求手臂的运动速度稳定、旋转精确；并且要简化机器人的整体结构，降低成本。经过前期理论验证，最终选择使用气动的形式进行设计。机械手的夹持力来源于直线型薄型气缸，旋转动作由单独的旋转气缸完成，两个气缸之间单独设计连接模块。为了更好地夹持魔方，单独设计专用夹持手指，使用 3D 打印技术进行加工。为了使两只机械手的夹角为 90° ，并在气缸运动过程中保持底座的平稳，减少晃动，使用高强度树脂材料 3D 打印机械手的底座。

以 Microsoft Visual Studio 为开发平台，用 C# 开发上位机（通过网络调用 Cube Explorer 得到魔方最简解法），以 Arduino 单片机作为下位机控制机械臂，上位机与下位机之间通过串口进行通信，这样通过两个机械臂的配合即可达到转动魔方六个面的目的，从而达到快速解开魔方的效果。

整个解魔方机器人主要由两部分组成：气动夹爪和旋转气缸组成的机械系统；Arduino 单片机控制系统。团队经合作成功设计了机械系统后，重点展开了对控制系统的研究和调试。最后，我们对制造的样机进行了试验，验证了系统解法的可靠性和实用性。

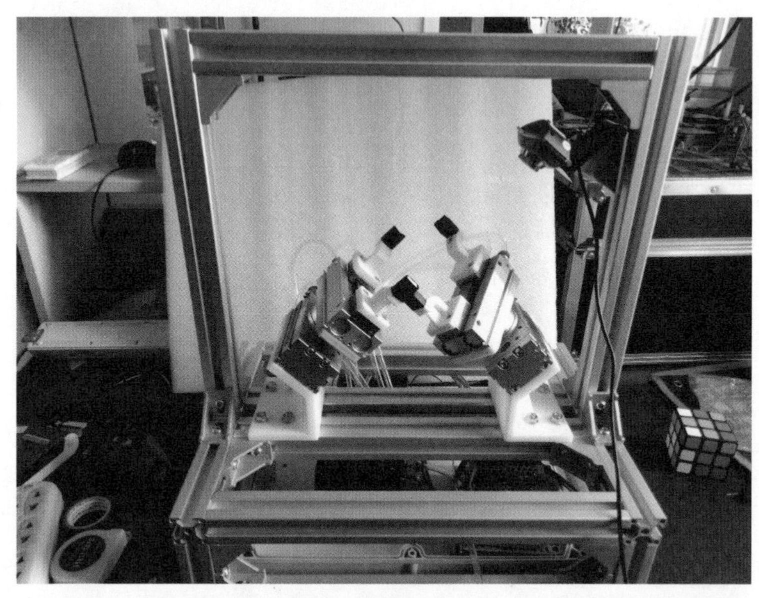

（a）

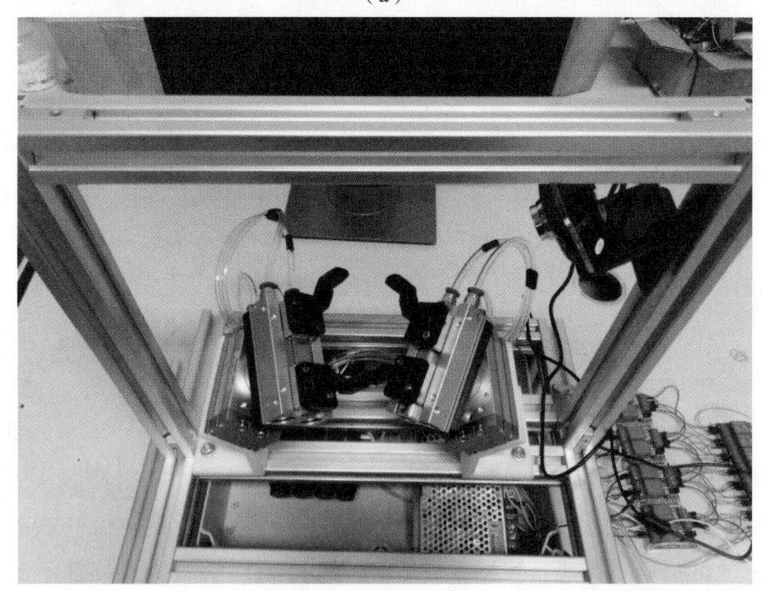

（b）

图 178　CUGB10

二指乾坤

获奖等级：入围奖
设计者：唐闯，刘晓夕，陈希
指导教师：王国栋，何进
中国石油大学胜利学院机械与控制工程学院，东营，257061

1. 机械结构

魔方机器人（图 179）总框架结构采用木板厚钢板组建，总装尺寸为 475mm × 400mm × 478mm，总重量为 13.5kg。机器人在结构上具有两个手臂，每个手臂有两个手指，手臂的旋转采用 57 高速步进电机（3.6Nm）驱动，手指开合气缸采用 MHF2-10D1。

2. 算法

采用 Herbert Kociemba 的两阶段算法（开源），理论步骤平均仅有 19 步，在一台 12G 运行内存的联想笔记本上用时约 800ms。使用深度优先搜索算法，将两阶段算法的理论步骤转换为机械结构可执行的机械步骤。

3. 视觉

机器人使用上下左右 4 个高清摄像头对魔方进行扫描，可一次性扫描魔方 6 个面 54 个色块中的 50 个色块（有 4 个色块由于被手指遮挡无法识别），采集开始时先转动魔方调整位置，随后转动魔方扫描剩余 4 个色块，以此获取完整的魔方。由于魔方具有总共有 6 种颜色的特点，因此采用 K-means 聚类算法进行聚类，对 54 个色块的颜色进行滤波、聚类后，可以准确判断 54 个色块的颜色。

4. 光照强度标定

使用一个纯白魔方，对系统进行光照强度标定。

5. 控制

解魔方机器人控制系统芯片为STM32F103C8T6。控制系统需要通过USB转TTL模块与计算机通信，传输解法动作信息和采集图像动作信息；通过控制I/O口的高低电平来控制步进电机的旋转方向与电磁阀的开合；通过I/O口输出脉冲控制步进电机的转速与距离；通过PWM输出控制LED补光灯的亮灭。

6. 电机的加减速曲线

步进电机加速或者减速过猛，魔方会因转动过程中受力不均匀而产生局部错位，长期使用会导致魔方解体。因此，必须合理设置步进电机的加减速运行曲线，在保证运行稳定性的前提下尽可能提高速度。而S形曲线可以保证电机的加速度不会突变，故本设计采用S形曲线进行步进电机的加减速运行控制。

7. 系统UI界面

操作界面可显示：拧动步骤、机械步骤、总步骤数目、总时间、扫描时间、计算时间、拧动时间、魔方复原前的直观图。

8. 系统参数

经实测，该魔方机器人系统参数如下：

供电：220V，功率200W。

平均总用时：8.5s。

扫描用时：约2s；计算用时：约1s。

平均理论步骤：18步；平均机械步骤：77步。

（a）

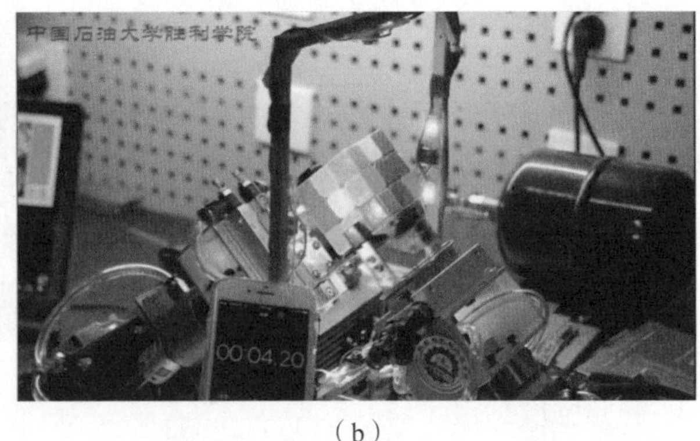

（b）

图179　二指乾坤

剪刀手

获奖等级：入围奖
设计者：刘辉，黄延凯，张彦文
指导教师：朱文玉，杨扬
中国石油大学胜利学院机械与控制工程学院，东营，257061

团队在充分调研目前国内外解魔方机器人的研究现状与进展基础上，分析了现有解魔方机器人系统的功能组成、关键技术及实现方案。最终，在满足参赛要求前提下，设计并制作一款可以高速自动求解、复原魔方的机器人（图 180）。

该参赛作品为双臂（两个自由度）二指型解魔方机器人。采用全闭环步进电机驱动手腕转动，气缸驱动手指开合；机械结构整体采用木板加钢板结构方式进行连接固定；手腕处为防止线路缠绕而采用气滑环连接。

采用 4 路高清超广角微型摄像头采集魔方初始状态的 8 个图像画面，图像经 OpenCV 视觉采集处理后，由上位机通过 K-means 聚类算法进行聚类与分割，生成魔方复原解算步骤。

采用 STM32 系统板作为下位机控制核心，通过串口与上位机通信，通过 I/O 口对步进电机和气缸进行控制。上位机采用 C# 编写，负责信息采集、魔方解算步骤程序编制并把指令序列发送给下位机。

采用 57 高速步进电机，可以提供最大 3.6N·m 的扭矩，该步进电机总长为 113mm，在减小系统的总装尺寸的同时，尽可能大地提供机械扭矩。

采用气滑环的方式来连接步进电机和手指气缸，可以有效地避免发生气路缠绕的问题。

采用 36V、10A 开关电源进行供电，保证了能量来源的稳定性；电源自身自带保护功能，保证用电安全和设备安全。足够的电功率是机械部分顺利转动的基础。

魔方复原算法移植了 Kociemba 算法。该算法是当今世界上复原魔方步数最少、效率最高的算法，最长步数只有21步，并且其解算时间为毫秒级，平均用时约 50ms。

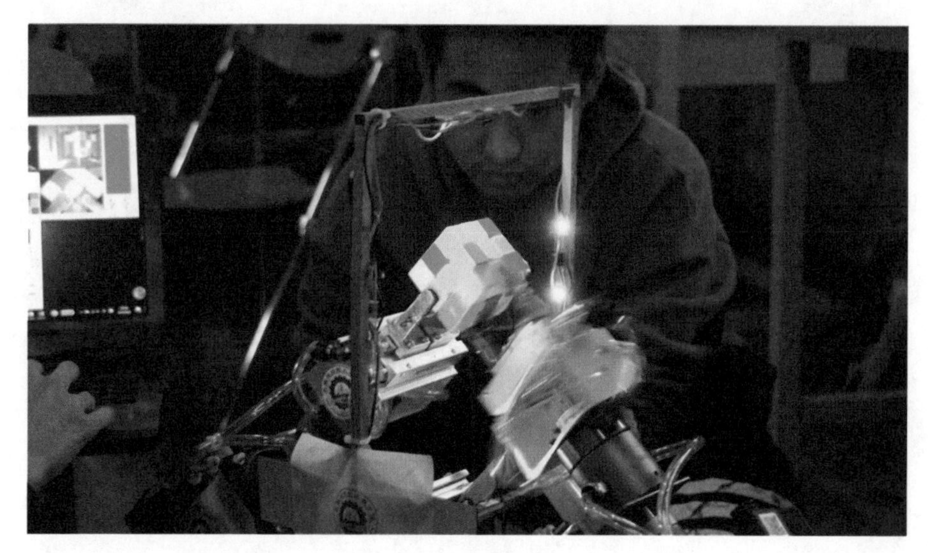

图 180　剪刀手